電験三種

模擬問題集

▼

新電気編集部【編】

Ohmsha

受験者の皆さんへ

第三種電気主任技術者（通称，電験三種）は，電気技術者を志す方の登竜門といわれており，毎年，大勢の方が受験します。

この試験は，電圧５万ボルト未満の事業用電気工作物の電気主任技術者として必要な知識を問う筆記試験です。試験は，「理論」「電力」「機械」「法規」の４科目で，解答は５つの選択肢のなかから１つ正解を選び，マークシートに記入する方式となっています。「理論」「電力」「機械」の問題数は17問（「理論」「機械」は問17と問18から１つ選んで解答）で，試験時間は90分です。また，「法規」の問題数は13問で，試験時間は65分となっています。各科目とも１問当たりの平均解答時間がおよそ５分しかなく，出題範囲も広いため，非常に難しい試験であるといえるでしょう。

試験勉強は出題傾向を把握し，過去問を繰り返し解くことが基本であり，王道です。しかし，一般に市販されている過去問題集は約10年分です。過去問を反復学習するうちに答や問題の解法を暗記してしまい，もはや過去問題集では自分の実力を正確に測ることができないといった事態に陥ってしまう方もいるのではないでしょうか。

本書では，こうした過去問題集では飽き足らない方や試験本番と同じ雰囲気で実力を試したい方のために，すべての問題を新規に作成し，４科目の模擬問題と解答解説を３セット収録しています。

本書を大いに活用し，「応用力」「実践力」を身につけていただき，皆さまが見事電験三種に合格されますことを祈念します。

新電気編集部

電験三種 模擬問題集

目　次

Contents

解答・解説

模擬問題（1）

模擬問題（2）

模擬問題（3）

本書の使い方

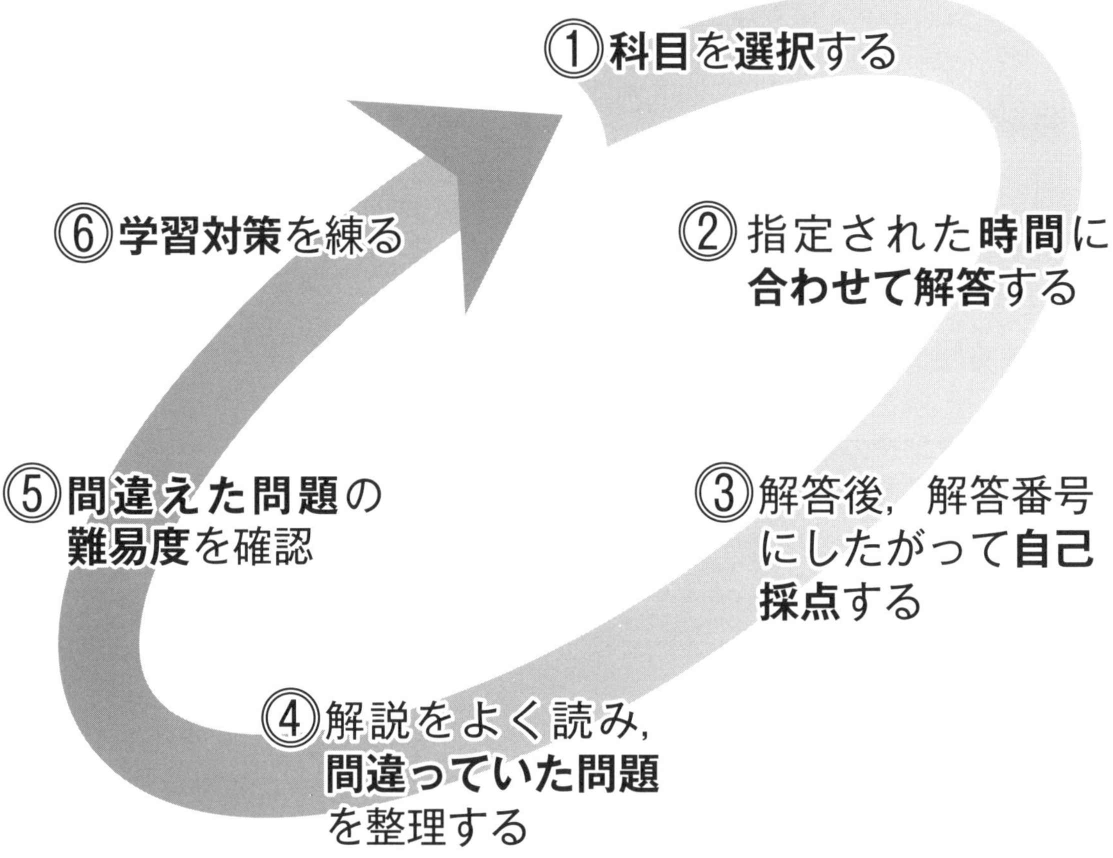

要点

① 科目は，**「理論」「電力」「機械」「法規」**

② **「理論」「電力」「機械」**：問題数は**17問**（「理論」「機械」の問17と問18は選択問題）
試験時間は**90分**
「法規」：問題数は**13問**
試験時間は**65分**

③，④，⑤：難易度表や解答・解説で自分の現時点での**実力を確認**

⑥：間違えた分野について，参考書を読み返す。
場合によっては，再度同じ問題に挑戦！（➡**次の模擬問題を解いてみる**（①へ））

第３種

理　　論

（第１時限目）

第３種　理　論

答案用紙記入上の注意事項

1．マークシート（答案用紙）は機械で読み取りますので，**濃度ＨＢの鉛筆又はＨＢ（又はＢ）のしんを用いたシャープペンシルで濃く塗りつぶして**ください。色鉛筆やボールペンでは機械で読み取ることができません。

　なお，訂正は「プラスチック消しゴム」で**きれいに消し，**消しくずを残さないでください。

2．マークシートには**氏名，生年月日，試験地及び受験番号を記入し，受験番号のマーク欄にはマークシートに印刷されているマーク記入例に従い，正しくマーク**してください。

　（**受験番号記入例**：受験番号０１４１Ａ０１２３４Ｌの場合）

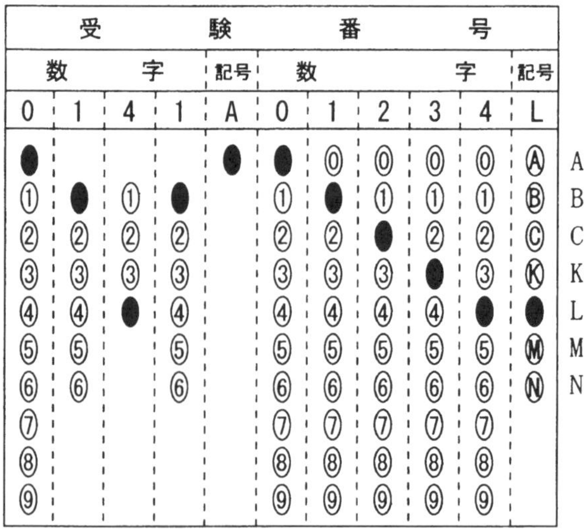

3．マークシートの余白及び裏面には，何も記入しないでください。

4．マークシートは，折り曲げたり汚したりしないでください。

5．問題の解答の選択肢は(1)から(5)まであります。その中から**一つ選び**マークシートの解答欄にマークしてください。

なお，二つ以上マークした場合には，採点されません。

（解答記入例）

問1　日本で一番高い山として，正しいのは次のうちどれか。

（1）大雪山　（2）浅間山　（3）富士山　（4）立　山　（5）阿蘇山

正解は「(3)」ですから，マークシートには

問題番号	選択肢番号				
1	①	②	●	④	⑤

のように選択肢番号の枠内を塗りつぶしてください。

6．**選択問題は，いずれか一つの問題を選んで解答してください。**

なお，２問とも解答した場合には，採点されません。

次ページ以降は試験問題になっています。

第3種　理　論

A問題(配点は1問題当たり5点)

問1　静電容量が$C_1=1$[μF]，$C_2=2$[μF]，$C_3=3$[μF]，$C_4=4$[μF]であるコンデンサ4個と直流電源Eを図のように接続したとき，コンデンサC_4に蓄えられている電荷の値は$Q_4=48$[μC]であった。このとき，直流電源Eの電圧の値[V]として，正しいものを次の(1)～(5)のうちから一つ選べ。

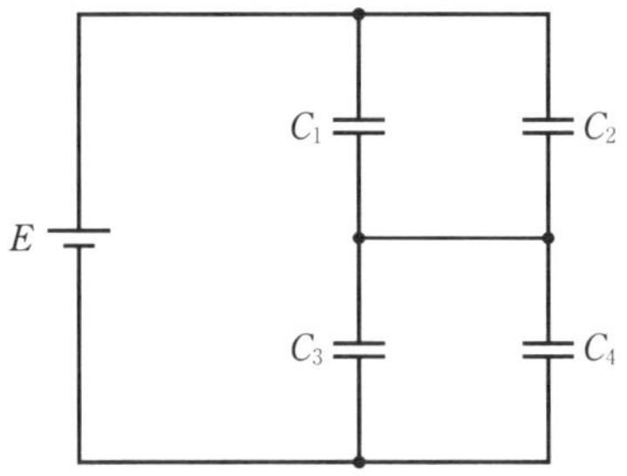

(1) 12　　(2) 28　　(3) 40　　(4) 56　　(5) 84

問2　真空中において，面積S[m^2]，電極間隔d[m]である平行板コンデンサがある。このコンデンサ内に面積$\dfrac{S}{2}$[m^2]，厚さ$\dfrac{d}{2}$[m]，比誘電率5.0の誘電体を挿入した。誘電体を挿入する前と比較したとき，コンデンサの静電容量[F]はおよそ何倍となるか。正しいものを次の(1)～(5)のうちから一つ選べ。

ただし，電極板の厚さならびに端効果は無視できるものとする。

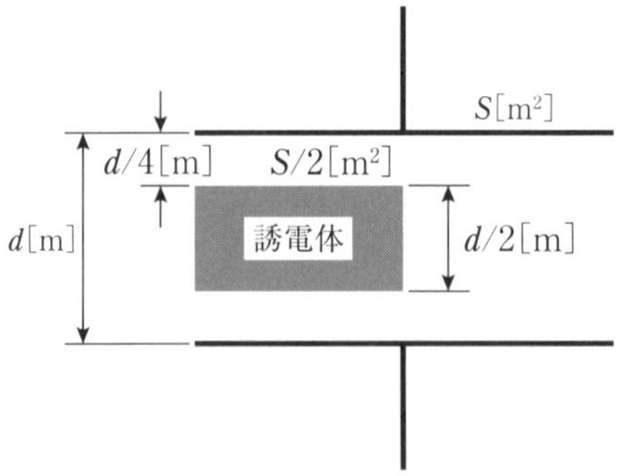

(1) 0.58　　(2) 0.75　　(3) 0.77　　(4) 1.3　　(5) 1.7

問3　真空中において，同一平面内に，長い３本の導体Ａ，Ｂ，Ｃが平行に置かれている。導体Ａと導体Ｂの間隔は3.0m，導体Ｂと導体Ｃの間隔は1.0mである。導体には，図に示す向きにそれぞれ2.0A，3.0A，1.0Aの直流電流が流れている。このとき，導体Ｂが導体Ａに流れる電流と導体Ｃに流れる電流によって受ける１m当たりの力の大きさ[N/m]として，最も近いものを次の（１）～（５）のうちから一つ選べ。

ただし，真空の透磁率を $\mu_0 = 4\pi \times 10^{-7}$[H/m]とする。

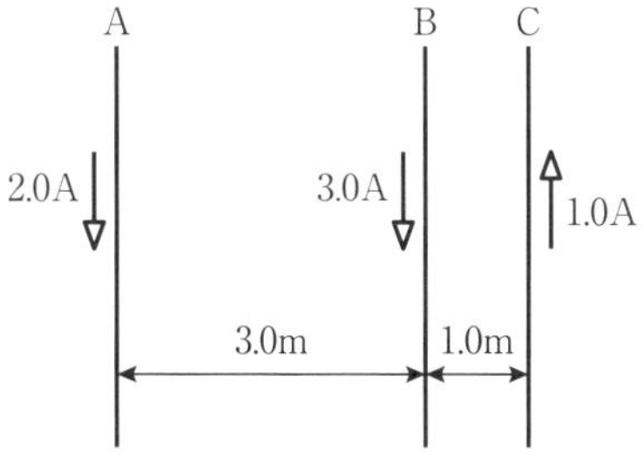

（１）1.0×10^{-6}　（２）2.0×10^{-6}　（３）4.0×10^{-6}
（４）2.0×10^{-7}　（５）4.0×10^{-7}

問4　図のように，一つの鉄心に巻かれたコイル１およびコイル２がある。端子２－３を接続したときの端子１－４間のインダクタンスは70mHで，端子２－４間を接続したときの端子１－３間のインダクタンスは10mHであった。このとき，コイル１とコイル２の自己インダクタンスLの値[mH]および相互インダクタンスMの値[mH]として，最も近い組合せを次の（１）～（５）のうちから一つ選べ。ただし，コイル１およびコイル２の巻数と自己インダクタンスはともに等しいものとする。

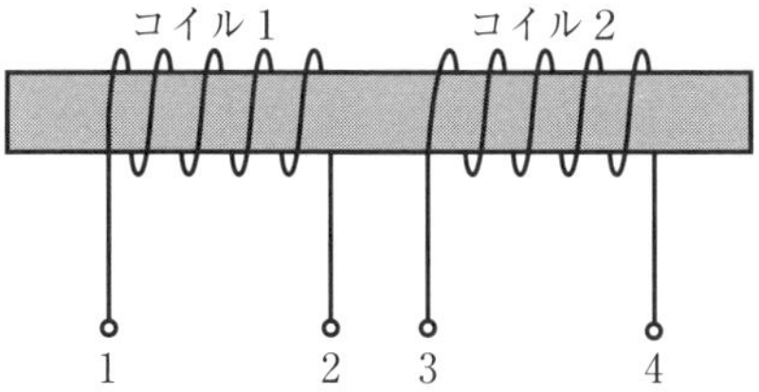

（１）$L = 10$，$M = 10$　（２）$L = 20$，$M = 10$　（３）$L = 20$，$M = 15$
（４）$L = 40$，$M = 20$　（５）$L = 40$，$M = 30$

問 5　図のように，4 個の抵抗を直並列に接続した回路がある。この回路において，R_1 を流れる電流が $I_1=6$[A]のとき，R_4 を流れる電流 I_4[A]の値として，最も近いものを次の（1）～（5）のうちから一つ選べ。

ただし，$R_1=2$[Ω]，$R_2=1$[Ω]，$R_3=4$，$R_4=3$[Ω]とする。

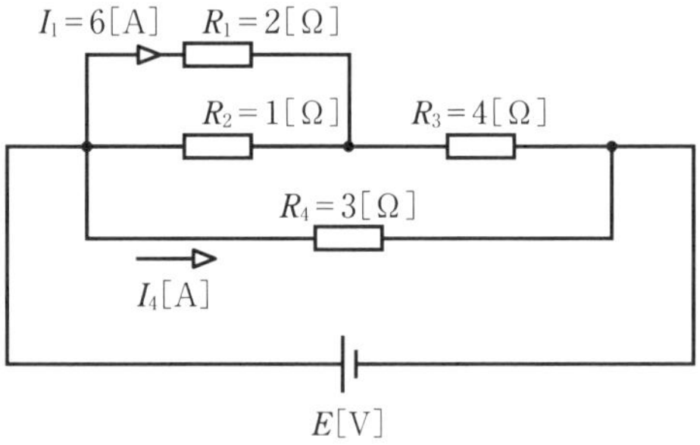

（1）3.0　　（2）6.0　　（3）12　　（4）14　　（5）28

問6　図のように，抵抗$R_1 = R_2 = R_3 = R_4 = R_5 = 5.0$[Ω]，$R_6 = 10$[Ω]，電圧$V_1 = V_2 = 100$[V]からなる回路がある。抵抗$R_3$に流れる電流$I$の値[A]として，最も近いものを次の（1）～（5）のうちから一つ選べ。

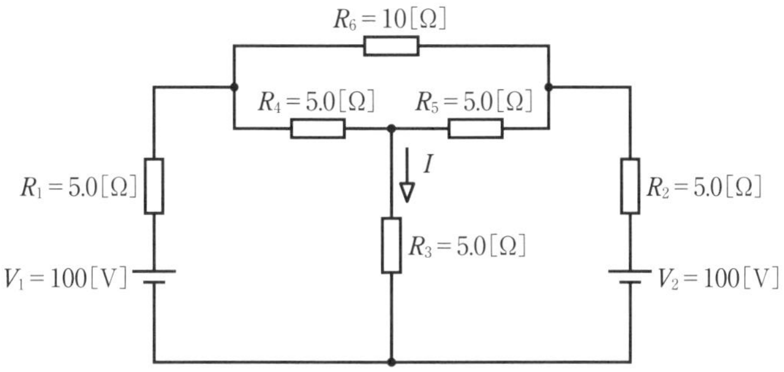

（1）1.0　（2）2.0　（3）5.0　（4）7.5　（5）10

問 7　図のように，*RLC* 直列回路に交流電圧100 V を加え，周波数を変えて共振させたところ，インダクタンス *L* の端子電圧は500 V であった。この回路の共振周波数[Hz]として，最も近いものを次の（1）～（5）のうちから一つ選べ。

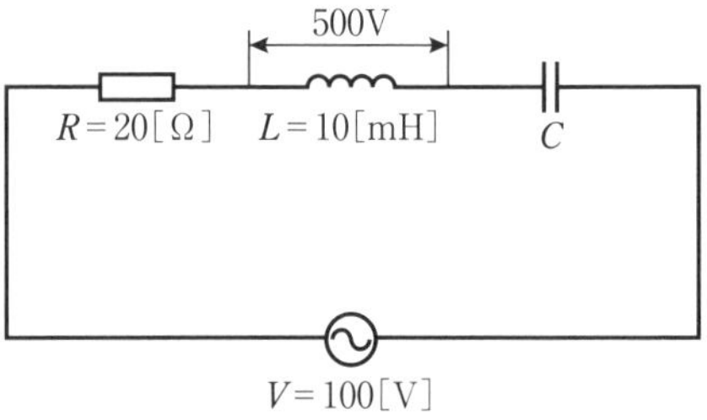

（1）780　（2）1 590　（3）3 890　（4）6 360　（5）12 720

問 8　図のような平衡三相回路における，負荷の消費電力の値[kW]として，最も近いものを次の（1）～（5）のうちから一つ選べ。

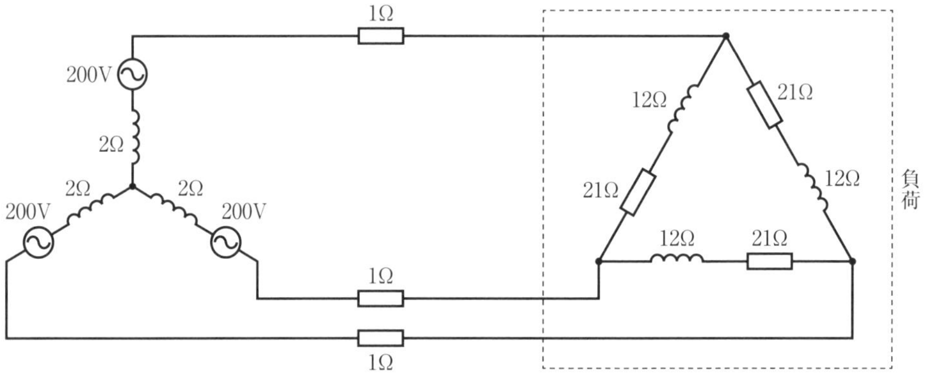

（1）2.8　（2）8.4　（3）9.6　（4）14.5　（5）30.0

問9　図の回路において，時刻 $t=0$[s]でスイッチSを閉じたときの電流 i_1[A]および i_2[A]の波形を示す図として，正しいものを次の(1)～(5)のうちから一つ選べ。

ただし，コンデンサの初期電荷は0Cとする。

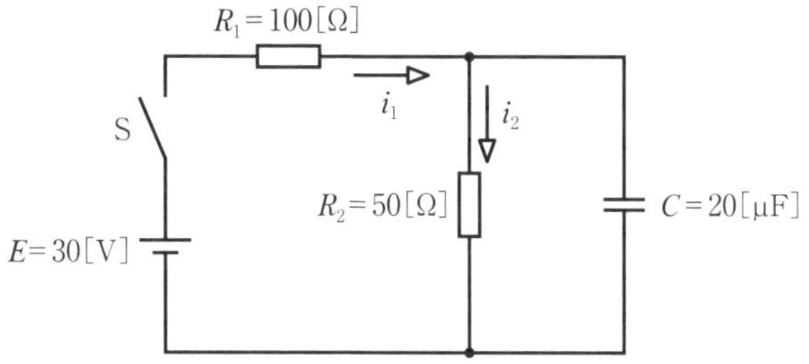

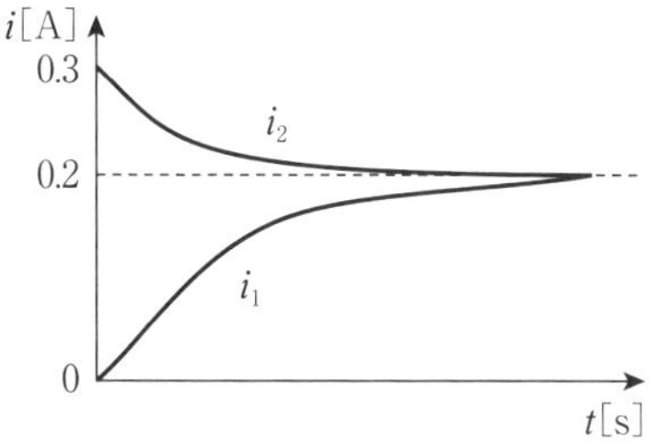

（1）

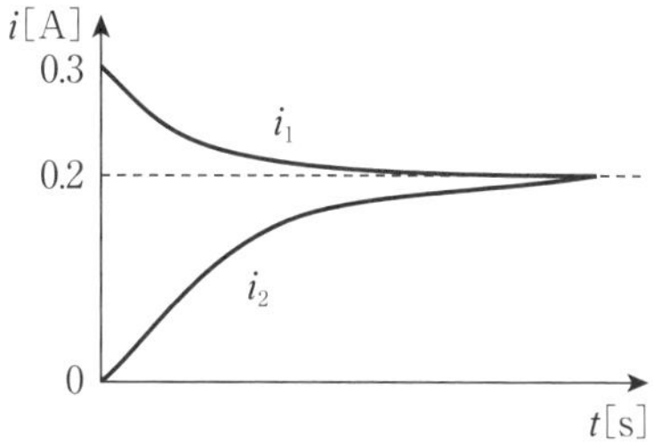

（2）

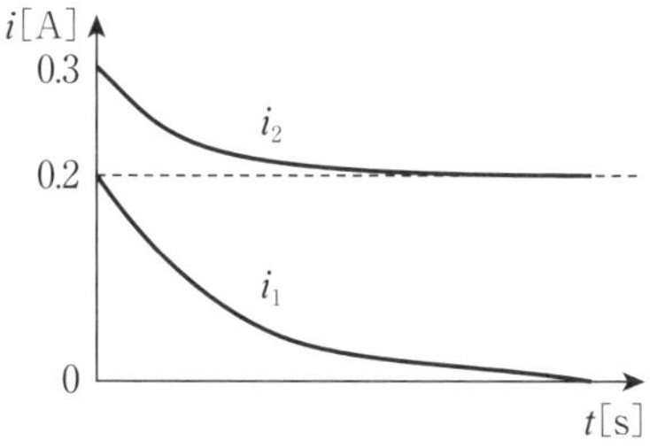

（3）

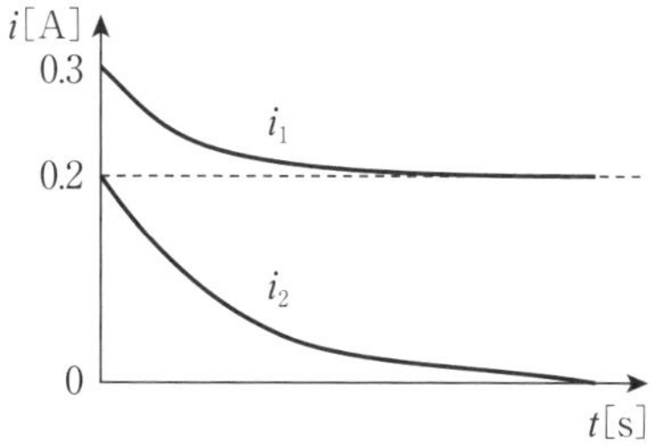

（4）

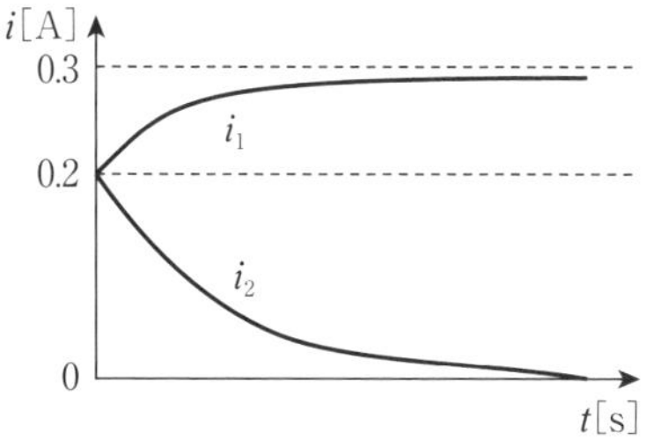

（5）

問10　半導体素子に関する記述として，誤っているものを次の(1)～(5)のうちから一つ選べ。

（1）n形半導体を作るために真性半導体に加える5価の不純物をドナー，p形半導体を作るために真性半導体に加える3価の不純物をアクセプタという。

（2）バイポーラトランジスタは電流制御素子，電界効果トランジスタ(FET)は電圧制御素子と呼ばれる。

（3）電界効果トランジスタは，バイポーラトランジスタよりも消費電力が大きく，入力インピーダンスが極めて高い特徴を有する。

（4）半導体の電気伝導度は，温度が下がると小さくなり，また，不純物の濃度を高くすると大きくなる。

（5）ダイオードに逆電圧を加えて大きくしていくと，ある電圧で急激に電流が増加する。この現象を降伏現象と呼び，定電圧ダイオードで利用されている。

問11　図のように，インダクタンスLおよび静電容量Cを含む直流回路がある。定常状態におけるLおよびCに蓄えられるエネルギーの合計値[mJ]として，最も近いものを次の(1)～(5)のうちから一つ選べ。

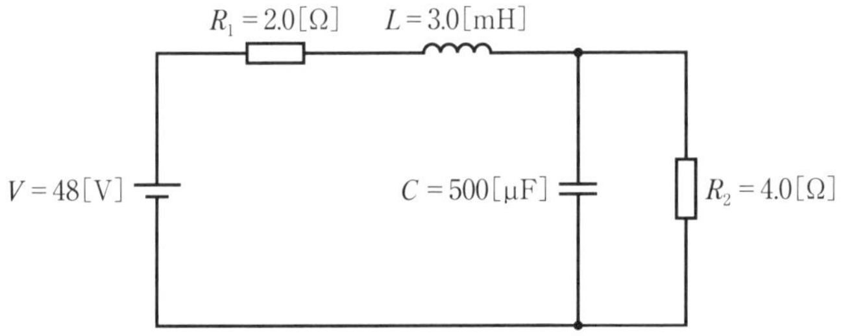

（1）11　（2）44　（3）88　（4）352　（5）704

問12　図のような負帰還増幅回路がある。増幅回路の電圧利得の値が40 dBのとき，この負帰還増幅回路の電圧利得の値を20 dBにするための帰還率βの値として，最も近いものを次の(1)～(5)のうちから一つ選べ。

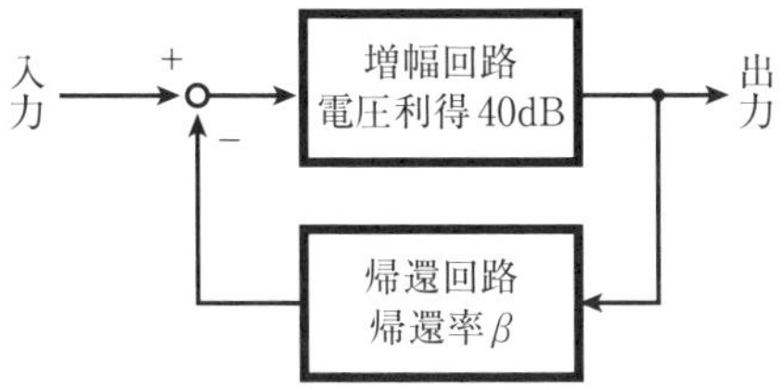

（1）0.01　　（2）0.025　　（3）0.04　　（4）0.09　　（5）0.15

問13　図の回路において，熱電形電流計で電流を測定したときの指示値[A]として，最も近いものを次の(1)～(5)のうちから一つ選べ。

ただし，電源電圧vは次式で表されるものとし，熱電形電流計の内部抵抗は無視できるものとする。

$$v=20\sqrt{5}\sin\omega t+\frac{20\sqrt{5}}{3}\sin\left(3\omega t-\frac{\pi}{6}\right)\,[\mathrm{V}]$$

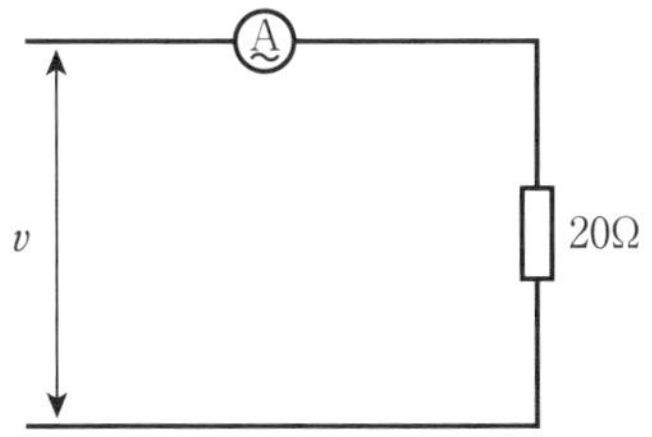

（1）1.67　　（2）2.36　　（3）2.78　　（4）2.3　　（5）33.4

問14　図のように，抵抗$R=6[\Omega]$，基本周波数における誘導リアクタンス$\omega L=4[\Omega]$，容量リアクタンス$\dfrac{1}{\omega C}=60[\Omega]$の直列回路がある。この回路の第３次高調波に対するインピーダンス[Ω]として，最も近いものを次の(１)～(５)のうちから一つ選べ。

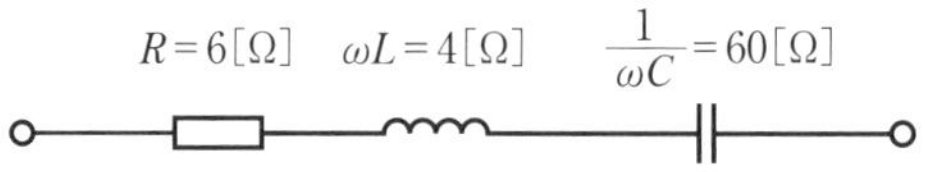

（１）10　　（２）14　　（３）20　　（４）28　　（５）168

B問題（配点は１問題当たり（ａ）５点，（ｂ）５点，計10点）

問15　真空中において，図のように，一辺の長さが a[m]の正方形の頂点Ａ，Ｂ，Ｃ，Ｄに $+Q$[C]の点電荷を置いた。次の（ａ）および（ｂ）の問に答えよ。

ただし，電位の基準は無限遠点とし，真空の誘電率を ε_0 [F/m]とする。

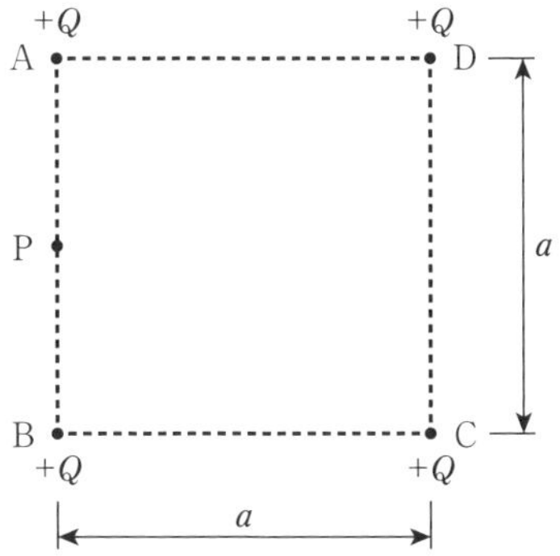

（ａ）AB間の中点Ｐにおける電位[V]を表す式として，正しいものを次の（１）～（５）のうちから一つ選べ。

（１）$\dfrac{Q}{\pi\varepsilon_0 a}\left(1+\dfrac{1}{\sqrt{2}}\right)$　（２）$\dfrac{Q}{\pi\varepsilon_0 a}\left(1+\dfrac{1}{\sqrt{5}}\right)$　（３）$\dfrac{Q}{\pi\varepsilon_0 a}\left(1+\dfrac{1}{\sqrt{3}}\right)$

（４）$\dfrac{Q}{\pi\varepsilon_0 a}\left(1-\dfrac{1}{\sqrt{5}}\right)$　（５）$\dfrac{Q}{\pi\varepsilon_0 a}\left(1-\dfrac{1}{\sqrt{2}}\right)$

（ｂ）AB間の中点Ｐにおける電界の強さ[V/m]を表す式として，正しいものを次の（１）～（５）のうちから一つ選べ。

（１）$\dfrac{4Q}{\sqrt{5}\,\pi\varepsilon_0 a^2}$　（２）$\dfrac{Q}{\sqrt{5}\,\pi\varepsilon_0 a^2}$　（３）$\dfrac{Q}{5\sqrt{5}\,\pi\varepsilon_0 a^2}$

（４）$\dfrac{2Q}{5\sqrt{5}\,\pi\varepsilon_0 a^2}$　（５）$\dfrac{4Q}{5\sqrt{5}\,\pi\varepsilon_0 a^2}$

問16 図のように，起電力 $E=20$[V]の電池 E，5 Ωの抵抗 R，静電容量 1 μF のコンデンサ C，自己インダクタンス490 mHのコイル L，スイッチ S_1，S_2を結線した回路がある。次の(a)および(b)の問に答えよ。

ただし，最初，S_1および S_2は開いており，コンデンサは充電されていないものとする。

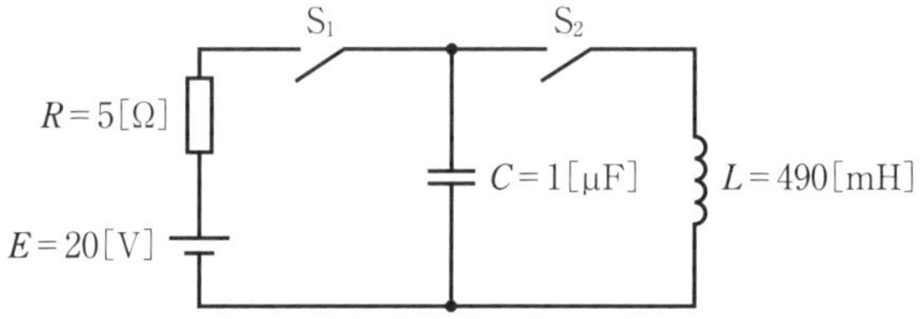

(a) スイッチ S_1を閉じて，十分時間が経過してからスイッチ S_1を開き，その後 S_2を閉じると，コイルに振動電流が流れる。この振動電流の周波数[Hz]として，最も近いものを次の(1)～(5)のうちから一つ選べ。

(1) 57　(2) 100　(3) 114　(4) 228　(5) 456

(b) この回路に流れる振動電流の最大値[mA]として，最も近いものを次の(1)～(5)のうちから一つ選べ。

(1) 1.5　(2) 3.6　(3) 7.2　(4) 14.3　(5) 28.6

問 17 および問 18 は選択問題であり，問 17 または問 18 のどちらかを選んで解答すること。両方解答すると採点されません。

（選択問題）

問17　図の回路の力率は遅れ力率80％である。この回路について，次の（a）および（b）の問に答えよ。

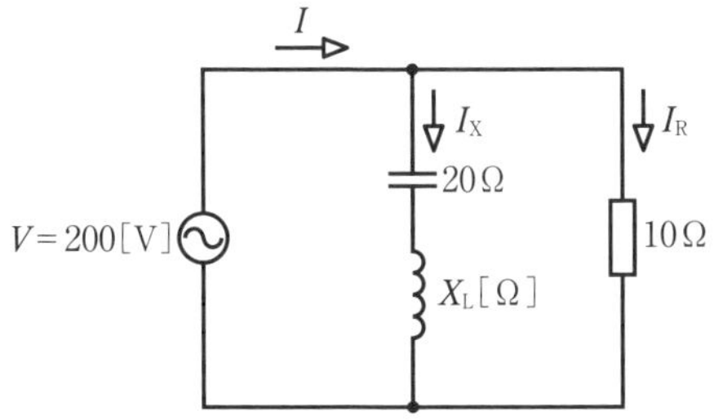

（a）回路を流れる電流 I の大きさ［A］として，最も近いものを次の（1）～（5）のうちから一つ選べ。

（1）16　（2）20　（3）25　（4）33　（5）40

（b）誘導リアクタンス X_L の値［Ω］として，最も近いものを次の（1）～（5）のうちから一つ選べ。

（1）6.7　（2）12　（3）13.3　（4）23.3　（5）33.3

問 17 および問 18 は選択問題であり，問 17 または問 18 のどちらかを選んで解答すること。両方解答すると採点されません。

（選択問題）

問18　図のように，演算増幅器（オペアンプ）を用いた回路がある。次の（a）および（b）の問に答えよ。

ただし，演算増幅器は理想的なものとし，各演算増幅器間の結合損失はないものとする。

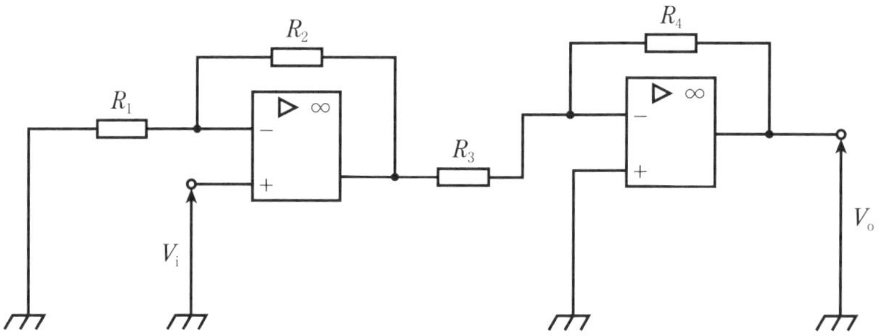

（a）この回路全体の電圧増幅度 A_v を表す式として，正しいものを次の（1）～（5）のうちから一つ選べ。

（1）$-\dfrac{R_2 R_4}{R_1 R_3}$　　（2）$\dfrac{R_2 R_4}{R_1 R_3}$　　（3）$-\left(1+\dfrac{R_2}{R_1}\right)\dfrac{R_4}{R_3}$

（4）$\left(1+\dfrac{R_2}{R_1}\right)\dfrac{R_4}{R_3}$　　（5）$\left(1+\dfrac{R_2}{R_1}\right)\left(1+\dfrac{R_4}{R_3}\right)$

（b）$R_1 = 1$［kΩ］，$R_2 = 9$［kΩ］，$R_3 = 2$［kΩ］，$R_4 = 8$［kΩ］の場合，この回路全体の電圧ゲインの値［dB］として，最も近いものを次の（1）～（5）のうちから一つ選べ。

ただし，$\log_{10}2 = 0.301$，$\log_{10}3 = 0.477$とする。

（1）10　　（2）20　　（3）25　　（4）32　　（5）40

第3種

電　力

(第2時限目)

第３種　電　　力

答案用紙記入上の注意事項

1．マークシート（答案用紙）は機械で読み取りますので，**濃度ＨＢの鉛筆又はＨＢ（又はＢ）のしんを用いたシャープペンシルで濃く塗りつぶして**ください。色鉛筆やボールペンでは機械で読み取ることができません。

なお，訂正は「プラスチック消しゴム」で**きれいに消し**，消しくずを残さないでください。

2．マークシートには**氏名，生年月日，試験地及び受験番号を記入し，受験番号のマーク欄にはマークシートに印刷されているマーク記入例に従い，正しくマーク**してください。

（**受験番号記入例**：受験番号０１４１Ａ０１２３４Ｌの場合）

受験番号											
数字				記号	数字					記号	
0	1	4	1	A	0	1	2	3	4	L	
●				●	●	⓪	⓪	⓪	⓪	Ⓐ	A
①	●	①	●		①	●	①	①	①	Ⓑ	B
②	②	②	②		②	②	●	②	②	Ⓒ	C
③	③	③	③		③	③	③	●	③	Ⓚ	K
④	④	●	④		④	④	④	④	●	●	L
⑤	⑤		⑤		⑤	⑤	⑤	⑤	⑤	Ⓜ	M
⑥	⑥		⑥		⑥	⑥	⑥	⑥	⑥	Ⓝ	N
⑦					⑦	⑦	⑦	⑦	⑦		
⑧					⑧	⑧	⑧	⑧	⑧		
⑨					⑨	⑨	⑨	⑨	⑨		

3．マークシートの余白及び裏面には，何も記入しないでください。

4．マークシートは，折り曲げたり汚したりしないでください。

5．問題の解答の選択肢は(1)から(5)まであります。その中から**一つ選び**マークシートの解答欄にマークしてください。

なお，二つ以上マークした場合には，採点されません。

（解答記入例）

問１　日本で一番高い山として，正しいのは次のうちどれか。

（1）大雪山　（2）浅間山　（3）富士山　（4）立　山　（5）阿蘇山

正解は「(3)」ですから，マークシートには

問題番号	選択肢番号
1	①　②　●　④　⑤

のように選択肢番号の枠内を塗りつぶしてください。

次ページ以降は試験問題になっています。

第３種　電　　力

A問題（配点は１問題当たり５点）

問１　水車の比速度に関する記述として，誤っているものを次の（１）～（５）のうちから一つ選べ。

（１）比速度は，実物水車を相似形で縮小したとき，単位落差で単位出力を発生するために必要な回転数である。

（２）ペルトン水車の比速度は，ノズル１個当たりの出力を使用して計算される。

（３）フランシス水車と比較して，ペルトン水車の比速度は大きい。

（４）有効落差と出力が与えられたとき，比速度の大きい水車を使用したほうが水車と発電機は小さくなる。

（５）水車出力と有効落差が同じであれば，水車の比速度と回転数は比例する。

問２　次の文章は，汽力発電所の復水器に関する記述である。

汽力発電所の復水器は，タービンの［（ア）］蒸気を［（イ）］あるいは河川水で冷却凝縮して真空を作るとともに，復水にして回収する装置である。復水器によるエネルギー損失は熱サイクルのなかで最も大きく，この損失は燃料のもつエネルギーの約［（ウ）］％に相当する。

復水器には，冷却水が復水器冷却管内を通り，タービン排気がその管の外面に触れて冷却復水する［（エ）］復水器と，タービン排気と冷却水が直接接触する［（オ）］復水器がある。

上記の記述中の空白箇所（ア）～（オ）に当てはまる組合せとして，正しいものを次の（１）～（５）のうちから一つ選べ。

	（ア）	（イ）	（ウ）	（エ）	（オ）
（１）	排気	海水	50	表面	直接接触
（２）	排気	空気	70	外面	接触
（３）	排気	海水	30	表面	接触
（４）	抽気	海水	30	外面	混合
（５）	抽気	水素	50	間接	直接接触

問3　次の文章は，水素冷却発電機に関する記述である。

大容量タービン発電機の冷却方式には，冷却媒体に水素ガスを用いる水素冷却が多く採用されている。水素冷却発電機は，空気冷却発電機に対して次のような特徴がある。

① [（ア）]が減少することで，発電機効率が向上する。

② 水素は[（イ）]が大きいので，冷却効果が向上する。

③ 水素は空気より絶縁物に対して不活性であり，[（ウ）]が高いために絶縁物の劣化が少ない。

一方，水素と空気の混合ガスは引火や爆発の危険があるので，これを防ぐために水素[（エ）]を常に高く保つ必要があること，固定子枠を耐爆構造としなければならないこと，軸貫通部の水素漏れを防止するために軸受の内側に[（オ）]制御装置を設ける必要があることなどから，取扱いも慎重にしなければならない。

上記の記述中の空白箇所（ア）～（オ）に当てはまる組合せとして，正しいものを次の（1）～（5）のうちから一つ選べ。

	（ア）	（イ）	（ウ）	（エ）	（オ）
（1）	風損	熱伝導率	コロナ発生電圧	温度	純度
（2）	鉄損	熱伝導率	コロナ発生電圧	温度	密封油
（3）	風損	熱伝導率	コロナ発生電圧	純度	密封油
（4）	風損	潜熱	絶縁抵抗	比重	温度
（5）	鉄損	熱伝導率	絶縁抵抗	密度	純度

問4　次の文章は，原子炉の主要構成材に関する記述である。

原子炉には，核分裂によりエネルギーを発生する物質が必要である。これが原子燃料であり，発電用原子炉には主にウラン235の含有率を３～５％とした低濃縮ウランが使用される。

原子燃料の核分裂によって生じた高速中性子を熱中性子にするために使用するのが［（ア）］であり，［（イ）］原子核を多く含む物質のほうが中性子のエネルギー損失が大きく，［（ア）］として有効である。

一方，核分裂によって発生したエネルギーを取り出すために使用されるのが冷却材であり，比熱および熱伝導度が大きく中性子の吸収が［（ウ）］ことが要求される。発電用原子炉では，［（ア）］としても冷却材としても性能が良好であり，高い安全性，信頼性，経済性が得られることから，［（エ）］が広く使用されている。

また，原子炉を安全に運転するためには，中性子の発生と消滅のバランスを変化させて出力制御を行う必要があり，このために使用されるのが［（オ）］である。

上記の記述中の空白箇所（ア）～（オ）に当てはまる組合せとして，正しいものを次の（１）～（５）のうちから一つ選べ。

	（ア）	（イ）	（ウ）	（エ）	（オ）
（１）	減速材	質量の小さい	少ない	重水	制御材
（２）	反射材	中性子を多く含んだ	少ない	重水	遮へい材
（３）	減速材	中性子を多く含んだ	多い	軽水	制御材
（４）	減速材	質量の小さい	少ない	軽水	制御材
（５）	構造材	質量の小さい	多い	重水	遮へい材

問5　各種発電に関する次の記述として，誤っているものを次の(1)～(5)のうちから一つ選べ。

(1) 地熱発電は，地熱によって生成された水蒸気により発電するので，日本のような火山国においては有望な発電方式である。また，使用する蒸気の温度が汽力発電所より高いので熱効率も汽力発電所より高い。

(2) シリコン太陽電池には，結晶系の単結晶太陽電池や多結晶太陽電池と非結晶系のアモルファス太陽電池などがあるが，最も効率が良いのは単結晶太陽電池である。

(3) コージェネレーションは，天然ガス，石油，LPガス等を燃料として，エンジン，タービン，燃料電池等の方式により発電し，その際に生じる廃熱も同時に回収するシステムである。熱と電気を無駄なく利用すれば，75～80％程度の高効率となる。

(4) 風力発電は風力を利用した発電であるが，風力エネルギーは，風車の受風面積に比例し，風速の３乗に比例する。また，風車の効率は約40％程度である。

(5) 溶融炭酸塩形燃料電池は，600～700℃の高温で溶融状態となる炭酸塩を使用する燃料電池である。動作温度が高いため，排熱を回収，利用する蒸気タービン等との複合発電を行うことにより，発電効率の向上が図れる。

問6　次の文章は，調相設備に関する記述である。

静止形無効電力補償装置(SVC)のうち，サイリスタ制御リアクトル方式は［(ア)］に流れる電流を［(イ)］の位相制御により変化させ，無効電力を［(ウ)］に，しかも高速に調整できる装置である。SVCは，電力系統の電圧維持および［(エ)］に効果があるが，［(オ)］を発生するので対策を実施することがある。

上記の記述中の空白箇所(ア)～(オ)に当てはまる組合せとして，正しいものを次の(1)～(5)のうちから一つ選べ。

	(ア)	(イ)	(ウ)	(エ)	(オ)
(1)	コンデンサ	サイリスタ	連続的	フリッカ	高調波
(2)	コンデンサ	同期調相機	断続的	フリッカ	ノイズ
(3)	コンデンサ	同期調相機	連続的	瞬時電圧低下	熱
(4)	リアクトル	サイリスタ	連続的	安定度向上	高調波
(5)	リアクトル	サイリスタ	断続的	瞬時電圧低下	ノイズ

問 7　次の文章は，送電用変電所の主要変圧器および母線の電気的保護に用いられるリレーに関する記述である。

主要変圧器の保護には，（ア）リレーが用いられる。（ア）リレーは変圧器の内部事故を検出するもので，（イ）事故などの事故電流が負荷電流よりも小さい場合でも検出することが可能である。なお，（ウ）による誤動作を防止するために，（ウ）に第２次高調波成分が多く含有することを利用した誤動作防止機能が付加されている。

母線の保護には電流差動方式による母線保護リレーが用いられ，外部事故時に変流器が（エ）しても誤動作しない高インピーダンス形差動方式による一括保護，または一括保護と母線切換えが容易な（オ）形差動方式による分割保護の組合せが適用される。

近年のディジタルリレーでは，変流器（エ）対策を施し一括保護にも（オ）形差動方式を用いることが多くなっている。

上記の記述中の空白箇所（ア）～（オ）に当てはまる組合せとして，正しいものを次の（１）～（５）のうちから一つ選べ。

	（ア）	（イ）	（ウ）	（エ）	（オ）
（１）	比率差動	相間短絡	励磁突入電流	磁気飽和	低インピーダンス
（２）	比率差動	巻線間短絡	電磁誘導電流	共振	電流平衡
（３）	過電流	相間短絡	外部短絡電流	共振	電圧平衡
（４）	比率差動	巻線間短絡	励磁突入電流	磁気飽和	低インピーダンス
（５）	過電流	断線	電磁誘導電流	磁気飽和	電流平衡

問8　直流送電に関する次の記述のうち，誤っているものを次の(1)～(5)のうちから一つ選べ。

（1）系統の短絡容量を増大させないで交流系統間の連系が可能である。また，異周波数系統間連系も可能である。

（2）送電線のリアクタンスを考慮する必要がないため安定度による制限がなく，長距離の送電が可能である。

（3）充電電流を考慮する必要がないため，長距離ケーブル送電が可能である。

（4）直流線路の両端に交直変換装置や無効電力供給装置などの設備が必要なため，短距離では経済的メリットは少ない。

（5）直流の場合，電流の大きさと流れる方向が一定であるため，事故時に故障電流を遮断しやすい。

問9　電力系統の電圧調整方法に関する記述として，誤っているものを次の(1)～(5)のうちから一つ選べ。

（1）負荷時タップ切換変圧器のタップを切り換える。

（2）系統に電力用コンデンサを接続すると，進み無効電力を消費するため，電圧が上昇する。

（3）軽負荷時に分路リアクトルを系統に接続する。

（4）同期調相機の界磁電流が小さいときは電力用コンデンサとして働き，大きいときは分路リアクトルとして働く。

（5）静止形無効電力補償装置は，進み無効電力と遅れ無効電力を連続的に制御できる。

問10　三相３線式２回線の専用配電線がある。受電端電圧6 600 V，受電端にある負荷電力2 000 kW，力率0.85（遅れ）のとき，配電線に生じる損失[kW]と電圧降下[V]の組合せとして，正しいものを次の（１）～（５）のうちから一つ選べ。

ただし，電線１本当たりの抵抗は0.144 Ω /km，リアクタンスは0.0744 Ω /km，線路こう長は５ kmで，２回線の電流は均等に分流するものとする。なお，本問では送電端電圧と受電端電圧の位相角が小さいと仮定して得られる近似式を使用すること。

	損失［kW］	電圧降下［V］
（１）	45.8	314
（２）	91.5	287
（３）	45.8	144
（４）	91.5	77
（５）	30.5	38

問11　次の文章は，地絡事故に関する記述である。

非接地式高圧配電線に地絡事故が発生すると，零相電圧および零相電流が発生する。配電用変電所では，この零相電圧を［（ア）］で，零相電流をZCTで検出する。

また，事故が発生した配電線を選択して遮断するためには，零相電圧の大きさを判定する［（イ）］継電器と零相電流の大きさ･向きを判定する［（ウ）］継電器が使用される。この方式は，事故が発生した配電線では零相電流の方向が正常回線と異なり，［（エ）］側から［（オ）］側に流れることを利用して事故配電線を選択する。

上記の記述中の空白箇所（ア）～（オ）に当てはまる組合せとして，正しいものを次の（1）～（5）のうちから一つ選べ。

	（ア）	（イ）	（ウ）	（エ）	（オ）
（1）	EVT	地絡過電圧	地絡	電源	負荷
（2）	EVT	地絡過電圧	地絡方向	電源	負荷
（3）	EVT	地絡過電圧	地絡方向	負荷	電源
（4）	ZPD	零相電圧	方向	電源	負荷
（5）	ZPD	零相電圧	地絡方向	負荷	電源

問12　次の文章は，配電自動化システムに関する記述である。

配電自動化システムにより配電線事故発生箇所を含む区間を自動的に区分する方式として，事故発生時に配電線停止によりいったん［（ア）］開放された自動開閉器を，変電所の配電線用遮断器の再閉路と協調して，一定の時間間隔で順次投入する［（イ）］が一般的に採用されている。

事故遮断してから一定時間後，配電線用遮断器が再閉路すると自動開閉器の制御装置に電圧が印加されて，自動開閉器を一定時限で順次投入していく。故障区間の電源側自動開閉器が投入されると，故障区間へ通電され，再び配電線用遮断器が遮断動作し，故障区間が検出される。

その後の２回目の再閉路時には，この自動開閉器は［（ウ）］状態のままロックされて故障区間を分離し，この自動開閉器までの［（エ）］を確保する。

また，配電線用遮断器の再閉路から再遮断までの［（オ）］を計測することで，効率的に故障区間を配電用変電所側で把握することができる。

上記の記述中の空白箇所（ア）～（オ）に当てはまる組合せとして，正しいものを次の（1）～（5）のうちから一つ選べ。

	（ア）	（イ）	（ウ）	（エ）	（オ）
（1）	手動	時限順送方式	投入	送電	回数
（2）	無電圧	時限協調方式	開放	逆潮流	時間
（3）	手動	時限協調方式	開放	逆潮流	回数
（4）	無電圧	間隔投入方式	投入	逆潮流	時間
（5）	無電圧	時限順送方式	開放	送電	時間

問13　次の文章は，高低圧配電系統（屋内配線を含む）の保護システムに関する記述である。

1．配電用変電所の高圧配電線引出口には，過電流および地絡保護のために継電器と　（ア）　が設けられる。

2．柱上変圧器には，過電流保護のために　（イ）　が設けられる。

3．低圧引込線には，過電流保護のためにヒューズ（ケッチ）が低圧引込線の　（ウ）　取付点に設けられる。

4．屋内配線には，過電流保護のために　（エ）　またはヒューズが，地絡保護のために通常，漏電遮断器が設けられる。

上記の記述中の空白箇所（ア）～（エ）に当てはまる組合せとして，正しいものを次の（1）～（5）のうちから一つ選べ。

	（ア）	（イ）	（ウ）	（エ）
（1）	遮断器	柱上開閉器	柱側	配線用遮断器
（2）	高圧ヒューズ	柱上開閉器	家側	電流制限器
（3）	高圧ヒューズ	柱上開閉器	柱側	配線用遮断器
（4）	遮断器	高圧カットアウト	家側	電流制限器
（5）	遮断器	高圧カットアウト	柱側	配線用遮断器

問14　次の文章は，高電圧電力機器の絶縁材料に関する記述である。

高電圧電力機器の絶縁材料としては，空気，SF_6ガスなどの気体，絶縁油などの液体，エポキシ樹脂，高分子固体，フィルムなどの固体および真空などがあり，それぞれの絶縁耐力は大きく異なる。

交流に対する空気の絶縁耐力（波高値，大気圧）は，一般に［（ア）］kV/cm程度である。GISに用いられているSF_6ガス（大気圧）は，空気の約［（イ）］倍の絶縁耐力をもっている。SF_6ガスの絶縁耐力は電界依存性が高く，［（ウ）］が存在すると大幅に絶縁耐力が低下するため，製造・組立時の品質管理が重要である。

油入変圧器では，絶縁油と絶縁紙の複合絶縁となるが，電圧がほとんど油間隙にかかる。絶縁油（鉱油）の絶縁耐力（波高値）は［（エ）］kV/cm程度であるが，気泡，水分，微粒子が存在すると絶縁耐力が低下するので，製造・組立時に品質を管理する必要がある。

CVケーブルで用いられる高分子絶縁材料である架橋ポリエチレン（XLPE）の設計電界（波高値換算）は，最近のものでは500kV/cm程度である。他の機器と比較すると絶縁厚さが薄いので，製造時に，絶縁体中に［（ウ）］や［（オ）］が存在することで絶縁耐力が低下しないように，きめ細かい品質管理が求められる。

上記の記述中の空白箇所（ア）～（オ）に当てはまる組合せとして，正しいものを次の（1）～（5）のうちから一つ選べ。

	（ア）	（イ）	（ウ）	（エ）	（オ）
（1）	30	5	水分	500	ボイド
（2）	80	3	金属異物	200	水トリー
（3）	80	5	水分	800	水トリー
（4）	30	3	金属異物	200	ボイド
（5）	80	10	金属異物	200	ボイド

B問題(配点は１問題当たり(ａ)５点，(ｂ)５点，計10点)

問15　最大出力50 000kW，最大使用水量80 m^3/s，調整池の有効貯水量360 000 m^3の調整池式発電所がある。この発電所は，オフピーク時には一定出力で運転しながら貯水し，ピーク時は最大出力で運転する。次の(ａ)および(ｂ)の問に答えよ。

ただし，河川流量は40 m^3/sで安定していることとし，出力は使用水量に比例するものとする。

(ａ) 最大出力で運転できる時間[ｈ]として，最も近いものを次の(１)～(５)のうちから一つ選べ。

(１) 1.5　　(２) 2.0　　(３) 2.5　　(４) 3.0　　(５) 4.5

(ｂ) オフピーク時の出力の値[kW]として，最も近いものを次の(１)～(５)のうちから一つ選べ。

(１) 22 000　　(２) 27 000　　(３) 32 000　　(４) 37 000　　(５)43 000

問16　三相３線式１回線の専用配電線がある。変電所の送り出し電圧が6 600V，末端にある負荷の端子電圧が6 450V，力率が遅れの70％であるとき，次の(ａ)および(ｂ)の問に答えよ。

ただし，電線１線当たりの抵抗は0.45Ω/km，リアクタンスは0.35Ω/km，線路のこう長は５kmとする。

(ａ) この負荷に供給される電力P_1の値[kW]として，最も近いものを次の(１)～(５)のうちから一つ選べ。

(１) 180　　(２) 200　　(３) 220　　(４) 240　　(５) 260

(ｂ) 負荷が，遅れ力率80[％]，P_2[kW]に変化したが線路損失は変わらなかった。P_2[kW]の値として，最も近いものを次の(１)～(５)のうちから一つ選べ。

(１) 254　　(２) 274　　(３) 294　　(４) 314　　(５) 334

問17　66/6.9kV，30 000kV·A の三相変圧器 1 台を有する配電用変電所から，こう長 2 000m の三相架空線路により供給される高圧受電の工場がある。次の（a）および（b）の問に答えよ。ただし，変電所変圧器のリアクタンスは22.5%，配電線路の電線 1 条の抵抗およびリアクタンスはともに0.3Ω/km であるとし，与えられた条件以外は無視するものとする。

（a）6.9kV 側からみた変圧器の 1 相のリアクタンスの値[Ω]として，最も近いものを次の（1）～（5）のうちから一つ選べ。

（1）0.255　（2）0.294　（3）0.302　（4）0.357　（5）0.454

（b）工場の受電点における三相短絡電流の値[A]として，最も近いものを次の（1）～（5）のうちから一つ選べ。

（1）3 100　（2）3 525　（3）4 155　（4）4 386　（5）4 722

第 3 種

機　　械

（第3時限目）

第３種　機　械

答案用紙記入上の注意事項

1．マークシート（答案用紙）は機械で読み取りますので，**濃度ＨＢの鉛筆又はＨＢ（又はＢ）のしんを用いたシャープペンシルで濃く塗りつぶして**ください。色鉛筆やボールペンでは機械で読み取ることができません。

　なお，訂正は「プラスチック消しゴム」で**きれいに消し，**消しくずを残さないでください。

2．マークシートには**氏名，生年月日，試験地及び受験番号を記入し，受験番号のマーク欄にはマークシートに印刷されているマーク記入例に従い，正しくマーク**してください。

　（**受験番号記入例**：受験番号０１４１Ａ０１２３４Ｌの場合）

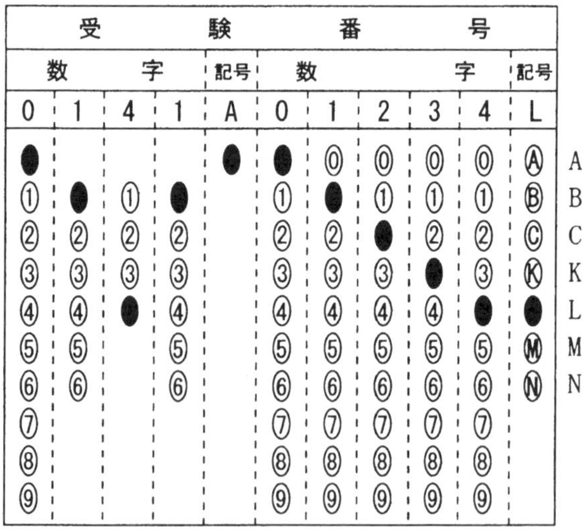

3．マークシートの余白及び裏面には，何も記入しないでください。

4．マークシートは，折り曲げたり汚したりしないでください。

5．問題の解答の選択肢は(1)から(5)まであります。その中から**一つ選び**マークシートの解答欄にマークしてください。

なお，二つ以上マークした場合には，採点されません。

（解答記入例）

問１　日本で一番高い山として，正しいのは次のうちどれか。

（1）大雪山　（2）浅間山　（3）富士山　（4）立　山　（5）阿蘇山

正解は「(3)」ですから，マークシートには

問題番号	選択肢番号
1	①　②　●　④　⑤

のように選択肢番号の枠内を塗りつぶしてください。

6．**選択問題は，いずれか一つの問題を選んで解答してください。**

なお，２問とも解答した場合には，採点されません。

次ページ以降は試験問題になっています。

第3種　# 機　　　械

A問題（配点は1問題当たり5点）

問1　端子電圧210V，電機子電流60A，回転数1 000 min^{-1}で運転する直流分巻電動機がある。負荷が変化して電機子電流が30Aになったときの回転数の値[min^{-1}]として，最も近いものを次の（1）～（5）のうちから一つ選べ。ただし，電機子抵抗は0.1Ωとし，端子電圧は一定，電機子反作用およびその他の影響は無視できるものとする。

（1）500　（2）985　（3）1 015　（4）1 500　（5）2 000

問2　電機子回路の抵抗が，0.2Ωの他励式直流発電機がある。この発電機の負荷が0.5kWのとき，回転速度は1 800 min^{-1}で出力端子の電圧は100Vであった。負荷を5kWに増加すると回転速度が1 700 min^{-1}に変化した。このときの出力端子の電圧を100Vに維持したい。必要な界磁電流の値は，負荷が0.5kWのときの何倍となるか。最も近いものを次の（1）～（5）のうちから一つ選べ。

ただし，上記以外の定数は無視し，界磁回路の磁気飽和はないものとする。

（1）0.93　（2）1.04　（3）1.15　（4）1.27　（5）2.1

問3　三相210 V の電源に接続された定格出力（軸出力）4 kW，定格周波数50 Hz，定格回転速度930 min^{-1}，極数6，定格力率0.8（遅れ）の三相誘導電動機がある。この電動機の定格出力時における3相分の各損失値は，鉄損200 W，一次銅損300 W，機械的損失50 W であった。電源側の線電流の値 [A] として，最も近いものを次の（1）～（5）のうちから一つ選べ。

（1）16.7　（2）17.5　（3）18.1　（4）21.9　（5）25.4

問4　図は，三相同期発電機において負荷電流が遅れ力率（力率角 θ）のときの，電機子巻線1相についてのベクトル図である。図の空白箇所（ア）～（エ）に当てはまる組合せとして，正しいものを次の（1）～（5）のうちから一つ選べ。

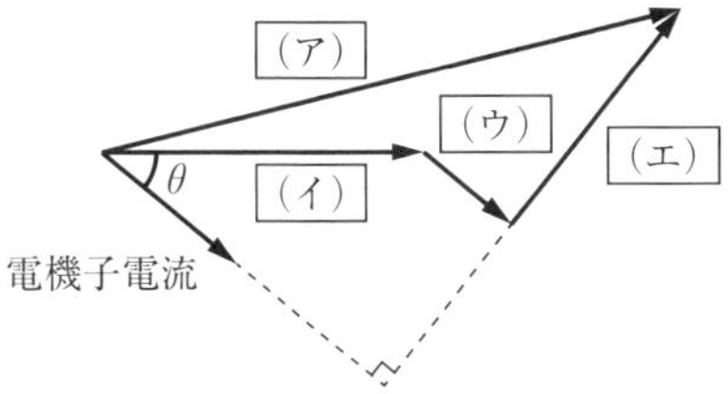

	（ア）	（イ）	（ウ）	（エ）
（1）	誘導起電力	端子電圧	同期リアクタンス降下	同期インピーダンス降下
（2）	誘導起電力	端子電圧	同期インピーダンス降下	電機子巻線抵抗降下
（3）	端子電圧	誘導起電力	同期リアクタンス降下	電機子巻線抵抗降下
（4）	端子電圧	誘導起電力	電機子巻線抵抗降下	同期リアクタンス降下
（5）	誘導起電力	端子電圧	電機子巻線抵抗降下	同期リアクタンス降下

問5　単巻変圧器と２巻線変圧器または３巻線変圧器との違いに関する記述として，誤っているものを次の(1)〜(5)のうちから一つ選べ。

(1) 線路容量に対して自己容量を小さくできるため，機器が小形・軽量になり，使用材料も少ないので安価である。

(2) 変圧器が小形・軽量なので，水力発電所などの輸送条件の厳しい場所に設置するのに有利である。

(3) 変圧器の損失が小さいため効率がよく，また，漏れリアクタンスが小さいため電圧変動率が小さい。

(4) 単巻変圧器は，一次側回路と二次側回路を絶縁することができないため，超高圧以上の異なる電圧の系統相互間を連系する大形変圧器には適用されていない。

(5) 単巻変圧器は，高圧配電線路の末端に設置されている電圧降下補償用の6.3kV/6.6kV昇圧器など，一次側回路と二次側回路が同一系統の場合に適用されている。

問6　図は定格出力200kW，定格電圧440V，定格電流500A，定格回転速度900 $\mathrm{min^{-1}}$，電機子回路の抵抗が0.022Ωの他励直流電動機である。電機子は，サイリスタを用いた三相半波整流回路を介して定電圧の交流電源に接続されており，定格運転時の位相制御角は30°である。サイリスタの位相制御角を60°として定格時と同じトルクで運転する場合，電動機の回転速度の値[$\mathrm{min^{-1}}$]として，最も近いものを次の(1)〜(5)のうちから一つ選べ。ただし，励磁電流は一定とする。

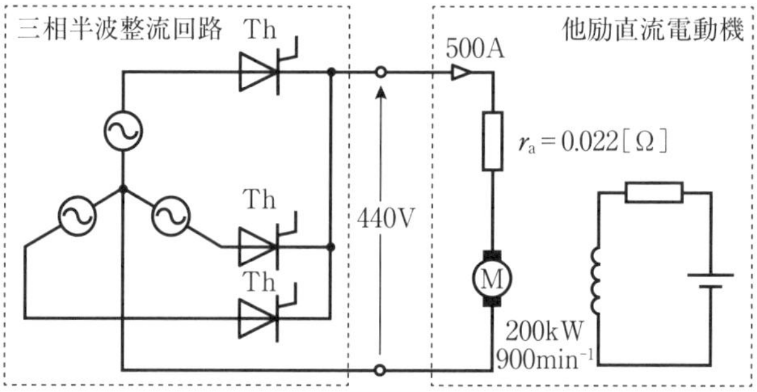

(1) 510　　(2) 520　　(3) 530　　(4) 540　　(5) 550

問 7　次の文章は，誘導発電機に関する記述である。

運転中の誘導電動機に外力を加えて回転子の回転速度を （ア） 以上にすると，回転子導体は回転磁界を追い越して回るので，電動機のときとは逆向きの電流が流れる。このため， （イ） の電流も逆向きになり，発電機として外部に電流を供給する。

ただし，誘導機の （ウ） は電源から供給されるため，他の電源がないと発電できないので，単独で発電する場合には，発電機端子にコンデンサを接続して （エ） により電圧を発生させる。誘導発電機でコンデンサを備えたものを自励式誘導発電機，発電機のみのものを他励式誘導発電機という。

上記の記述中の空白箇所（ア）～（エ）に当てはまる組合せとして，正しいものを次の（1）～（5）のうちから一つ選べ。

	（ア）	（イ）	（ウ）	（エ）
（1）	同期速度	固定子巻線	励磁電流	逆励磁
（2）	定格回転速度	回転子巻線	皮相電力	順励磁
（3）	定格回転速度	回転子巻線	皮相電力	磁気飽和
（4）	同期速度	固定子巻線	励磁電流	自己励磁
（5）	同期速度	固定子巻線	無効電力	過励磁

問 8　パワー半導体に関する記述として，誤っているものを次の（1）～（5）のうちから一つ選べ。

（1）ダイオードを用いた単相ブリッジ整流回路は，逆変換動作を行うことができない。

（2）サイリスタを用いた単相半波整流回路で負荷が誘導性の場合，還流ダイオードを用いると直流平均電圧の低下を抑制できる。

（3）サイリスタを用いて可変交流電圧を得るには，転流重なり角を変える方法が広く用いられている。

（4）IGBT は，MOS 構造のゲートとバイポーラトランジスタを組合せた構造をしている。

（5）パワーMOSFET は，主に電圧が低い変換装置において高速スイッチングする用途に用いられる。

問 9　図のように，電動機と減速機を組み合わせて負荷を駆動している。このとき，電動機の回転速度 N_{m} が1 150 min^{-1}，トルク T_{m} が120 N·m であった。減速機の減速比を10，効率を0.95としたとき，負荷の軸入力 P_{L} の値[kW]として，最も近いものを次の(1)～(5)のうちから一つ選べ。

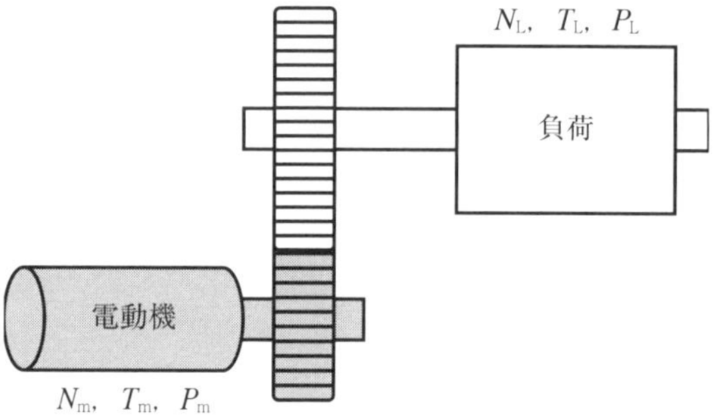

(1) 13.7　　(2) 14.5　　(3) 15.3　　(4) 16.1　　(5) 16.9

問10 次の文章は，メタルハライドランプに関する記述である。

メタルハライドランプは，一般的な水銀ランプに内蔵された石英製の発光管内に金属ハロゲン化物を添加したものである。添加する主なものとして，（ア），タリウム，ナトリウム，スカンジウムなどがある。

メタルハライドランプの発光効率は約（イ）lm/W であり，ランプの寿命は約（ウ）時間である。また，ランプ１灯当たりの発光光束量が大変に多く，比較的長寿命であるので，工場内の高天井に取り付ける照明用ランプや，投光器用ランプなどに用いられている。

このランプの通常の始動時間は約（エ）間と長い。また，ランプ使用中に停電した場合の再始動時間は，ランプの（オ）と通常の始動時間の和となるため，通常の始動時間よりもさらに長くなる。そのため，繰り返し点滅させる用途には不向きである。

上記の記述中の空白箇所（ア）～（オ）に当てはまる組合せとして，正しいものを次の（１）～（５）のうちから一つ選べ。

	（ア）	（イ）	（ウ）	（エ）	（オ）
（１）	マグネシウム	80 ～ 90	9 000	数十秒	冷却時間
（２）	マグネシウム	80 ～ 90	5 000	数分	予熱時間
（３）	インジウム	50 ～ 60	9 000	数十秒	予熱時間
（４）	インジウム	50 ～ 60	5 000	数分	冷却時間
（５）	インジウム	80 ～ 90	9 000	数分	冷却時間

問11 間口６m，奥行き６mの部屋の天井に40 W蛍光ランプ２灯用照明器具（下面開放形）を６基取り付けた。床面の平均照度の値[lx]として，最も近いものを次の（１）～（５）のうちから一つ選べ。ただし，蛍光ランプの効率は80 lm/W，保守率は0.7，床面に対する照明率は0.5とする。

（１）193　（２）283　（３）373　（４）453　（５）533

問12 水２Lを10分間で30℃から100℃に加熱することのできる電気湯沸かし器を設計したい。電気湯沸かし器の発熱体の抵抗の値［Ω］として，最も近いものを次の（１）～（５）のうちから一つ選べ。ただし，熱効率は80％で，電源電圧は100V一定とし，水の比熱は4.18kJ/(kg·K)，水の密度は1 000kg/m^{3}とする。

（１）3.5　（２）4.9　（３）8.2　（４）9.8　（５）13.8

問13 公称電圧が3.7Vで，電池１個のもつ電気エネルギーが8.88W·hのリチウムイオン電池がある。この電池を100個直列に接続して満充電にしたとき，２時間使用することができた。このときの消費電力の値［W］として，最も近いものを次の（１）～（５）のうちから一つ選べ。

（１）33　（２）444　（３）888　（４）1 776　（５）3 286

問14 次の文章は，太陽光発電と燃料電池の組合せによる再生可能エネルギーの有効利用に関する記述である。

地球に降り注ぐ太陽光のエネルギー密度は，日本の緯度では［（ア）］$\mathrm{W/m^2}$程度に達する。近年，太陽光発電所が増加してきたが発電効率は［（イ）］％であり，効率向上が大きな課題である。太陽光発電でできたエネルギーを利用して水の電気分解をすれば，［（ウ）］の形でエネルギーを保存することができる。この［（ウ）］を燃料電池の燃料として大気中の［（エ）］も利用すれば，昼夜を問わず再生可能エネルギーである太陽光エネルギーの有効活用を図ることができる。

上記の記述中の空白箇所（ア）～（エ）に当てはまる組合せとして，正しいものを次の（1）～（5）のうちから一つ選べ。

	（ア）	（イ）	（ウ）	（エ）
（1）	10	10 ～ 20	水素ガス	炭酸ガス
（2）	100	10 ～ 20	水素ガス	酸素
（3）	100	40 ～ 50	炭酸ガス	窒素
（4）	1 000	10 ～ 20	水素ガス	酸素
（5）	1 000	40 ～ 50	炭酸ガス	窒素

B問題（配点は1問題当たり（a）5点，（b）5点，計10点）

問15　三相210Vの電源で運転している三相同期電動機について，次の（a）および（b）の問に答えよ。ただし，電機子巻線はY結線で，1相当たりのリアクタンスは7Ωとする。また，上記以外の定数は無視し，界磁回路の磁気飽和はないものとする。

（a）この電動機を，電機子電流10A，力率1で運転した場合の三相出力の値[kW]として，最も近いものを次の（1）～（5）のうちから一つ選べ。

（1）0.55　（2）0.73　（3）1.21　（4）3.1　（5）3.63

（b）この電動機を，同一出力で界磁電流を1.5倍にしたときの力率の値[%]として，最も近いものを次の（1）～（5）のうちから一つ選べ。

（1）54　（2）67　（3）72　（4）88　（5）91

問16　定格容量100kV·Aの単相変圧器がある。この変圧器を定格電圧，力率100%，全負荷の$\frac{3}{4}$の負荷で運転したとき，鉄損と銅損が等しくなり，効率は97.8%であった。この変圧器について，次の（a）および（b）の問に答えよ。

ただし，鉄損と銅損以外の損失は無視できるものとする。

（a）鉄損の値[W]として，最も近いものを次の（1）～（5）のうちから一つ選べ。

（1）694　（2）744　（3）794　（4）844　（5）894

（b）全負荷，力率100%で運転したときの銅損の値[W]として，最も近いものを次の（1）～（5）のうちから一つ選べ。

（1）1 400　（2）1 500　（3）1 600　（4）1 700　（5）1 800

問17および問18は選択問題であり，問17または問18のどちらかを選んで解答すること。両方解答すると採点されません。

（選択問題）

問17　図１の論理回路について，次の（a）および（b）の問に答えよ。

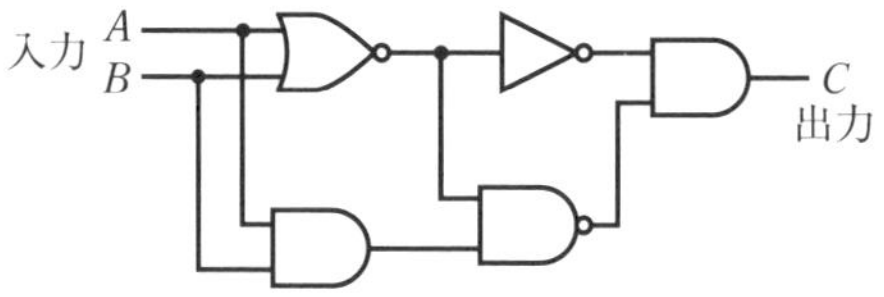

図１

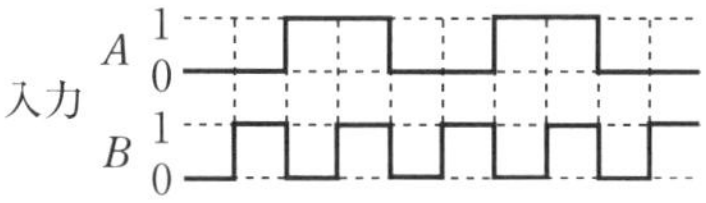

図２

（a）入力AおよびBに対する出力Cの論理式として，正しいものを次の（1）～（5）のうちから一つ選べ。

（1）$A+B$　（2）$\overline{A}+B$　（3）$A+\overline{B}$　（4）$\overline{A}+\overline{B}$　（5）$\overline{A+B}$

（b）図１の論理回路に，図２に示すタイムチャートの入力波形A，Bを加えた。このとき現れる出力信号Cの波形として，正しいものを次の（1）～（5）のうちから一つ選べ。

（1）出力 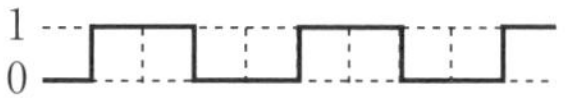

（2）出力 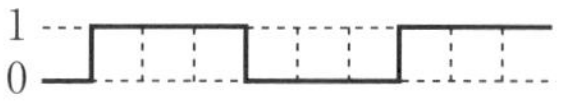

（3）出力 

（4）出力 

（5）出力 

問17および問18は選択問題であり，問17または問18のどちらかを選んで解答すること。両方解答すると採点されません。

(選択問題)

問18 図１は，ある演算回路のブロック線図を示している。次の（ａ）および（ｂ）の問に答えよ。

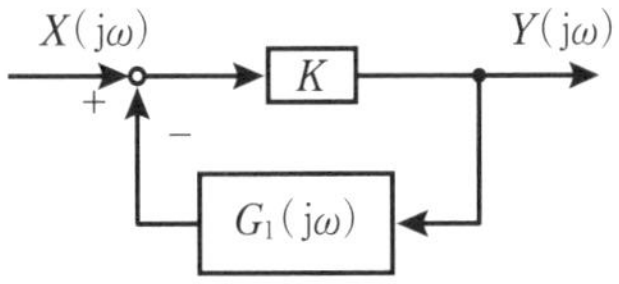

図１

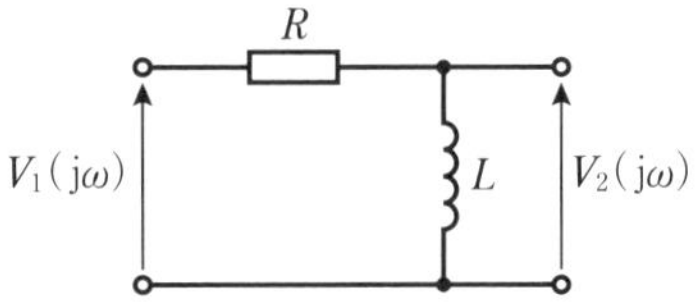

図２

（ａ）図２は，図１のブロック$G_1(\mathrm{j}\omega)$の詳細を示しており，抵抗R[Ω]とインダクタンスL[H]からなる回路である。この回路の入力量$V_1(\mathrm{j}\omega)$に対する出力量$V_2(\mathrm{j}\omega)$の周波数伝達関数$G_1(\mathrm{j}\omega)=\dfrac{V_2(\mathrm{j}\omega)}{V_1(\mathrm{j}\omega)}$を表す式として，正しいものを次の（１）～（５）のうちから一つ選べ。

（１）$\dfrac{L}{R+L}$　（２）$\dfrac{\mathrm{j}\omega L}{1+\mathrm{j}\omega RL}$　（３）$\dfrac{R}{1+\mathrm{j}\omega RL}$　（４）$\dfrac{\mathrm{j}\omega L}{R+\mathrm{j}\omega L}$　（５）$\dfrac{R}{R+\mathrm{j}\omega L}$

（ｂ）図１のブロック線図において，閉ループ周波数伝達関数$G(\mathrm{j}\omega)=\dfrac{Y(\mathrm{j}\omega)}{X(\mathrm{j}\omega)}$で，ゲイン$K$が非常に大きな場合の近似式として，正しいものを次の（１）～（５）のうちから一つ選べ。

（１）$1+\mathrm{j}\omega RL$　（２）$1+\dfrac{R}{\mathrm{j}\omega L}$　（３）$1+\dfrac{RL}{\mathrm{j}\omega}$　（４）$\dfrac{R}{1+\mathrm{j}\omega L}$　（５）$\dfrac{1}{1+\mathrm{j}\omega L}$

第3種

法　　規

（第4時限目）

第３種　法　　規

答案用紙記入上の注意事項

1．マークシート（答案用紙）は機械で読み取りますので，**濃度ＨＢの鉛筆又はＨＢ（又はＢ）のしんを用いたシャープペンシルで濃く塗りつぶして**ください。色鉛筆やボールペンでは機械で読み取ることができません。

なお，訂正は「プラスチック消しゴム」で**きれいに消し**，消しくずを残さないでください。

2．マークシートには**氏名，生年月日，試験地及び受験番号を記入し，受験番号のマーク欄にはマークシートに印刷されているマーク記入例に従い，正しくマーク**してください。

（**受験番号記入例**：受験番号０１４１Ａ０１２３４Ｌの場合）

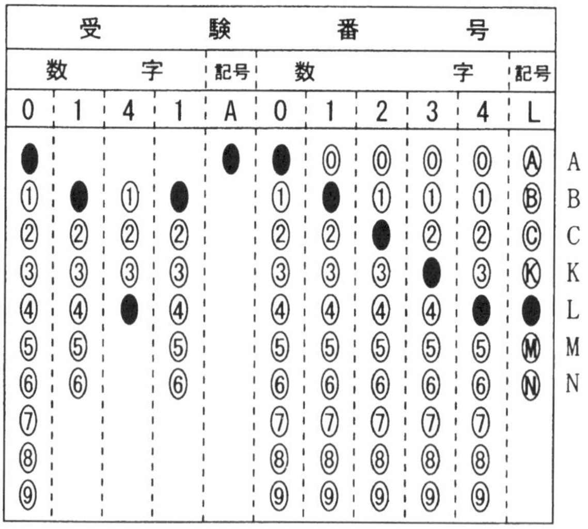

3．マークシートの余白及び裏面には，何も記入しないでください。

4．マークシートは，折り曲げたり汚したりしないでください。

5．問題の解答の選択肢は(1)から(5)まであります。その中から**一つ選び**マークシートの解答欄にマークしてください。

なお，二つ以上マークした場合には，採点されません。

(解答記入例)

問1　日本で一番高い山として，正しいのは次のうちどれか。

(1) 大雪山　(2) 浅間山　(3) 富士山　(4) 立　山　(5) 阿蘇山

正解は「(3)」ですから，マークシートには

問題番号	選択肢番号
1	①　②　●　④　⑤

のように選択肢番号の枠内を塗りつぶしてください。

次ページ以降は試験問題になっています。

第３種　法　　規

注１　問題文中に「電気設備技術基準」とあるのは，「電気設備に関する技術基準を定める省令」の略である。

注２　問題文中に「電気設備技術基準の解釈」とあるのは，「電気設備の技術基準の解釈における第１章～第６章および第８章」をいう。なお，「第７章 国際規格の取り入れ」の各規程について問う出題にあっては，問題文中にその旨を明示する。

A問題（配点は１問題当たり６点）

問１　次の文章は，「電気事業法」における事業用電気工作物に関する記述の一部である。

１．事業用電気工作物を設置する者は，事業用電気工作物を主務省令で定める［（ア）］に適合するように維持しなければならない。

２．前項の主務省令は，次に掲げるところによらなければならない。

一　事業用電気工作物は，［（イ）］に危害を及ぼし，または［（ウ）］に損傷を与えないようにすること。

二　事業用電気工作物は，他の電気的設備その他の［（ウ）］の機能に電気的または［（エ）］的な障害を与えないようにすること。

三　事業用電気工作物の損壊により一般［（オ）］の電気の供給に著しい支障を及ぼさないようにすること。

上記の記述中の空白箇所（ア）～（オ）に当てはまる組合せとして，正しいものを次の（１）～（５）のうちから一つ選べ。

	（ア）	（イ）	（ウ）	（エ）	（オ）
（１）	電気事業法施行規則	環境	物件	磁気	送配電事業者
（２）	技術基準	環境	公共施設	機械	電気事業者
（３）	技術基準	人体	物件	磁気	送配電事業者
（４）	技術基準	環境	物件	機械	電気事業者
（５）	電気事業法施行規則	人体	公共施設	磁気	電気事業者

問2　「電気事業法」および「電気事業法施行規則」に基づく工事計画の届出,「電気関係報告規則」に基づく事故報告に関する記述として，誤っているものを次の(1)～(5)のうちから一つ選べ。

(1) 出力2 000 kW 以上の太陽電池発電所設置の工事計画について，工事開始の30日前までに電気事業法に基づく事前届出を行う。

(2) 電圧10 000 V 以上で受電する自家用電気工作物の遮断器の遮断電流を20％変更する改造工事の計画について，電気事業法に基づく事前届出を行う。

(3) 自家用電気工作物において感電死傷事故が発生した場合，その電気工作物の設置者は事故の発生を知った24時間以内に速報を，また，事故の発生を知った日から起算して30日以内に詳報を所轄産業保安監督部長に提出する。

(4) 出力500 kW 以上の風力発電所に属する容量500 kV·A 以上の調相機が破損したが，発電自体に影響がなかったため，電気関係報告規則に基づく事故報告を行う必要はない。

(5) 電圧6 600 V で受電する自家用電気工作物の構内ケーブルの地絡が原因で一般送配電事業者の配電線を停電させた。しかし，構内の開閉器が停電中に当該ケーブルを切り離し，一般送配電事業者の再閉路が成功したため，電気関係報告規則に基づく事故報告を行う必要はない。

問3　次の文章は,「電気工事士法」に基づく目的, 用語の定義に関する記述の一部である。

a）電気工事の作業に従事する者の資格および（ア）を定め，もって電気工事の欠陥による（イ）の発生の防止に寄与することを目的とする。

b）「自家用電気工作物」とは，電気事業法に規定する自家用電気工作物のうち（ウ）kW未満の需要設備に設置する電気工作物をいう。

c）「電気工事」とは，一般用電気工作物または自家用電気工作物を（エ）し，または（オ）する工事をいう。

上記の記述中の空白箇所（ア）～（オ）に当てはまる組合せとして，正しいものを次の（1）～（5）のうちから一つ選べ。

	（ア）	（イ）	（ウ）	（エ）	（オ）
（1）	義務	災害	500	設置	変更
（2）	義務	事故	1 000	改造	修理
（3）	義務	災害	500	改造	修理
（4）	責任	事故	1 000	改造	変更
（5）	責任	災害	500	設置	修理

問4　「電気工事士法」および「電気工事業の業務の適正化に関する法律」に関する記述として，正しいものの組合せを次の(1)～(5)のうちから一つ選べ。

a）電気工事士免許のない者が，第二種電気工事士が行う配電盤を造営材に取り付ける作業を補助する作業に従事した。

b）第一種電気工事士が，自家用電気工作物の600 V 以下の電路における非常用予備発電装置の設置工事に従事した。

c）自家用電気工作物とは，高圧で受電する500 kW 未満の需要設備のことで，「電気工事士法」で定める特殊電気工事以外であれば，第一種電気工事士(限定なし)および認定電気工事従事者(限定あり)は電気工事に従事できる。

d）「電気工事業の業務の適正化に関する法律」では，「電気工事法」における電気工事のうち，家庭用電気機械器具の販売に付随して行うものは除外される。

e）一般用および自家用電気工作物の電気工事業を営もうとする者は，事業を開始しようとする10日前までに通知，自家用電気工作物に係る電気工事業のみの場合は登録を行わなければならない。

(1) a, b　(2) a, b, c　(3) a, c, d, e　(4) b, c, d, e　(5) c, d

問 5　次の文章は，「電気用品安全法」に基づく記述である。

a）この法律は，電気用品の製造，販売等を規制するとともに，電気用品の （ア） の確保につき民間事業者の （イ） を促進することにより，電気用品による危険および障害の発生を防止することを目的とする。

b）電気用品とは，一般用電気工作物の部分となり，またはこれに接続して用いられる機械，器具または材料であって， （ウ） で定めるものをいう。特定電気用品とは，構造または使用方法その他の使用状況からみて，特に危険または障害の発生するおそれが多い電気用品であって， （ウ） で定める。

c）電気用品の製造または輸入の事業を行うものは，経済産業省令に従い，事業開始 （エ） ，事業の届出を行う。

d）届出を行った事業者は，製造または輸入する電気用品を経済産業省令で定める技術基準に適合させる義務がある。ただし，特定の用途，試験的な製造および （オ） 場合はその限りでない。

上記の記述中の空白箇所（ア）～（オ）に当てはまる組合せとして，正しいものを次の（1）～（5）から一つ選べ。

	（ア）	（イ）	（ウ）	（エ）	（オ）
（1）	競争力	雇用	省令	の日から 30 日以内に	輸出するための
（2）	競争力	自主的な活動	告示	後遅滞なく	経済産業大臣へ届け出た
（3）	安全性	健全な成長	省令	後速やかに	経済産業大臣が認可した
（4）	安全性	自主的な活動	政令	の日から 30 日以内に	輸出するための
（5）	競争力	雇用	政令	後速やかに	経済産業大臣が認可した

問6　次の文章は，「電気設備技術基準」および「電気設備技術基準の解釈」に基づく用語の定義に関する記述の一部である。

a）「支持物」とは，木柱，鉄柱，鉄筋コンクリート柱および鉄塔ならびにこれらに類する工作物であって，電線または弱電流電線もしくは（ア）を支持することを主たる目的とするものをいう。

b）点検できない隠ぺい場所とは，天井ふところ，（イ）内または（ウ）内等，工作物を破壊しなければ電気設備に接近し，または電気設備を点検できない場所をいう。

c）（エ）接近状態とは，架空電線が他の工作物の上方または側方において水平距離で（オ）m以上，かつ，当該架空電線の支持物の地表上の高さに相当する距離以内に施設されることにより，架空電線路の電線の切断，支持物の倒壊等の際に，当該電線が他の工作物に接触するおそれがある状態をいう。

上記の記述中の空白箇所（ア）～（オ）に当てはまる組合せとして，正しいものを次の（1）～（5）のうちから一つ選べ。

	（ア）	（イ）	（ウ）	（エ）	（オ）
（1）	光ファイバーケーブル	壁	金属ダクト	第2次	5
（2）	光ファイバーケーブル	室	金属ダクト	第2次	3
（3）	保護管	壁	コンクリート床	第1次	5
（4）	保護管	室	コンクリート床	第2次	5
（5）	光ファイバーケーブル	壁	コンクリート床	第1次	3

問 7　次の文章は，「電気設備技術基準」および「電気設備技術基準の解釈」に基づく発変電設備等の損傷による供給支障の防止に関する記述の一部である。

発電機，燃料電池または常用電源として用いる蓄電池には，一般送配電事業に係る電気の供給に著しい支障を及ぼす異常が生じた場合，（ア）にこれを電路から遮断する装置を施設しなければならない。また，解釈により上記の装置は，以下の場合等に施すことになっている。

a）発電機に（イ）を生じた場合

b）容量が10 000 kV･A 以上の発電機の（ウ）に故障を生じた場合

c）定格出力が10 000 kW を超える蒸気タービンの（エ）が著しく摩耗し，またはその（オ）が著しく上昇した場合

上記の記述中の空白箇所（ア）～（オ）に当てはまる組合せとして，正しいものを次の（1）～（5）のうちから一つ選べ。

	（ア）	（イ）	（ウ）	（エ）	（オ）
（1）	速やか	地絡	内部	スラスト軸受	振動
（2）	速やか	地絡	励磁装置	動翼	振動
（3）	自動的	過電流	内部	スラスト軸受	温度
（4）	自動的	地絡	励磁装置	動翼	振動
（5）	速やか	過電流	内部	スラスト軸受	温度

問 8　「電気設備の技術基準の解釈」に基づく粉じんの多い場所の施設に関する記述として，誤っているものを次の（1）～（5）のうちから一つ選べ。

（1）粉じんには，爆燃性粉じんと可燃性粉じん，これ以外のその他粉じんの３種類がある。

（2）合成樹脂管工事は，爆燃性粉じんと可燃性粉じんの多い場所のどちらも施工可能である。

（3）金属管工事の金属管は，薄鋼電線管またはこれと同等以上の強度を有するものである。

（4）爆燃性粉じんの多い場所の電気機械器具は，電気機械器具防爆構造規格（昭和44年労働省告示第16号）に規定する粉じん防爆特殊防じん構造のものであること。

（5）特別高圧電気設備は，粉じんの多い場所に施設できない。

問9 高圧受電設備の高調波に関する記述として，誤っているものを次の(1)～(5)のうちから一つ選べ。

(1) 高調波は，整流器などの半導体を用いた機器，溶接機などの変動負荷および変圧器などの鉄心の磁気飽和等により生じる。

(2) 電圧フリッカの原因は，アーク炉，圧延機，溶接機などの短いサイクルの大電流による電圧降下であり，照明のちらつき等が発生する。

(3) 高調波とフリッカの対策は電力会社が実施するため，発生源となった需要家については，特に対策は不要である。

(4) 高調波を抑制するために，アクティブフィルタにより高調波を打ち消す。

(5) フリッカを抑制するために，無効電力補償装置(SVC等)を設置する。

問10 次の表は，高圧受電設備にある機器，主な劣化診断の対象となる部分，および必要な検査測定方法を示したものである。表中の空白箇所(ア)～(オ)に当てはまる組合せとして，正しいものを次の(1)～(5)から一つ選べ。

機器	主な劣化診断の対象となる部分	試験・測定法
油入変圧器	(ア)	全酸価，絶縁破壊電圧試験
(イ)	真空バルブ	真空度チェック
高圧ケーブル	絶縁物（架橋ポリエチレン）	(ウ)
進相コンデンサ	外観（油漏れ，異常なふくらみ）	(エ)
避雷器	(オ)	漏れ電流測定

	(ア)	(イ)	(ウ)	(エ)	(オ)
(1)	絶縁油	負荷開閉器	絶縁抵抗測定	tanδ 試験	酸化亜鉛素子
(2)	絶縁油	遮断器	直流電流試験	目視，外形測定	酸化亜鉛素子
(3)	SF_6 ガス	断路器	絶縁抵抗測定	tanδ 試験	抵抗素子
(4)	タップ切換器	遮断器	絶縁耐力試験	目視，外形測定	抵抗素子
(5)	SF_6 ガス	負荷開閉器	絶縁耐力試験	絶縁抵抗測定	酸化亜鉛素子

B問題（問11および問12の配点は１問題当たり(a) 6点，(b) 7点，計13点，
問13の配点は(a) 7点，(b) 7点，計14点）

問11　ある変電所の配電線にA，BおよびCの需要家が接続されている。各需要家の設備容量，力率，需要率および負荷率を下表に示す。次の(ａ)および(ｂ)の問に答えよ。

需要家	設備容量[kV·A]	力率［%］	需要率［%］	負荷率［%］
A	750	80	50	20
B	300	60	50	40
C	250	95	40	60

(ａ) 各需要家のうち，平均需要電力が最も大きい需要家とその値［kW］の組合せとして，正しいものを次の(１)～(５)のうちから一つ選べ。

	需要家	平均需要電力［kW］
(１)	A	60
(２)	B	60
(３)	C	60
(４)	A	75
(５)	B	120

(ｂ) 変電所からみたとき，３つの需要家へ供給する合成最大需要電力は388 kWであった。変電所からみた合成負荷率［%］および不等率の組合せとして，正しいものを次の(１)～(５)のうちから一つ選べ。

	合成負荷率［%］	不等率
(１)	32.3	1.20
(２)	39.4	1.20
(３)	32.3	1.25
(４)	39.4	1.25
(５)	40.0	1.25

問12　図は，電圧6 600 V，周波数60 Hz，中性点非接地方式の三相3線式配電線路から受電する需要家の高圧地絡保護装置をモデル化した単線図である。$C_1=2.0[\mu F]$，$C_2=0.02[\mu F]$は1線当たりの対地静電容量とし，図示以外の条件は無視できるものとして，次の（a）および（b）の問に答えよ。

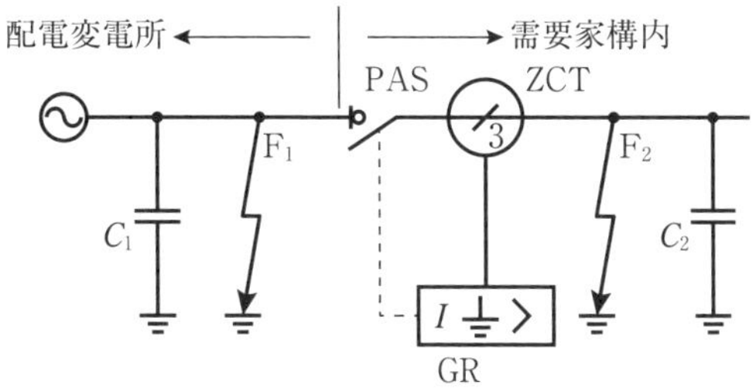

（a）F_1で1線完全地絡が発生した場合，ZCTに流れる地絡電流の値[A]として，最も近いものを次の（1）～（5）のうちから一つ選べ。

（1）0.0287　（2）0.0498　（3）0.0574　（4）0.0862　（5）0.149

（b）高圧受電設備の地絡保護に関する記述として，正しいものを次の（1）～（5）のうちから一つ選べ。

（1）F_2で1線完全地絡が発生した場合，ZCTに流れる地絡電流は(a)の値よりも小さい。

（2）ZCTからPASを超えた配電変電所側(F_1)の地絡事故では，図中のGRは動作させないようにする。

（3）図のGR(地絡継電器)であれば，(a)の地絡時も誤動作のおそれは少ない。

（4）GRは電波により誤動作することはなく，ZCTからGRまでの配線のシールドは不要である。

（5）金属遮へい層を有する高圧ケーブルの場合，遮へい層用接地線のZCTへの貫通の有無にかかわらず地絡は確実に検出される。

問13　公称電圧6 600 Vの電路に接続する長さ200 mの高圧３心ケーブルの竣工時に，絶縁耐力試験を「電気設備技術基準の解釈」に基づいて実施する。次の(ａ)および(ｂ)の問に答えよ。

ただし，周波数は50 Hz，ケーブル１本の対地静電容量は１km当たり0.52 μF，３心一括で試験を行うものとする。また，図に示すように，高圧補償リアクトル(電圧12 kVにおけるリアクトル電流値は253 mA)１台を試験用変圧器と並列に接続している。

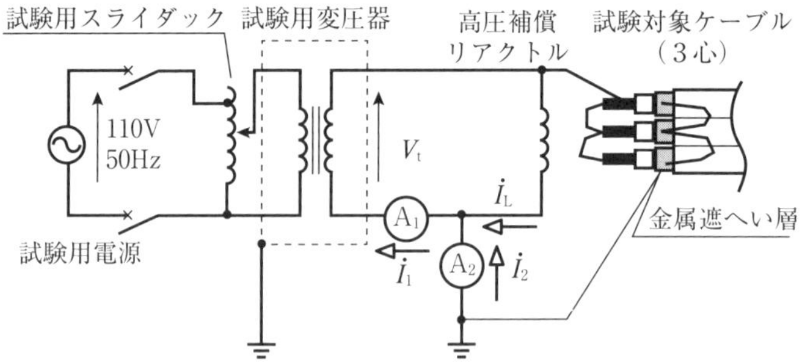

(ａ) ケーブルに試験電圧を印加したとき，ケーブルに流れる電流I_2の値[mA]として，最も近いものを次の(１)～(５)のうちから一つ選べ。

(１) 560　(２) 1 010　(３) 1 220　(４) 1 690　(５) 2 030

(ｂ) 試験用変圧器の許容出力電流は400 mAであった。試験用変圧器を過負荷としないために，追加で最低何台の高圧補償リアクトルが必要か，次の(１)～(５)のうちから一つ選べ。ただし，高圧補償リアクトルは同一定格のものを使用する。

(１) 0(不要)　(２) 1　(３) 2　(４) 3　(５) 4

第3種

理論

（第1時限目）

第３種　理　　　論

答案用紙記入上の注意事項

1．マークシート（答案用紙）は機械で読み取りますので，**濃度ＨＢの鉛筆又はＨＢ（又はＢ）のしんを用いたシャープペンシルで濃く塗りつぶして**ください。色鉛筆やボールペンでは機械で読み取ることができません。

なお，訂正は「プラスチック消しゴム」で**きれいに消し**，消しくずを残さないでください。

2．マークシートには**氏名，生年月日，試験地及び受験番号を記入し，受験番号のマーク欄にはマークシートに印刷されているマーク記入例に従い，正しくマーク**してください。

（**受験番号記入例**：受験番号０１４１Ａ０１２３４Ｌの場合）

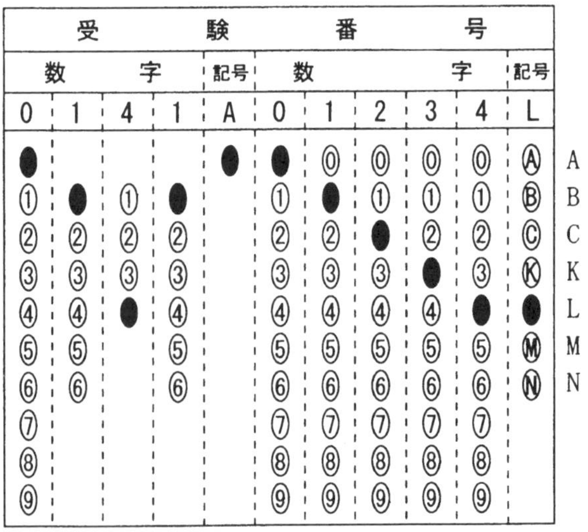

3．マークシートの余白及び裏面には，何も記入しないでください。

4．マークシートは，折り曲げたり汚したりしないでください。

5．問題の解答の選択肢は(1)から(5)まであります。その中から**一つ選び**マークシートの解答欄にマークしてください。

なお，二つ以上マークした場合には，採点されません。

（解答記入例）

問１　日本で一番高い山として，正しいのは次のうちどれか。

（1）大雪山　（2）浅間山　（3）富士山　（4）立　山　（5）阿蘇山

正解は「(3)」ですから，マークシートには

問題番号	選択肢番号
1	①　②　●　④　⑤

のように選択肢番号の枠内を塗りつぶしてください。

6．**選択問題は，いずれか一つの問題を選んで解答してください。**

なお，２問とも解答した場合には，採点されません。

次ページ以降は試験問題になっています。

第 3 種　理　論

A問題(配点は 1 問題当たり5点)

問 1　図のように，真空中で3.0 m離れた 2 点A，Bに，それぞれ$+3.0\times10^{-7}$Cの点電荷がある。その直線上のP点に$+2.5\times10^{-6}$Cの点電荷を置いたとき，この点電荷に働く力の大きさの値[N]として，最も近いものを次の(1)～(5)のうちから一つ選べ。

ただし，真空の誘導率を$\varepsilon_0=\dfrac{1}{4\pi\times9\times10^9}$[F/m]とする。

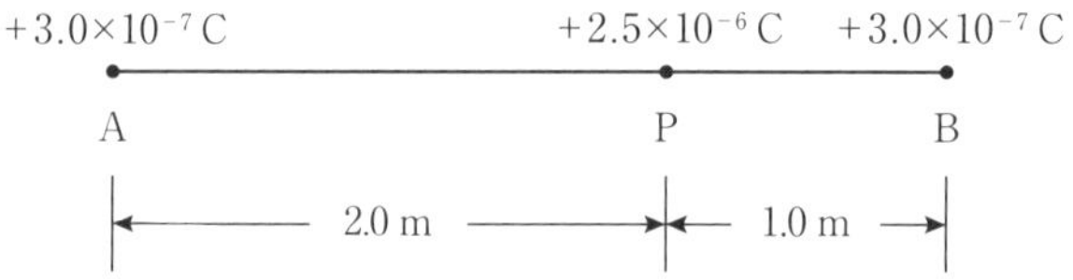

(1) 1.3×10^{-3}　(2) 2.5×10^{-3}　(3) 5.1×10^{-3}
(4) 6.8×10^{-3}　(5) 1.4×10^{-2}

問 2　鉄心入り環状ソレノイドがある。その円形断面の半径を1 cm，平均磁路長を40 cm，鉄心の比透磁率を1 000とする。環状鉄心のコイルに14 Aの起磁力を与えたとき，生じる鉄心中の磁束の値[Wb]として，最も近いものを次の(1)～(5)のうちから一つ選べ。ただし，$\mu_0=4\pi\times10^{-7}$[H/m]とする。

(1) 0.08×10^{-5}　(2) 0.16×10^{-5}　(3) 0.32×10^{-5}
(4) 0.67×10^{-5}　(5) 1.38×10^{-5}

問 3　図のように，電極面積 2 m^2，電極間隔 4 cm と電極面積 4 m^2，電極間隔 2 cm の 2 種類の平行板空気コンデンサが接続された回路がある。スイッチが A 側にあるとき，B 側の電圧 V は250 V であった。スイッチを B 側に切り替えて，十分に時間が経過したときの電圧 V の値 [V] として，最も近いものを次の（1）～（5）のうちから一つ選べ。

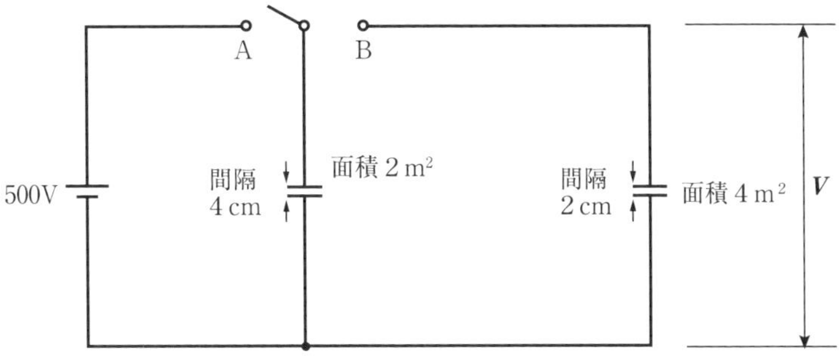

（1）150　　（2）250　　（3）300　　（4）330　　（5）400

問 4　図のように，コイル A と B がある。コイル A の電流を0.05秒間に10 A の割合で変化させたとき，コイル A に36 V，コイル B に18 V の電圧が誘導された。コイル B の自己インダクタンス L_B の値 [mH] およびコイル A と B の相互インダクタンス M の値 [mH] の組合せとして，最も近いものを次の（1）～（5）のうちから一つ選べ。

ただし，コイルの漏れ磁束は無視できるものとする。

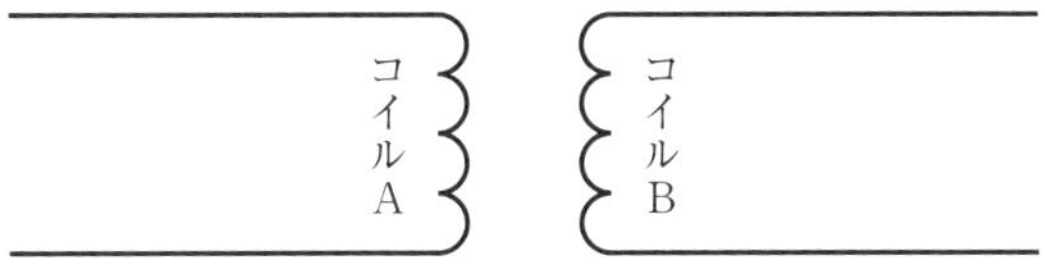

（1）$L_B = 45$，$M = 90$　　（2）$L_B = 45$，$M = 180$　　（3）$L_B = 90$，$M = 45$

（4）$L_B = 180$，$M = 45$　　（5）$L_B = 90$，$M = 500$

問 5　図の回路の開閉器Sを閉じたときを考える。Sを流れる電流 I_S の値[A]として，最も近いものを次の(1)～(5)のうちから一つ選べ。

ただし，$R_1 = 2.0$[Ω]，$R_2 = 5.0$[Ω]，$R_3 = 3.0$[Ω]，$V = 8.0$[V]，$I = 4.0$[A]とする。

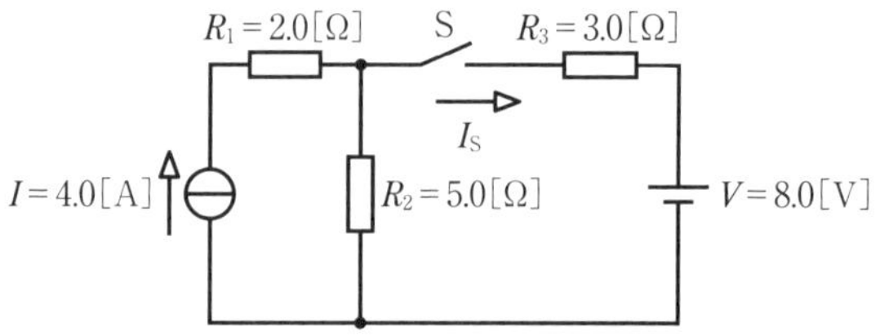

(1) 1.2　　(2) 1.5　　(3) 2.0　　(4) 2.5　　(5) 3.5

問 6　抵抗 R[Ω]と誘導性リアクタンス X[Ω]を直列に接続した回路に200 Vの正弦波交流電圧を加えたとき，電流20 Aが流れた。この回路に，さらに15 Ωの誘導性リアクタンスを直列に接続し，同一電圧を加えたところ，電流は10 Aに減少した。X[Ω]の値として，最も近いものを次の(1)～(5)のうちから一つ選べ。

(1) 2.5　　(2) 3.5　　(3) 4.5　　(4) 5.5　　(5) 6.5

問 7　図のような回路において，端子a-b間のインピーダンスのリアクタンスを零とするコイル L のインダクタンスを示す式として，正しいものを次の(1)～(5)のうちから一つ選べ。ただし，角周波数を ω[rad/s]とする。

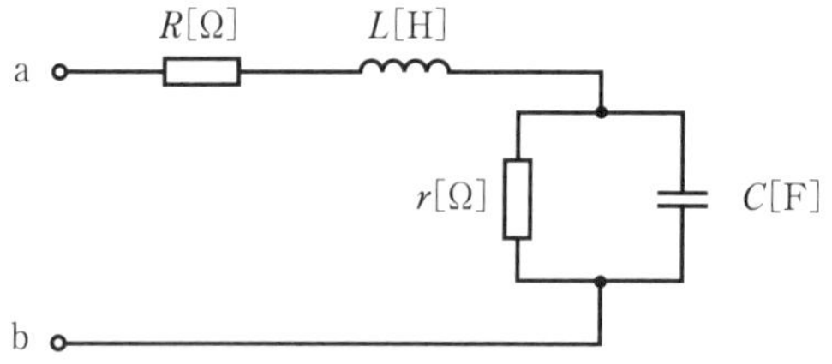

(1) $\dfrac{Cr}{1-(\omega Cr)^2}$　　(2) $\dfrac{Cr}{1+(\omega Cr)^2}$　　(3) $\dfrac{1+(\omega Cr)^2}{Cr^2}$

(4) $\dfrac{Cr^2}{1+(\omega Cr)^2}$　　(5) $\dfrac{1-(\omega Cr)^2}{Cr^2}$

問 8　図のような回路において，スイッチSを閉じた瞬間(時刻$t=0$)にA点を流れる電流をI_0[A]とし，十分に時間が経ち，安定状態に達したのちにA点を流れる電流をI[A]とする。電流比$\dfrac{I}{I_0}$の値を5とするために必要な抵抗R_3[Ω]の値を表す式として，正しいものを次の(1)～(5)のうちから一つ選べ。ただし，コイルに流れる初期電流は0Aとする。

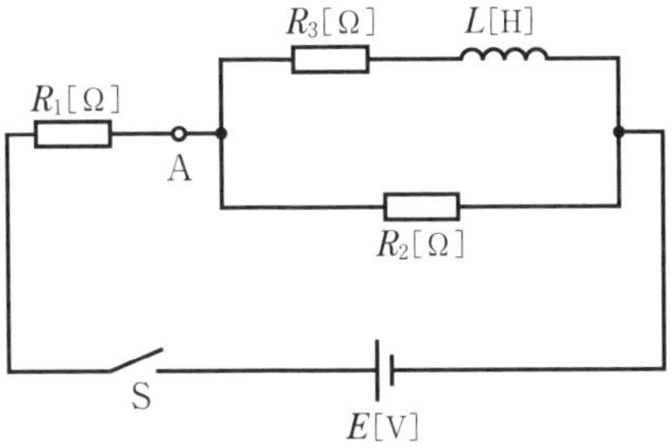

(1) $\dfrac{R_2(R_2-4R_1)}{4(R_1+R_2)}$　(2) $\dfrac{R_2(R_2-4R_1)}{2(R_1+R_2)}$　(3) $\dfrac{R_2(R_2-4R_1)}{(R_1+R_2)}$

(4) $\dfrac{R_2(R_2-R_1)}{4(R_1+R_2)}$　(5) $\dfrac{R_2(R_2-5R_1)}{4(R_1+R_2)}$

問 9　電気・磁気の諸現象に関する記述として，誤っているものを次の(1)～(5)のうちから一つ選べ。

(1) 異なる2種類の金属で1つの閉回路を作り，電流を流すと接合部で熱の発生・吸収が発生する。この現象をペルチェ効果という。

(2) 電流が流れている物体に対して直角に電界をかけると，電流と電界に垂直な方向に電圧を生じる。この現象をホール効果という。

(3) 電線に高周波電流を流した場合，電流は電線断面に一様に分布して流れず，電線表面に集中して流れるようになる。この現象を表皮効果という。

(4) 金属に紫外線などの振動数が大きい電磁波を照射したとき，表面から電子が飛び出す現象を光電効果という。

(5) 電子を金属またはその酸化物・ハロゲン化物などに衝突させると，その表面から新たな電子が放出される。この現象を二次電子放出という。また，タンタル等の金属を熱すると，電子がその表面から放出される。これを熱電子放出という。

問10　次の文章は，演算増幅器に関する記述である。

図に示す回路は［（ア）］と呼ばれ，その電圧増幅度は $A = v_o/v_i =$ ［（イ）］である。この回路は非常に［（ウ）］入力インピーダンスと，［（エ）］出力インピーダンスをもち，［（オ）］回路として用いられる。

上記の空白箇所（ア）～（オ）に当てはまる組合せとして，正しいものを次の（1）～（5）のうちから一つ選べ。

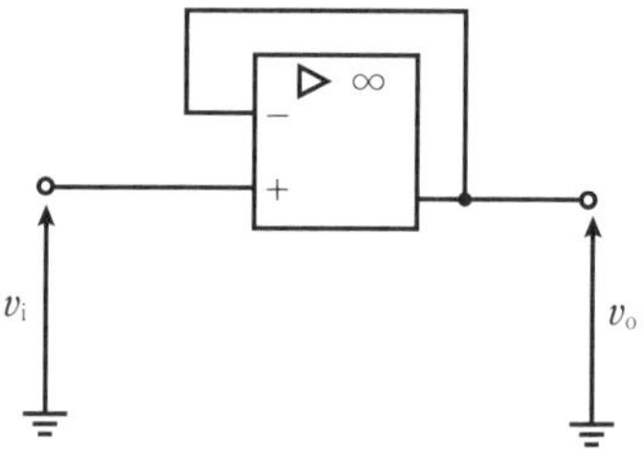

	（ア）	（イ）	（ウ）	（エ）	（オ）
（1）	コンパレータ	-1	小さい	大きい	比　較
（2）	コンパレータ	0	大きい	小さい	比　較
（3）	ボルテージホロワ	1	大きい	小さい	緩衝増幅
（4）	ボルテージホロワ	-1	小さい	大きい	電力増幅
（5）	ボルテージホロワ	0	大きい	小さい	緩衝増幅

問11　次式で表される電圧 e および電流 i による電力の値［W］として，最も近いものを次の（1）～（5）のうちから一つ選べ。

$$e = 100\sin\omega t + 50\sin(3\omega t - 80^\circ)\,[\mathrm{V}]$$

$$i = 10\sin(\omega t + 60^\circ) + 20\sin(3\omega t - 50^\circ)\,[\mathrm{A}]$$

（1）683　（2）866　（3）1 000　（4）1 250　（5）1 732

問12　指示計器に関する記述として，誤っているものを次の(1)～(5)のうちから一つ選べ。

(1) 可動コイル形計器は，永久磁石による磁界と可動コイルに流れる電流による電磁力を利用するもので，直流電流の測定に適している。

(2) 整流形計器は，整流器と可動コイル形計器を組み合わせて交流の電圧・電流を測定できるようにした計器で，一般に目盛は正弦波の実効値が直読できるようになっているが，波形が正弦波でない場合は誤差を生ずる。

(3) 熱電形計器は，被測定電流を熱線に流し，熱線の温度上昇を熱電対と可動コイル形計器で測定するもので，高周波電流の測定に適しているが直流電流の測定も可能である。

(4) 可動鉄片形計器は，電界中で帯電した鉄片に働く力を応用しており，商用周波数の交流電流計および交流電圧計として広く普及している。

(5) 電流力形計器は，固定コイルに流れる電流による磁界と可動コイルに流れる電流との電磁力を駆動トルクとするもので，電力計として利用されている。

問13　図１に示す回路に図２に示す波形の入力電圧 v_i を加えたとき，出力電圧 v_o の波形として，正しいものを次の(１)～(５)のうちから一つ選べ。ただし，ダイオードは理想的なものとする。

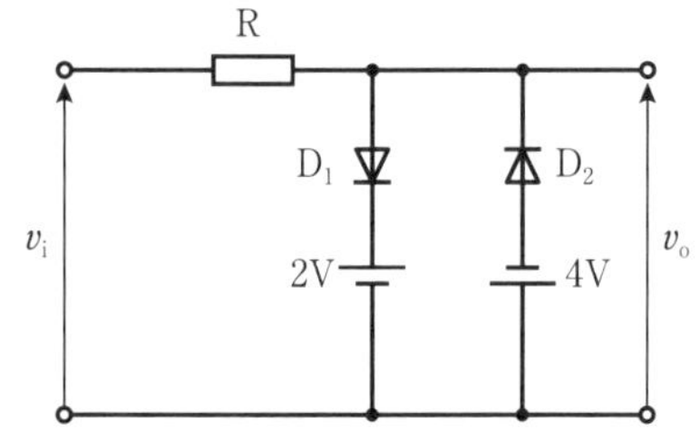

図１

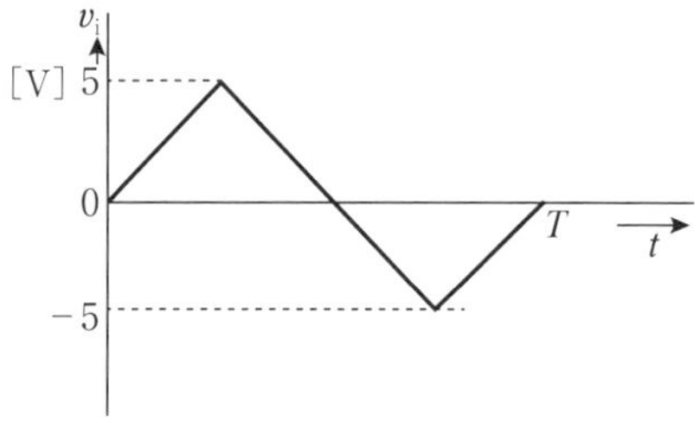

図２

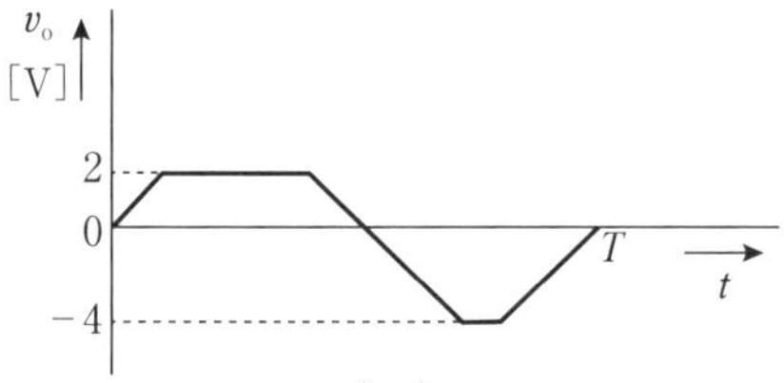

(１)

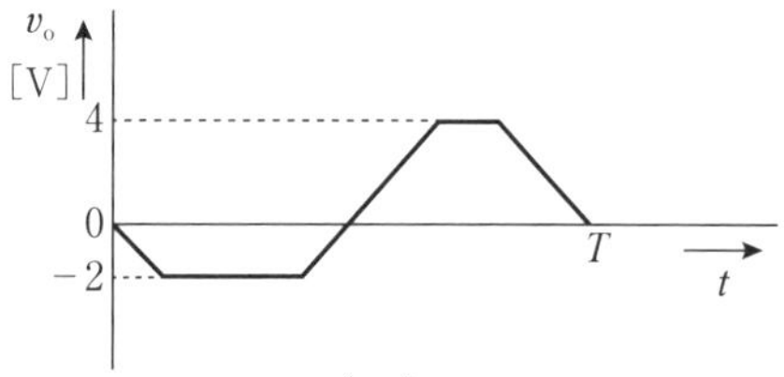

(２)

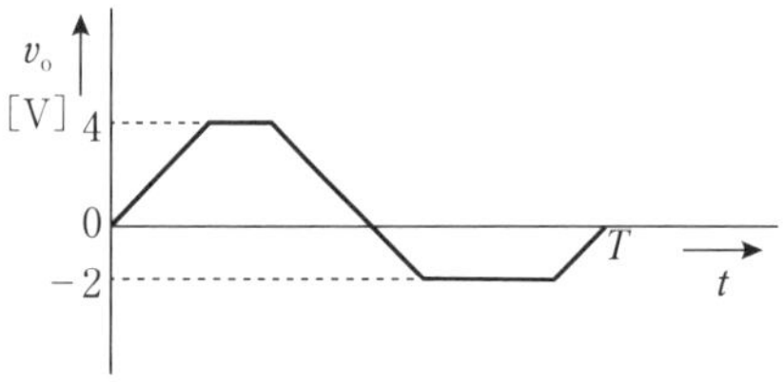

(３)

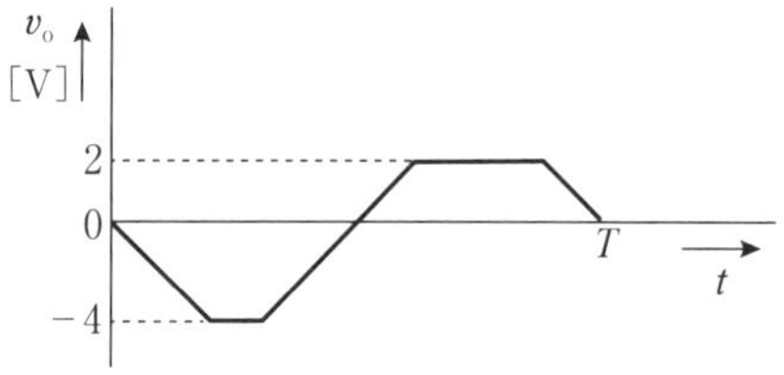

(４)

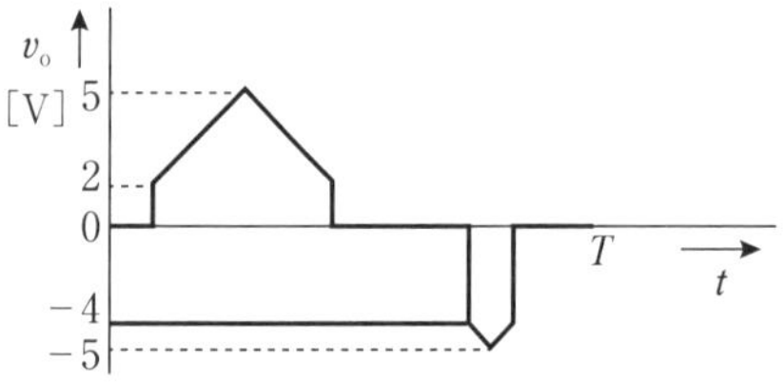

(５)

問14 磁束密度が一様な磁界中に，磁界の方向に対して直角に電子が進入すると，電子はローレンツ力を受けて等速円運動をする。この運動に関する記述として誤っているものを次の(1)～(5)のうちから一つ選べ。

(1) 円運動をする電子の加速度は常に円の中心を向く。

(2) 磁束密度を一定とすると，電子の進入速度が2倍になれば円運動の半径は4倍になる。

(3) この円運動の周期は，磁束密度だけに依存し，電子の進入速度に関係しない。

(4) ローレンツ力が電子になす仕事は零である。

(5) 磁界に進入した後の電子の運動エネルギーは変化しない。

B問題（配点は1問題当たり（a）5点，（b）5点，計10点）

問15　図のような平衡三相回路について，次の（a）および（b）の問に答えよ。

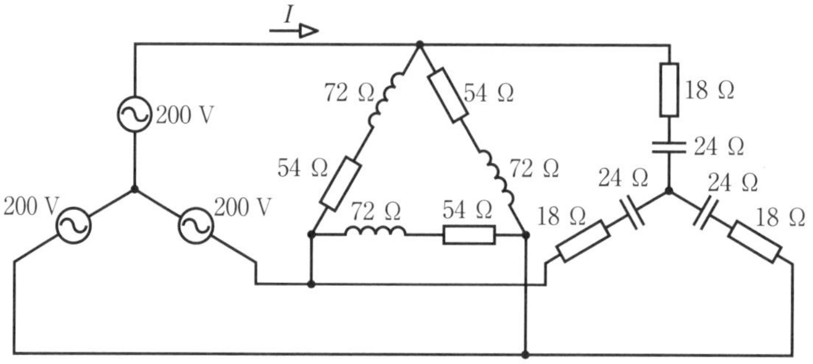

（a）Y換算した負荷の1相当たりの並列合成インピーダンスの値[Ω]として，最も近いものを次の（1）～（5）のうちから一つ選べ。

（1）2　　（2）3　　（3）9　　（4）13　　（5）25

（b）線電流 I の値[A]として，最も近いものを次の（1）～（5）のうちから一つ選べ。

（1）4　　（2）8　　（3）12　　（4）16　　（5）20

問16　真空中において，図のように１辺の長さが3 mの正方形がある。いま，頂点Ａおよび頂点Ｂにそれぞれ1×10^{-6} Cの点電荷を置くとき，次の（ａ）および（ｂ）の問に答えよ。

ただし，真空の誘電率を$\varepsilon_0 = \dfrac{1}{4\pi \times 9 \times 10^9}$[F/m]とし，電位の基準は無限遠点とする。

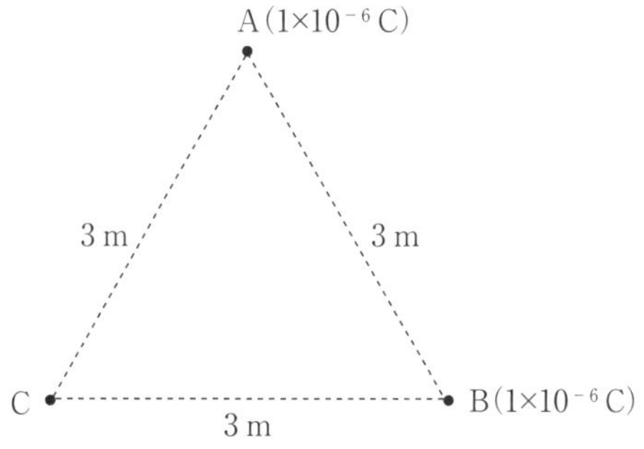

（ａ）頂点Ｃにおける電界の強さの値[V/m]として，最も近いものを次の（１）～（５）のうちから一つ選べ。

（１）500　（２）600　（３）850　（４）1 000　（５）1 700

（ｂ）頂点Ｃにおける電位の値[V]として，最も近いものを次の（１）～（５）のうちから一つ選べ

（１）6 000　（２）9 000　（３）12 000　（４）18 000　（５）90 000

問17および問18は選択問題であり，問17または問18のどちらかを選んで解答すること。両方解答すると採点されません。

（選択問題）

問17　図に示す２電力計法に関する記述について，次の（ａ）および（ｂ）の問に答えよ。

ただし，相順はa-b-c，線間電圧をV[V]，線電流をI[A]，負荷の力率は遅れ$\cos\phi$で平衡しているものとする。

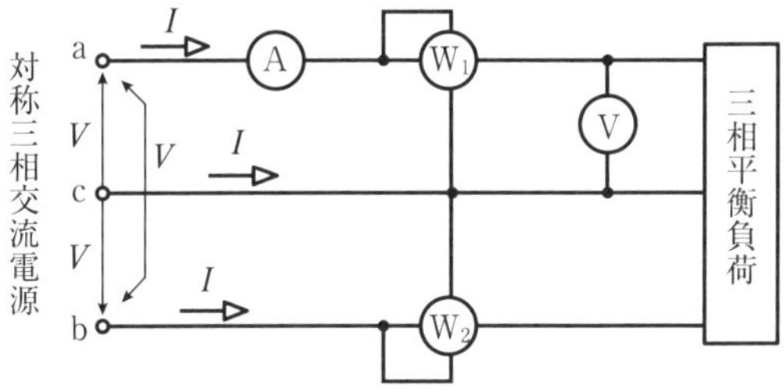

（ａ）電力計W_1の電圧コイルに加わる電圧と電流コイルに流れる電流の位相差は［（ア）］で，電力計W_2の電圧コイルに加わる電圧と電流コイルに流れる電流の位相差は［（イ）］である。よって，電力計W_1およびW_2の指示値P_1およびP_2は，それぞれ次式で表される。

$P_1 = VI \times \cos($［（ア）］$)$[W]，　$P_2 = VI \times \cos($［（イ）］$)$[W]

ここで，両電力計の指示値の和は，$P_1 + P_2 =$［（ウ）］[W]となり，三相［（エ）］を求めることができる。

上記の空白箇所（ア）～（エ）に当てはまる組合せとして，正しいものを次の（１）～（５）のうちから一つ選べ。

	（ア）	（イ）	（ウ）	（エ）
（１）	$30° + \phi$	$30° - \phi$	$\sqrt{3}\ VI\sin\phi$	無効電力
（２）	$30° - \phi$	$30° + \phi$	$\sqrt{3}\ VI\cos\phi$	有効電力
（３）	$30° + \phi$	$30° - \phi$	$\sqrt{3}\ VI\cos\phi$	有効電力
（４）	$30° + \phi$	$30° - \phi$	$\sqrt{3}\ VI\sin\phi$	有効電力
（５）	$30° - \phi$	$30° + \phi$	$\sqrt{3}\ VI\cos\phi$	無効電力

（b）電圧計 V および電流計 A の指示がそれぞれ200 V，60 A であり，電力計 W_1 および W_2 の指示がそれぞれ11.9 kW，4.7 kW であった。この負荷の力率として，最も近いものを次の(1)～(5)のうちから一つ選べ。

（1）0.65　（2）0.70　（3）0.75　（4）0.80　（5）0.85

問17および問18は選択問題であり，問17または問18のどちらかを選んで解答すること。両方解答すると採点されません。

（選択問題）

問18　直径3.2 mmの銅線中に17 Aの直流電流が一様に流れている。ただし，体積1 m^3に含まれる自由電子の個数を8.5×10^{28}個，自由電子1個の電気量を-1.60×10^{-19} Cとする。次の(a)および(b)の問に答えよ。

(a) 17 Aの直流電流が流れている銅線中を移動する自由電子の平均移動速度v[mm/s]の値として，最も近いものを次の(1)～(5)のうちから一つ選べ。

(1) 0.04　　(2) 0.16　　(3) 0.50　　(4) 0.63　　(5) 2.0

(b) この銅線と同じ材質の銅線の直径が1.6 mm，流れる直流電流が8.5 Aであるとき，自由電子の平均移動速度[m/s]は(a)の速度の何倍になるか。その倍数として，最も近いものを次の(1)～(5)のうちから一つ選べ。

ただし，銅線の単位体積当たりの自由電子の個数は同一とする。

(1) 0.25　　(2) 1.0　　(3) 2.0　　(4) 4.0　　(5) 8.0

第3種

電　力

（第2時限目）

第 3 種　電　　　力

答案用紙記入上の注意事項

1．マークシート（答案用紙）は機械で読み取りますので，**濃度ＨＢの鉛筆又はＨＢ（又はＢ）のしんを用いたシャープペンシルで濃く塗りつぶして**ください。色鉛筆やボールペンでは機械で読み取ることができません。

なお，訂正は「プラスチック消しゴム」で**きれいに消し**，消しくずを残さないでください。

2．マークシートには**氏名，生年月日，試験地及び受験番号を記入し，受験番号のマーク欄にはマークシートに印刷されているマーク記入例に従い，正しくマーク**してください。

（**受験番号記入例**：受験番号０１４１Ａ０１２３４Ｌの場合）

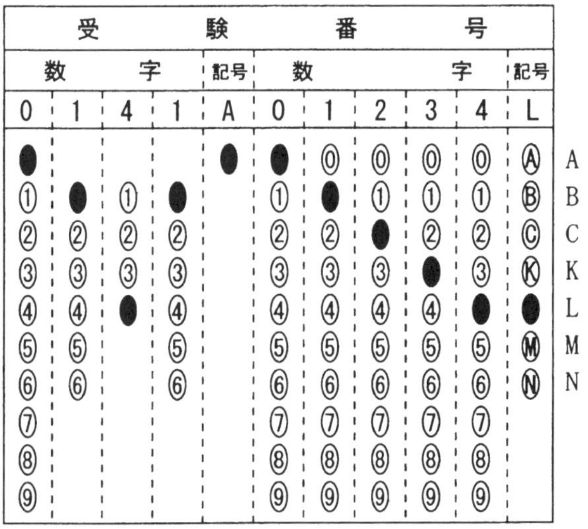

3．マークシートの余白及び裏面には，何も記入しないでください。

4．マークシートは，折り曲げたり汚したりしないでください。

5．問題の解答の選択肢は(1)から(5)まであります。その中から**一つ選び**マークシートの解答欄にマークしてください。

なお，二つ以上マークした場合には，採点されません。

(解答記入例)

問１　日本で一番高い山として，正しいのは次のうちどれか。

(1) 大雪山　(2) 浅間山　(3) 富士山　(4) 立　山　(5) 阿蘇山

正解は「(3)」ですから，マークシートには

問題番号	選択肢番号				
1	①	②	●	④	⑤

のように選択肢番号の枠内を塗りつぶしてください。

次ページ以降は試験問題になっています。

第 3 種　電　力

A問題（配点は1問題当たり5点）

問1　揚水発電に関する記述として，誤っているものを次の(1)～(5)のうちから一つ選べ。

(1) 揚水発電は，数万から100万kWを超える発電量を数時間供給できる大規模な電力貯蔵システムである。

(2) 停止状態から10分以内で最大出力まで到達可能なので，大型電源が事故で停止したときや負荷が急増したときに緊急発電ができる。

(3) 発電電動機の始動方式には，制動巻線始動方式，同期始動方式，直結電動機始動方式，サイリスタ始動方式などがある。

(4) 揚水発電は，揚水と発電の効率が相乗されるので，一般の水力発電と比べて総合効率は低い。

(5) 一般的な揚水発電（定速機）では揚水量の調整をガイドベーンで行うが，可変速揚水発電では，回転数を制御することにより行う。

問2　次の文章は，汽力発電に関する記述である。

コンバインドサイクル発電は，高温域と低温域で作動する異なるサイクルを組み合わせて熱効率の向上を図る発電方式である。

ガス・蒸気複合サイクルでは，ガスタービンの［（ア）］サイクルと蒸気タービンの［（イ）］サイクルを組み合わせて構成される。

コンバインドサイクル発電方式の中では，［（ウ）］式が主流である。この方式は熱効率が約［（エ）］%（タービン入口温度1 500℃級，低位発熱量基準）と高く，設備も単純で運転が容易という特徴がある。ただし，［（オ）］が外気温により変化するので夏季は出力が減少する。

上記の記述中の空白箇所（ア）～（オ）に当てはまる組合せとして，最も適切なものを次の（1）～（5）のうちから一つ選べ。

	（ア）	（イ）	（ウ）	（エ）	（オ）
（1）	カルノー	再熱	排気助燃	54	取り込み空気量
（2）	カルノー	ランキン	排熱回収	46	燃料温度
（3）	カルノー	再熱	排気再燃	73	燃料温度
（4）	ブレイトン	ランキン	排熱回収	59	取り込み空気量
（5）	ブレイトン	ランキン	排気再燃	51	燃料温度

問3　次の文章は，蒸気タービンの調速装置に関する記述である。

蒸気タービンの調速装置は検出の原理によって，機械式，［（ア）］式，［（イ）］式に分類できるが，最終的に調速弁を駆動する部分はいずれも［（イ）］によるサーボ機構である。

全負荷運転中のタービンが急に無負荷になった場合，速度上昇の整定値は，調速装置の特性，すなわち［（ウ）］によって決まる。しかし，タービンの回転速度の急速な上昇を引き起こして大事故になるおそれがあるので，これを完全に防止するために，定格速度の［（エ）］倍以下で作動する［（オ）］が設けられている。

上記の記述中の空白箇所(ア)～(オ)に当てはまる組合せとして，正しいものを次の(1)～(5)のうちから一つ選べ。

	（ア）	（イ）	（ウ）	（エ）	（オ）
（1）	油圧	電気	速度調定率	1.15	真空破壊装置
（2）	電気	油圧	速度調定率	1.11	非常調速装置
（3）	電気	空気	速度変動率	1.11	真空破壊装置
（4）	油圧	空気	速度調定率	1.20	非常調速装置
（5）	空気	電気	速度変動率	1.15	非常調速装置

問4　発電端における電気出力が1 000 MWの原子力発電所を，利用率70%で1年間運転するために必要な燃料の重量の値[t]として，最も近いものを次の(1)～(5)のうちから一つ選べ。

ただし，核分裂はウラン235のみが起こすものとし，1 gの核分裂で発生するエネルギーは8.2×10^{10} J，燃料の濃縮度は3%(重量パーセント)，発電端効率は32%とする。

（1）28.0　（2）45.9　（3）78.1　（4）104　（5）153

問5　次の文章は，風力発電システムに関する記述である。

風力発電システムの出力は風速の（ア）乗に比例する。

代表的な機種であるプロペラ形風力発電設備の運転モードは，無風から風速が次第に大きくなって，カットイン風速に達すると発電を開始する。ここから定格風速までは，（イ）制御により，風車のブレードに最大の揚力が生じる状態で運転を行うとともに，不規則な風速の変化に対して出力変動の少ない平滑な運転を行う。

定格風速を超えると，発電機の定格値を保つように（イ）制御により，風車のブレードの揚力の増加を抑制した（ウ）運転を行う。風速が風車の運転設計強度に達するカットアウト風速まで増大すると，風車は停止する。

交流電力系統との連系については，大型の風力発電設備では，励磁装置を有する（エ）発電機を設置する場合が多く，その出力が系統周波数と異なるため，その交流出力をいったん直流に変換したうえで，再度，交流に変換して交流電力系統に連系する（オ）と称される方式にすることが多い。

上記の記述中の空白箇所（ア）～（オ）に当てはまる組合せとして，正しいものを次の（1）～（5）のうちから一つ選べ。

	（ア）	（イ）	（ウ）	（エ）	（オ）
（1）	2	ピッチ	定速	誘導	DC リンク
（2）	3	ピッチ	定速	同期	DC リンク
（3）	2	ストール	変速	直流	AC リンク
（4）	$\frac{3}{2}$	ストール	変速	誘導	DC リンク
（5）	3	ストール	定速	誘導	AC リンク

問 6　避雷器に関する記述として，誤っているものを次の(1)～(5)のうちから一つ選べ。

（1）機器の絶縁を保護することを目的として，雷などによる回路の過電圧を制限するために設置されるものである。

（2）放電現象が終了した後，引き続き電力系統から供給される電流（続流）を短時間のうちに遮断する能力が必要である。

（3）避雷器の放圧装置は，内部ガス圧の異常上昇時にがいしが爆発して飛散するのを防止するための装置である。

（4）避雷器の制限電圧は，避雷器が放電を開始する電圧である。

（5）保護効果を高めるために保護対象機器の極力近くに設置する。

問 7　次の文章は，発電所に設置される主変圧器と送電用変電所に設置される主変圧器の結線に関する記述である。ただし，図記号は一次側結線を左側，二次側結線を右側としている。

火力発電所の主変圧器の結線は，一般に一次（発電機）側と二次（系統）側を （ア） 結線としている。この理由としては，変圧比を大きくとれること，変圧器で発生する （イ） を循環させることができること，一次側は発電機の中性点で （ウ） できることなどがあげられる。

これに対して，送電用変電所の主変圧器の結線は，一般に系統の位相を合わせたり，中性点を引き出すために一次側と二次側を （エ） 結線しており，発生する （イ） を循環させるよう変圧器に三次巻線または （オ） を設けている。

上記の記述中の空白箇所（ア）～（オ）に当てはまる組合せとして，正しいものを次の(1)～(5)のうちから一つ選べ。

	（ア）	（イ）	（ウ）	（エ）	（オ）
（1）	Y−△	地絡電流	段絶縁	△−Y	避雷器
（2）	Y−△	第3次高調波電流	接地	△−△	避雷器
（3）	△−△	地絡電流	均等絶縁	△−Y	安定巻線
（4）	△−Y	充電電流	段絶縁	Y−Y	タップ巻線
（5）	△−Y	第3次高調波電流	接地	Y−Y	安定巻線

問 8　直流送電に関する記述として，誤っているものを次の(1)～(5)のうちから一つ選べ。

（1）交流送電のような安定度の問題がないので，送電線の電流容量限度まで送電できる。このため長距離送電に適する。

（2）直流は交流と異なり電流の零点がないので，高電圧，大電流の遮断が難しい。また，電圧の変換も簡単ではないので系統構成の自由度が低い。

（3）直流は交流に比べてストレスが大きいので，絶縁を強化しなければならない。このため，鉄塔などが大型化する。

（4）交直変換装置から高調波を発生するので，フィルタなどの高調波対策が必要である。

（5）交流のように静電容量による充電電流が流れないため，誘電体損失が発生しない。

問 9　次の文章は，送電線に関する記述である。

送電線の雷害対策としては，電線への （ア） を防止するための遮へい対策として （イ） を設置することが有効である。また， （ア） を防止できても，雷電流が鉄塔から大地に流れることで鉄塔の電位が上昇することにより （ウ） のおそれがあるので， （エ） により鉄塔の接地抵抗低減対策を行うことが多い。さらに， （ウ） した場合の設備保護対策として，アークホーンや （オ） の取り付けを行っている。

上記の空白箇所（ア）～（オ）に当てはまる組合せとして，正しいものを次の（1）～（5）のうちから一つ選べ。

	（ア）	（イ）	（ウ）	（エ）	（オ）
（1）	直撃雷	架空地線	逆フラッシオーバ	埋設地線	アーマロッド
（2）	誘導雷	架空地線	フラッシオーバ	埋設地線	アーマロッド
（3）	直撃雷	架空地線	逆フラッシオーバ	中空鋼管	スペーサ
（4）	誘導雷	避雷針	フラッシオーバ	直接基礎	避雷器
（5）	直撃雷	避雷針	断線	連接接地	避雷器

問10　長さ1 800 mの地中送電ケーブルで地絡事故が発生した。故障点を標定するために，図のように健全心線と故障心線の一端を短絡して反対側にマーレーループ測定器を接続した。1 000目盛りの摺《しゅう》動抵抗を調整したところ，目盛り430で検流計Gの振れが零を示した。故障点までの距離x[m]の値として，正しいものを次の(1)～(5)のうちから一つ選べ。

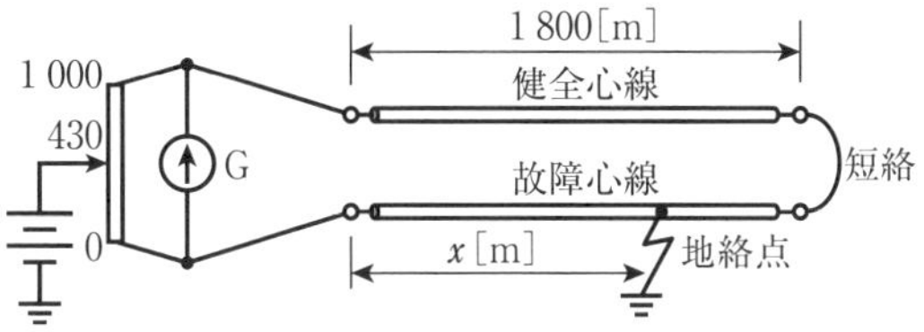

（1）252　（2）522　（3）774　（4）1 026　（5）1 548

問11 次の文章は，配電線の電圧調整に関する記述である。

低圧需要家への供給電圧を電気事業法で定められた範囲内に維持するためには，配電用変電所の［（ア）］を合理的に調整し，配電系統各部の電圧降下を適切に配分することが必要である。ただし，近年普及してきた分散型電源が接続された系統では，需要家構内の消費電力よりも発電電力が大きい場合に，需要家から系統側へ電力が供給されるいわゆる［（イ）］が生じ，部分的に系統の電圧上昇を発生させることがあるので注意を要する。

また，こう長が長く電圧降下が大きい配電線のように，配電線の電圧を限度内に保持することが困難な場合は，配電線に［（ウ）］が使用されるほか，電力用コンデンサや静止形［（エ）］補償装置（SVCおよびSTATCOM）などを用いて，配電線に流れる［（エ）］を調整することにより電圧調整を行うこともある。

そのほかに，配電線に直列コンデンサを挿入して，配電線のリアクタンスを補償することにより電圧改善を行うこともできるが，配電線事故時の事故電流により［（オ）］が生じるなどの弊害もあるため，あまり採用されていないのが実情である。

上記の記述中の空白箇所（ア）～（オ）に当てはまる組合せとして，正しいものを次の（1）～（5）のうちから一つ選べ。

	（ア）	（イ）	（ウ）	（エ）	（オ）
（1）	有効電力	横流	線路電圧調整器	皮相電力	過電圧
（2）	送出電圧	逆潮流	線路電圧調整器	無効電力	過電圧
（3）	送出電圧	不平衡	限流リアクトル	有効電力	過負荷
（4）	皮相電力	逆潮流	線路電圧調整器	無効電力	過負荷
（5）	無効電力	不平衡	限流リアクトル	有効電力	過負荷

問12　次の文章は，高圧配電線路の雷害防止対策に関する記述である。

高圧配電線路における雷害防止対策は，大別してフラッシオーバ防止とフラッシオーバ後の続流アーク被害の拡大防止とに分けられる。

前者は，（ア）や架空地線を取り付けて，雷サージを軽減するものであるが，配電線路の（イ）が低いため，これらの施設で防止できるのは誘導雷に限られ，この誘導雷も過酷な近傍雷撃によるサージは防止することが困難である。架空地線による誘導雷の防止原理は，架空地線に雷電圧が誘導されると，架空地線の（ウ）で雷電圧と反対極性の反射波が電線に誘導されて，電線に発生した雷電圧を低減するというものである。したがって，架空地線は電線との（エ）をできるだけ大きくする必要がある。

後者は，上記のように配電線路では，雷サージによるフラッシオーバ事故を皆無にすることは困難であるため，たとえフラッシオーバが発生しても，機材の損傷をできるだけ防止して停電範囲を局限化し，早期復旧を図ろうとするもので，配電用変圧器周辺と線路との間に（オ）方式を採用するなど，種々の対策が行われている。

上記の記述中の空白箇所（ア）～（オ）に当てはまる組合せとして，正しいものを次の（1）～（5）のうちから一つ選べ。

	（ア）	（イ）	（ウ）	（エ）	（オ）
（1）	避雷器	絶縁耐力	落雷点	離隔距離	非接地
（2）	アーマロッド	耐熱性能	落雷点	離隔距離	非接地
（3）	スペーサ	耐熱性能	接地点	結合率	格差絶縁
（4）	避雷器	絶縁耐力	接地点	結合率	格差絶縁
（5）	アーマロッド	絶縁耐力	接地点	離隔距離	消弧リアクトル接地

問13　低圧ネットワーク配電方式に関する記述として，誤っているものを次の(1)～(5)のうちから一つ選べ。

(1) 低圧ネットワーク配電方式には，スポットネットワーク方式とレギュラーネットワーク方式がある。

(2) レギュラーネットワーク方式は，大工場や高層ビル等の1箇所に集中した負荷(大口需要家)に供給する方式である。

(3) ネットワーク変圧器の一次側に接続される配電線の供給電圧は，一般的に22kVまたは33kVである。

(4) 一般的にネットワーク変圧器の一次側には断路器が設置され，遮断器は省略される。

(5) ネットワーク変圧器の二次側に，保護装置としてネットワークプロテクタが設置される。

問14　次の文章は，絶縁物に関する記述である。

固体絶縁物の表面が湿潤または汚損している状態にあるときに高い電圧が加わると，その表面に微小な (ア) が発生する。これが繰り返されると (イ) により絶縁物の表面に (ウ) ができ絶縁が劣化する。これを (エ) 現象という。

上記の空白箇所(ア)～(エ)に当てはまる組合せとして，最も適切なものを次の(1)～(5)のうちから一つ選べ。

	(ア)	(イ)	(ウ)	(エ)
(1)	火花放電	イオン	蓄電層	電気トリー
(2)	火花放電	熱	導電路	トラッキング
(3)	アーク放電	熱	絶縁層	電気トリー
(4)	アーク放電	熱	絶縁層	トラッキング
(5)	コロナ放電	イオン	蓄電層	電気トリー

B問題（配点は１問題当たり（ａ）５点，（ｂ）５点，計10点）

問15　最大出力300 MWの重油専焼火力発電所について，次の（ａ）および（ｂ）の問に答えよ。ただし，重油の発熱量は44 000 kJ/kgで，潜熱は無視するものとする。

（ａ）22 500 MW·hの電力量を発生させるために消費された重油の量が4.65×10^3 tであったときの発電端熱効率の値［%］として，最も近いものを次の（１）～（５）のうちから一つ選べ。

（１）37.5　（２）38.2　（３）39.6　（４）40.1　（５）41.8

（ｂ）最大出力で24時間運転した場合の発電端熱効率が40.0%であるとき，発生する二酸化炭素の量［t］として，最も近いものを次の（１）～（５）のうちから一つ選べ。

なお，重油の化学成分は重量比で炭素85.0%，水素15.0%，原子量は炭素12，酸素16とし，炭素の酸化反応は次のとおりである。

$$C + O_2 \rightarrow CO_2$$

（１）1.92×10^2　（２）3.41×10^2　（３）4.01×10^2　（４）4.59×10^3　（５）5.40×10^3

問16　三相３線式高圧配電線の末端に，力率80%（遅れ）の三相平衡負荷が接続されている。次の（ａ）および（ｂ）の問に答えよ。

ただし，負荷の端子電圧 V_r は6.3 kV一定であり，配電線の電線１条当たりの抵抗 R を0.5 Ω，リアクタンス X を0.4 Ωとし，ほかの定数は無視するものとする。

（ａ）配電線の電力損失率が４%を超えない条件の下で取り得る最大負荷の値［kW］として，最も近いものを次の（１）～（５）のうちから一つ選べ。

（１）1 452　（２）1 773　（３）2 032　（４）2 200　（５）2 472

（ｂ）この最大負荷と並列に1 200 kvarのコンデンサを接続したときの電力損失率の値［%］として最も近いものを次の（１）～（５）のうちから一つ選べ。

（１）1.94　（２）2.07　（３）2.63　（４）3.18　（５）3.53

問17　図のような単相２線式回路の単線結線図がある。供給点Ｋにおける線間電圧 V_K は105 V，負荷点Ｌ，Ｍ，Ｎにはそれぞれ電流値が40 A，50 A，10 Aで，ともに力率100％の負荷が接続されている。回路の１線当たりの抵抗はK–L間が0.1 Ω，L–N間が0.05 Ω，K–M間が0.05 Ω，M–N間が0.1 Ωであった。次の（ａ）および（ｂ）の問に答えよ。ただし，線路のリアクタンスは無視するものとする。

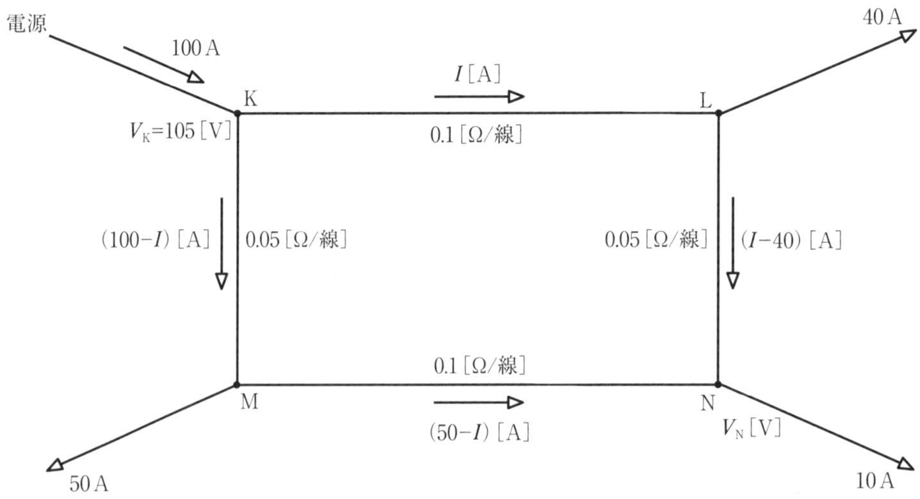

（ａ）供給点Ｋと負荷点Ｌ間に流れる電流 I の値[A]として，最も近いものを次の（１）～（５）のうちから一つ選べ。

（１）30　（２）40　（３）50　（４）60　（５）100

（ｂ）負荷点Ｎの電圧 V_N の値[V]として，最も近いものを次の（１）～（５）のうちから一つ選べ。

（１）97　（２）98　（３）99　（４）100　（５）101

第3種

機　械

（第3時限目）

第３種　機　械

答案用紙記入上の注意事項

1．マークシート（答案用紙）は機械で読み取りますので，**濃度ＨＢの鉛筆又はＨＢ（又はＢ）のしんを用いたシャープペンシルで濃く塗りつぶして**ください。色鉛筆やボールペンでは機械で読み取ることができません。

なお，訂正は「プラスチック消しゴム」で**きれいに消し**，消しくずを残さないでください。

2．マークシートには**氏名，生年月日，試験地及び受験番号を記入し，受験番号のマーク欄にはマークシートに印刷されているマーク記入例に従い，正しくマーク**してください。

（**受験番号記入例**：受験番号０１４１Ａ０１２３４Ｌの場合）

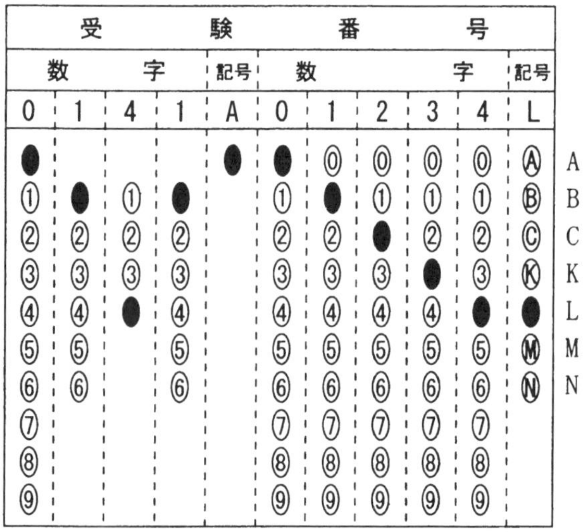

3．マークシートの余白及び裏面には，何も記入しないでください。

4．マークシートは，折り曲げたり汚したりしないでください。

5．問題の解答の選択肢は(1)から(5)まであります。その中から**一つ選び**マークシートの解答欄にマークしてください。

なお，二つ以上マークした場合には，採点されません。

（解答記入例）

問１　日本で一番高い山として，正しいのは次のうちどれか。

（1）大雪山　（2）浅間山　（3）富士山　（4）立　山　（5）阿蘇山

正解は「(3)」ですから，マークシートには

問題番号	選択肢番号
1	① ② ● ④ ⑤

のように選択肢番号の枠内を塗りつぶしてください。

6．**選択問題は，いずれか一つの問題を選んで解答してください。**

なお，２問とも解答した場合には，採点されません。

次ページ以降は試験問題になっています。

第3種　機　械

A問題（配点は1問題当たり5点）

問1　直流電動機に関する記述として，誤っているものを次の（1）～（5）のうちから一つ選べ。

（1）直流電動機は，外部直流電源により電機子導体に電流を流すことで回転する。

（2）直流電動機が回転しているとき，電機子導体は磁束を横切るので起電力を発生する。

（3）回転中の直流電動機の電機子導体に発生する起電力は，外部から加える直流電圧と同じ向きに発生する。

（4）回転中の直流電動機に発生する逆起電力は，機械的負荷が増加して回転速度が低下すると減少する。

（5）機械的負荷の増加により電機子電流が増加し，それに伴い入力も増加する。

問2　電機子回路の抵抗が0.3Ωの直流分巻電動機がある。これを巻上機として運転したとき，入力電力は7.5 kW，回転速度は1 800 min^{-1}，界磁電流は1 Aであった。この電動機を回転速度1 600 min^{-1}で，つり荷を降下中に1 kWの電力を電源側に回生して制動運転したい。このときに必要な界磁電流の値[A]として，最も近いものを次の（1）～（5）のうちから一つ選べ。

ただし，電源電圧は100 V一定で，界磁回路の磁気飽和はないものとし，上記以外の定数は無視できるものとし，電動機の回転方向はつり荷の降下中も同じとする。

（1）1.2　（2）1.3　（3）1.4　（4）1.5　（5）1.6

問3　定格出力40 kW，定格周波数50 Hz，定格回転速度1 425 min^{-1}，極数4の三相誘導電動機がある。この電動機が回転速度1 440 min^{-1}で負荷を駆動しているときの出力の値[kW]として，最も近いものを次の（1）～（5）のうちから一つ選べ。

ただし，トルクは滑りに比例するものとする。

（1）20.8　（2）26.4　（3）32.3　（4）37.1　（5）39.6

問 4　次の文章は，同期発電機の系統並列の条件に関する記述である。

同期発電機の系統並列条件は，系統側と同期発電機側の電圧の大きさ，周波数，および（ア）が一致していることである。両者間の電圧の大きさ，および周波数が一致しており，電圧の（ア）に小さな差異がある状態で系統並列の操作を行った場合は，進み位相側から遅れ位相側へ同期化力としての（イ）が流れる。（ア）の差が大きい場合は，大きな（イ）が流れ，大きな擾乱《じょうらん》を生じ，同期発電機が損傷することがある。

系統並列時の擾乱の発生を抑制するために，同期発電機の（ウ）の出力信号によって界磁巻線電流の増減を自動調整し，両者間の電圧の大きさを一致させている。また，（エ）の出力信号により，ガイドベーンまたは蒸気加減弁の開度を自動調整して，両者間の電圧の周波数および（ア）を一致させている。

上記の記述中の空白箇所（ア）～（エ）に当てはまる組合せとして，正しいものを次の（1）～（5）のうちから一つ選べ。

	（ア）	（イ）	（ウ）	（エ）
（1）	負荷電流	無効電力	自動位相調整装置	励磁機
（2）	位相角	有効電力	自動電圧調整装置	調速機
（3）	負荷力率	皮相電力	自動揃速装置	制動機
（4）	負荷角	皮相電力	自動速度調整装置	制圧機
（5）	位相角	無効電力	自動負荷調整装置	昇圧機

問 5　変圧器に関する記述として，誤っているものを次の（1）～（5）のうちから一つ選べ。

（1）変圧器の内部磁束には主磁束と漏れ磁束がある。

（2）主磁束とは一次，二次両巻線と鎖交する磁束である。

（3）漏れ磁束には一次の漏れ磁束と二次の漏れ磁束がある。一次の漏れ磁束とは一次電流によって生じる磁束のうち，一次巻線だけと鎖交する磁束である。二次の漏れ磁束とは，二次電流によって生じる磁束のうち，二次巻線だけと鎖交する磁束である。

（4）主磁束により巻線に起電力が誘導されるが，漏れ磁束により巻線中に起電力は誘導されない。

（5）一次の漏れ磁束は主磁束のように二次巻線へ起電力を誘導せず，一次巻線だけに起電力を誘導し，二次の漏れ磁束は一次巻線に起電力を誘導せず，二次巻線だけに起電力を誘導する。

問6　図1は誘導性負荷（負荷力率角 ϕ）を有する単相半波整流回路，図2は位相角 α でサイリスタを点弧したときの直流側電圧電流波形である。整流回路の動作に関する記述として，誤っているものを次の（1）～（5）のうちから一つ選べ。

ただし，（4），（5）は誘導性負荷（負荷力率角 ϕ）を有する単相全波整流回路についての記述である。

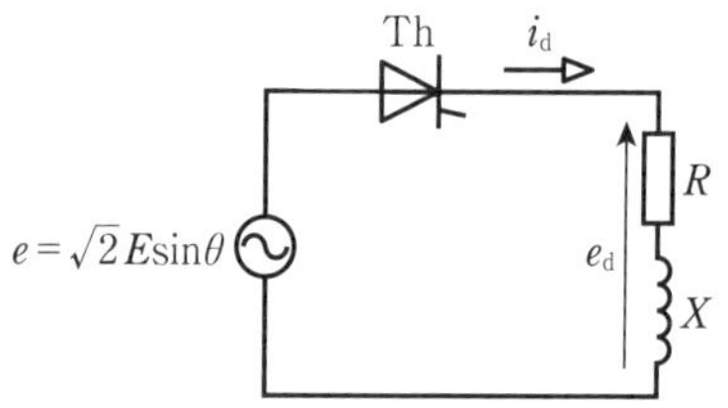

図1

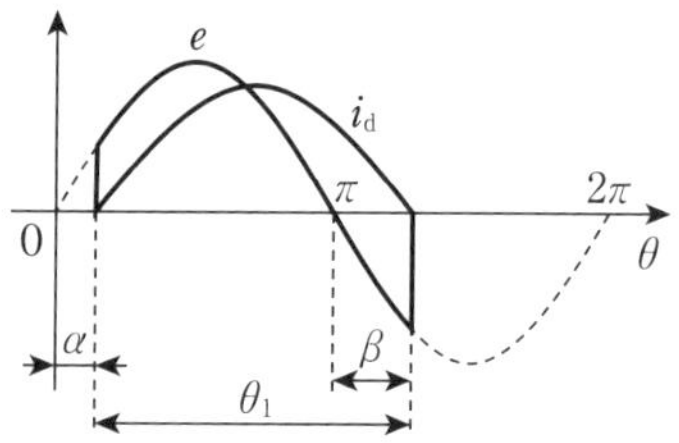

図2

（1）$\alpha=\phi$ の場合，直流側負荷電流が0となる位相角 $\beta=\phi$ となる。

（2）$\alpha<\phi$ の場合，直流側負荷電流が0となる位相角 $\beta>\phi$ となる。

（3）$\alpha>\phi$ の場合，直流側負荷電流の流れる位相角 $\theta_1<\pi$ となる。

（4）単相全波整流回路において，$\alpha<\phi$ の場合，直流側負荷電流は断続することになる。

（5）単相全波整流回路において，負荷のインダクタンスが十分大きい場合，直流側負荷電流は一定になる。

問7　半径15 cmの完全拡散性球形グローブの中に光度120 cdの点光源を入れて点灯した。グローブ表面の平均輝度の値[cd/m^2]として，最も近いものを次の（1）～（5）のうちから一つ選べ。

ただし，グローブの透過率は70％とし，グローブ内面の反射は無視するものとする。

（1）358　（2）1 190　（3）3 710　（4）15 300　（5）29 700

問８　図に示すように，幅20mの道路の両側にそれぞれ20mの間隔で，千鳥配置に照明装置を設置した。この照明装置のランプが経年劣化して取り換える直前の時点で，路面の平均照度を50lxに維持したい。この照度を維持するためにランプが新品のときの照明装置１灯分から放射すべき光束の値[lm]として，最も近いものを次の（１）～（５）のうちから一つ選べ。

ただし，照明装置の地上高15m，照明装置から放射する光の立体角0.25π[sr]，照明率0.65，保守率0.7とする。

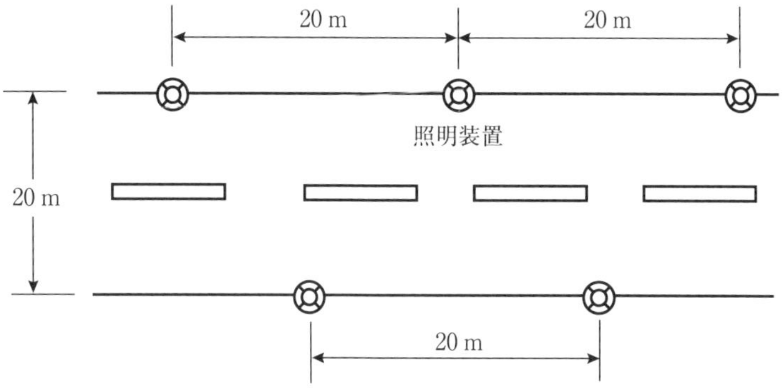

（１）15 000　（２）18 000　（３）22 000　（４）34 000　（５）47 000

問９　ヒートポンプ式の電気温水器がある。この温水器で15℃の水$0.5\,m^3$を90℃の温水にするのに，1.5kWの電力を７時間30分間消費した。このヒートポンプの成績係数(COP)の値として，最も近いものを次の（１）～（５）のうちから一つ選べ。

ただし，水の比熱は4.18kJ/(kg・K)，水の密度は$1\,000\,kg/m^3$とする。

（１）3.87　（２）4.22　（３）4.68　（４）4.94　（５）5.06

問10　電気加熱に関する記述として，正しいものを次の(1)～(5)のうちから一つ選べ。

(1) 誘導加熱では，被加熱材内に誘導される渦電流密度は表皮効果により表面から内部に進むに従い指数関数的に減少する。その電流密度が，表面の密度の$\frac{1}{2}$倍となった位置までの深さを電流浸透深さと呼ぶ。

(2) 誘電加熱は，導電性被加熱材自体が発熱する内部加熱方式で，被加熱材固有の誘電正接や誘電率の差を利用し，必要な部分を選択して加熱ができる。

(3) レーザ加熱は，局部的にエネルギー密度を非常に高くすることができる。また，加工点の高精度な制御が可能なことから，精密部品や鋼板の切断，プラスチックの三次元的な加工に応用されている。

(4) アーク加熱は，温度が2 000 K程度にもなるアーク柱で高温加熱する方式であり，製鋼用アーク炉などに用いられている。鉄くずの溶解では，溶解の進行につれて変化するアークの熱効率が最大となるように電力制御が行われる。

(5) 温度測定の方式には接触式と非接触式がある。熱電温度計は，抵抗温度計とともに接触式の温度測定方式の代表的なものであり，主に測温体，補償導線，基準接点および変換部から構成される。

問11　二次電池に関する記述として，誤っているものを次の(1)～(5)のうちから一つ選べ。

(1) 鉛蓄電池は電解質にH_2SO_4を用いており，動作電圧は2 Vであるが，自己放電率，メモリ効果ともに大きい。

(2) ニッケル水素電池は電解質にKOHを用いており，動作電圧は1.2 Vと低いが，自己放電率，メモリ効果ともに小さい。

(3) ニッケル水素電池は，ニッケルカドミウム電池に比べてエネルギー密度が低い。

(4) リチウムイオン電池は電解質に有機電解質(有機電解質＋リチウム塩)を用いており，動作電圧が3.6～3.8 Vと高く，自己放電，メモリ効果ともにほとんどない。

(5) リチウムイオン電池は，ニッケル水素電池に比べて2倍程度のエネルギー密度を有している。

問12　水素と酸素の化学反応を利用した，変換効率80％の燃料電池式の発電装置がある。燃料の水素を10 kg 消費したとき，この燃料電池発電装置から出力できる電気量の値[kA･h]として，最も近いものを次の（1）～（5）のうちから一つ選べ。

ただし，ファラデー定数は96 500 C/mol，水素の原子量および原子価は 1 であり，上記以外の値は無視できるものとする。

（1）0.214　　（2）0.268　　（3）0.334　　（4）214　　（5）334

問13　図のような回路で，直流発電機が回転数 n [min^{-1}]で回転しているときの誘導起電力 e_0 [V]は，界磁電流を i_f [A]とすると，$e_0 = k_e i_f$ [V]で表される。界磁電圧 e_f [V]に対する誘導起電力 e_0 [V]の伝達関数 $G(s)=\dfrac{E_0(s)}{E_f(s)}$ を示す式として，正しいものを次の（1）～（5）のうちから一つ選べ。

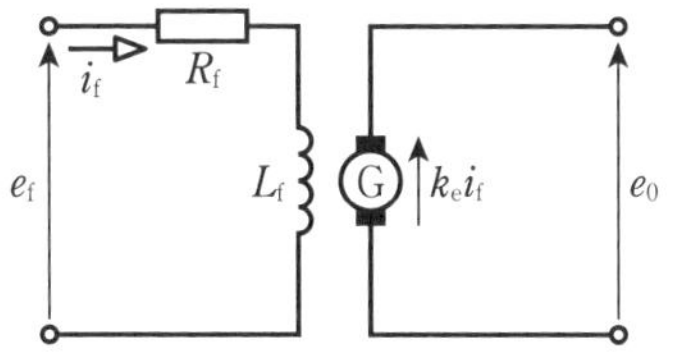

（1）$\dfrac{k_e}{L_f + R_f s}$　　（2）$\dfrac{k_e}{R_f + L_f s}$　　（3）$\dfrac{\frac{1}{k_e}}{R_f + L_f s}$　　（4）$\dfrac{k_e}{1 + \frac{L_f}{R_f} s}$　　（5）$\dfrac{\frac{1}{k_e}}{1 + \frac{R_f}{L_f} s}$

問14　周波数伝達関数 $G(\mathrm{j}\omega)$ が次式で表される二次遅れの制御系がある。

$$G(\mathrm{j}\omega)=\frac{4}{(\mathrm{j}\omega)^2 + 1.6\times(\mathrm{j}\omega)+4}$$

この周波数伝達関数のベクトル軌跡が，負の虚軸を横切る点におけるゲイン[dB]の値として，最も近いものを次の（1）～（5）のうちから一つ選べ。ただし，$\log_{10}2 \fallingdotseq 0.301$，$\log_{10}3 \fallingdotseq 0.477$，$\log_{10}5 \fallingdotseq 0.699$ とする。

（1）1.25　　（2）1.65　　（3）1.94　　（4）2.23　　（5）2.64

B問題(配点は１問題当たり(ａ)５点，(ｂ)５点，計10点)

問15　三相誘導電動機について，次の(ａ)および(ｂ)の問に答えよ。

(ａ) 電圧 V[V]の電源に接続して，滑り $s \fallingdotseq 0$ の領域において運転しているとき，この電動機のトルク T[N·m]と滑り s 電圧 V[V]の関係を示す近似式として，正しいものを次の(１)～(５)のうちから一つ選べ。ただし，k は定数とする。

(１) $T = kVs$　(２) $T = kV^2s$　(３) $T = \dfrac{k}{Vs}$　(４) $T = \dfrac{kV^2}{s}$　(５) $T = \dfrac{k}{V^2s}$

(ｂ) 上記(ａ)で示された条件($s \fallingdotseq 0$)において，電源電圧を V'[V]に変えた場合の滑り s' の式として，正しいものを次の(１)～(５)のうちから一つ選べ。ただし，負荷トルクは変化しないものとする。

(１) $s' = \left(\dfrac{V}{V'}\right)s$　(２) $s' = \left(\dfrac{V'}{V}\right)s$　(３) $s' = \left(\dfrac{V}{V'}\right)^2 s$

(４) $s' = \left(\dfrac{V'}{V}\right)^2 s$　(５) $s' = \left(\dfrac{Vs}{V'}\right)^2$

問16　定格二次電圧200Ｖの単相変圧器がある。定格二次電圧において二次電流が500Ａのときの全損失は1 640Ｗ，二次電流が300Ａのときの全損失は1 000Ｗである。この変圧器について，次の(ａ)および(ｂ)の問に答えよ。

(ａ) この変圧器の鉄損の値[W]として，正しいものを次の(１)～(５)のうちから一つ選べ。

(１) 240　(２) 320　(３) 480　(４) 640　(５) 800

(ｂ) 負荷の力率が100％である場合，効率が最大になる二次電流の値[A]として，正しいものを次の(１)～(５)のうちから一つ選べ。

(１) 250　(２) 350　(３) 400　(４) 550　(５) 800

問 17 および問 18 は選択問題であり，問 17 または問 18 のどちらかを選んで解答すること。両方解答すると採点されません。

（選択問題）

問17　図１は RL 負荷を有する単相ブリッジ接続の電圧形インバータ回路，図２は負荷の電圧電流波形を示す。$t=0$ [s] にて，負荷電流 i [A] は $i=-I_P$ [A] であり，負荷の時定数を $\tau=\dfrac{L}{R}$ [s] とすると，

$$i(t)=-I_P\,e^{-\frac{t}{\tau}}+\frac{E_d}{R}\left(1-e^{-\frac{t}{\tau}}\right)$$

で表される。次の（a）および（b）の問に答えよ。

ただし，$e \fallingdotseq 2.718$，$\ln 2=0.693$，$\ln 3=1.098$ とする。

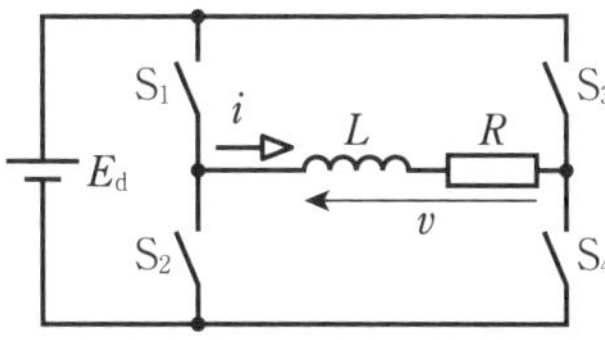

図１

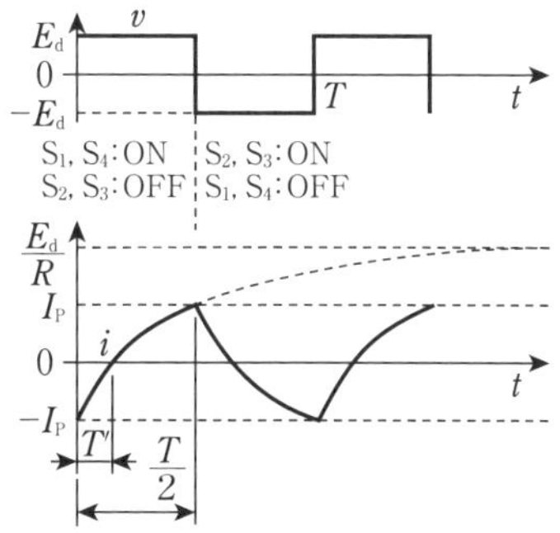

図２

（a）S_1, S_4：ON，S_2, S_3：OFF のとき，負荷電流 i は $t=0$ にて $i=-I_P$ [A] となり，$t=\dfrac{T}{2}$ にて S_1, S_4:OFF，S_2, S_3:ON のスイッチを切り替えない場合，最終的に $i=\dfrac{E_d}{R}$ [A] となる。この値が $\dfrac{E_d}{R}=2I_P$ であると仮定すると，$i=0$ [A] を通過するまでの時間 T' [s] を示す式として，正しいものを次の（１）～（５）のうちから一つ選べ。

（１）0.176τ　（２）0.368τ　（３）0.405τ　（４）0.477τ　（５）1.1τ

（b）上記（a）の条件の下，$t=\tau$ のときの負荷電流 I' [A] を示す式として，正しいものを次の（１）～（５）のうちから一つ選べ。

（１）$0.264\,I_P$　（２）$0.632\,I_P$　（３）$0.736\,I_P$　（４）$0.896\,I_P$　（５）$1.264\,I_P$

問 17 および問 18 は選択問題であり, 問 17 または問 18 のどちらかを選んで解答すること。両方解答すると採点されません。

(選択問題)

問18　積載荷重1 600 kg，かごの質量1 400 kg，つり合いおもりの質量2 200 kg，機械効率90％のエレベータがある。このエレベータのかごを，停止状態から毎分480 m の速度に達するまで加速し，その速度に達した後は加速を終了し，毎分480 m の定速度運転に移行する。なお, 定速度運転時の駆動用電動機の回転速度は1 000 min^{-1}であった。次の(a)および(b)の問に答えよ。

(a) かごが毎分480mの速度に達した時点における，エレベータのすべての運動物体が保有している運動エネルギーの値[kJ]として，最も近いものを次の(1)～(5)のうちから一つ選べ。

ただし，つり合いおもりはかごに対して反対方向に同じ速度で移動する構造である。また，電動機の回転子の慣性モーメントは5 $\mathrm{kg\cdot m^2}$であり，その他の定数は無視できるものとする。

(1) 166　　(2) 194　　(3) 276　　(4) 357　　(5) 509

(b) このエレベータを駆動する電動機の電力は，インバータから供給している。インバータの周波数を変化させて回転速度を850 min^{-1}にした場合，かごが上昇しているときの電動機出力の値[kW]として，最も近いものを次の(1)～(5)のうちから一つ選べ。

(1) 46.4　　(2) 50.8　　(3) 55.7　　(4) 59.2　　(5) 64.0

第 3 種

法　　規

(第 4 時限目)

第３種　法　　規

答案用紙記入上の注意事項

1．マークシート（答案用紙）は機械で読み取りますので，**濃度ＨＢの鉛筆又はＨＢ（又はＢ）のしんを用いたシャープペンシルで濃く塗りつぶして**ください。色鉛筆やボールペンでは機械で読み取ることができません。

　なお，訂正は「プラスチック消しゴム」で**きれいに消し**，消しくずを残さないでください。

2．マークシートには**氏名，生年月日，試験地及び受験番号を記入し，受験番号のマーク欄にはマークシートに印刷されているマーク記入例に従い，正しくマーク**してください。

（**受験番号記入例**：受験番号０１４１Ａ０１２３４Ｌの場合）

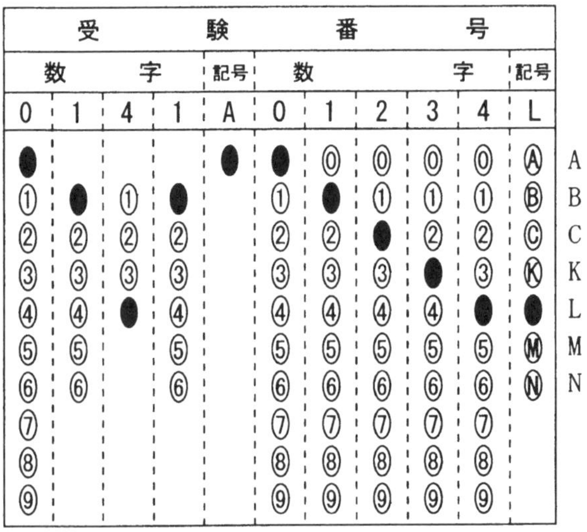

3．マークシートの余白及び裏面には，何も記入しないでください。

4．マークシートは，折り曲げたり汚したりしないでください。

5．問題の解答の選択肢は(1)から(5)まであります。その中から**一つ選び**マークシートの解答欄にマークしてください。

なお，二つ以上マークした場合には，採点されません。

(解答記入例)

問1　日本で一番高い山として，正しいのは次のうちどれか。

(1) 大雪山　(2) 浅間山　(3) 富士山　(4) 立　山　(5) 阿蘇山

正解は「(3)」ですから，マークシートには

問題番号	選択肢番号
1	①　②　●　④　⑤

のように選択肢番号の枠内を塗りつぶしてください。

次ページ以降は試験問題になっています。

第３種　法　　　　規

注１　問題文中に「電気設備技術基準」とあるのは，「電気設備に関する技術基準を定める省令」の略である。

注２　問題文中に「電気設備技術基準の解釈」とあるのは，「電気設備の技術基準の解釈における第１章～第６章および第８章」をいう。なお，「第７章 国際規格の取り入れ」の各規程について問う出題にあっては，問題文中にその旨を明示する。

A問題（配点は１問題当たり６点）

問１　次の文章は，「電気事業法」に関する記述である。

この法律は，電気事業の運営を適正かつ合理的ならしめることによって，電気の （ア） を保護し，および電気事業の健全な発達を図るとともに， （イ） の工事，維持および運用を規制することによって， （ウ） の安全を確保し，および （エ） を図ることを目的とする。

上記の記述中の空白箇所（ア）～（エ）に当てはまる組合せとして，正しいものを次の（１）～（５）のうちから一つ選べ。

	（ア）	（イ）	（ウ）	（エ）
（１）	供給者の利益	電気工作物	公共	環境の保全
（２）	使用者の利益	電気工作物	公共	環境の保全
（３）	供給者の利益	電気設備	公共	電気の保全
（４）	使用者の利益	電気設備	電気	電気の保全
（５）	使用者の利益	電気工作物	電気	環境の保全

問2　「電気事業法」に定められた保安に関する記述として，誤っているものを次の(1)～(5)のうちから一つ選べ。

(1)「電気事業法」では，主任技術者は事業用電気工作物の工事，維持及び運用に関する保安の監督を誠実に行わなければならないとされている。

(2)「電気事業法施行令」では，電気工作物から除かれる工作物は，電圧30V未満の電気設備であって電圧30V以上の電気設備と電気的に接続されていないものとされている。

(3)「電気事業法」および「同法施行規則」によれば，電気事業者(卸電気事業者および特定電気事業者を除く)は，その供給する電気の電圧の値を標準電圧が100Vでは101Vの上下6V，200Vでは202Vの上下20Vを超えない値を維持するように努めなければならないとされている。

(4)「電気関係報告規則」に基づく「電気関係事故報告」では，自家用電気工作物を設置する者は当該自家用電気工作物について感電死傷事故が発生したときの速報は，24時間以内可能な限り速やかに所轄産業保安監督部長に報告しなければならないとされている。

(5)「電気設備技術基準」では，低圧電線路中絶縁部分の電線と大地との間および電線の線心相互間の絶縁抵抗は，使用電圧に対する漏えい電流が最大供給電流の1/1 000を超えないようにしなければならないとされている。

問3　「電気事業法」「電気事業法施行規則」および「電気関係報告規則」に基づく用語の定義に関する記述として，適切なものをすべて挙げた組合せを次の（1）～（5）のうちから一つ選べ。

a）電気事業とは，小売電気事業，一般送配電事業，送電事業，特定送配電事業および発電事業のことである。

b）電気工作物は船舶，車両または航空機に設置されるものも含まれる。

c）変電所とは，構内以外の場所から伝送される電気を変成し，これを構内以外の場所に伝送するため，または構内以外の場所から伝送される電圧7kVを超える電気を変成するために設置する変圧器その他の電気工作物の集合体をいう。

d）電気火災事故とは，漏電，短絡，閃絡《せんらく》その他の電気的要因により建造物，車両その他の工作物（電気工作物を除く），山林等に火災が発生することをいう。

e）高濃度ポリ塩化ビフェニル含有電気工作物とは，使用されている絶縁油に含まれるポリ塩化ビフェニルの重量の割合が0.00005％を超えるものをいう。

（1）a　（2）a，b，c　（3）a，d　（4）b，c，e　（5）b，d，e

問4　電力会社より受電する電圧6.6kV，最大電力700kWの工場（自家用電気工作物）に選任された電気主任技術者の対応に関する記述として，適切なものを次の（1）～（5）のうちから一つ選べ。

（1）6.6kV受電点に設置した高圧地絡継電器の動作による停電が年に数回程度あり，製造課より苦情を受けていた。そこで，電源元の配電線路を管理する電力会社へ連絡することなく，地絡継電器の電流整定タップを0.2Aから0.4Aへ変更した。

（2）点検業者から，低圧配電盤の絶縁カバーがなく，感電の危険があるとの報告を受けた。しかし，電気主任技術者は作業をせず感電しないため，そのままとした。

（3）構内で使用中の変圧器の絶縁油を調査したところ，PCBが含まれていることが判明した。電気関係報告規則により報告は行ったものの，含有未確定の間は結果的に未報告であった。

（4）構内の高圧ケーブル引替え工事の際，「電気工事士法」の規制範囲外のため，高圧ケーブル端末作業時の人選は施工会社に任せ，資格，技量，経験等の確認をしなかった。

（5）工場の組織，設備の更新，電力会社の名称変更等により，保安規定の変更が必要となった。保安規程は電気工作物の設置者が作成・提出するため，工場側にすべて任せた。

問5　次の文章は，「電気事業法」および「電気事業法施行規則」に基づく一般用電気工作物に該当する小出力発電設備の定義に関する記述の一部である。

一般用電気工作物の小出力発電設備とは電圧 （ア） V 以下の発電用電気工作物であって次の各号に該当するものをいう。

ただし，次の各号の設備であって，同一の構内に設置する次の各号の他の設備と電気的に接続され，それらの設備の出力の合計が （イ） kW 以上になるものを除く。

（1）太陽電池発電設備であって出力50kW 未満のもの

（2）風力発電設備であって出力 （ウ） kW 未満のもの

（3）水力発電設備であって出力20kW 未満および最大使用水量毎秒 1 m^3未満のもの（ダムを伴うものは除く）

（4）内燃力を原動力とする発電設備であって出力10kW 未満のもの

（5）燃料電池発電設備（固体高分子型または固体酸化物型のものであって，燃料・改質系統設備の最高仕様圧力が0.1MPa（液体燃料を通ずる部分にあっては1.0MPa）未満のものに限る）であって出力 （エ） kW 未満のもの

上記の記述中の空白箇所（ア）～（エ）に当てはまる組合せとして，正しいものを次の（1）～（5）のうちから一つ選べ。

	（ア）	（イ）	（ウ）	（エ）
（1）	600	50	20	10
（2）	600	100	20	10
（3）	600	100	30	10
（4）	750	50	30	20
（5）	750	50	30	10

問6　「電気設備技術基準の解釈」に基づき，高圧および特別高圧の電路中の所定箇所または近接する箇所に避雷器を施設することになっている。所定箇所に該当しないものを次の（1）～（5）のうちから一つ選べ。

（1）発電所または変電所の特別高圧架空電線路の引込口および引出口

（2）35 kV 以下の特別高圧架空電線路に接続する配電用変圧器の高圧側および特別高圧側

（3）特別高圧架空電線路から供給を受ける需要場所の引込口

（4）高圧架空電線路から供給を受ける受電電力が500 kW 以上の需要場所の引込口

（5）特別高圧地中電線路から供給を受ける需要場所の引込口

問7　次の文章は，「電気設備技術基準の解釈」に基づく各種接地工事に関する記述である。

a）A種接地工事は，主として特別高圧または高圧で使用される電気機器やケーブルなどが絶縁破壊したときに非充電金属部分の電位上昇を抑制し，感電や他の工作物に与える障害を防止することを目的に施すもので，接地抵抗値は（ア）Ω以下であること。

b）CおよびD種接地工事は，A種接地工事と同様の目的で施されるが，前者は300 V（イ）低圧電路であって接地抵抗値は10 Ω以下，後者は300 V（ウ）低圧電路であって接地抵抗値は100 Ω以下であることとし，それぞれの電路で使用される電気機器などの非充電金属部分に施す工事である。ただし，地絡事故時に0.5秒以内に自動的に当該電路から遮断する装置を設けた場合の接地抵抗値は500 Ω以下であること。

c）B種接地工事は高圧または35 kV 以下の特別高圧電路と低圧電路とを結合する変圧器の二次側300 V 以下の1端子に，高圧または特別高圧と低圧電路が（エ）した場合に低圧電路を保護することを目的に施す工事で，接地抵抗値は[17－1表]に規定する値以下であること。

上記の記述中の空白箇所（ア）～（エ）に当てはまる組合せとして，正しいものを次の（1）～（5）のうちから一つ選べ。

	（ア）	（イ）	（ウ）	（エ）
（1）	10	を超える	以下の	地絡
（2）	100	以下の	を超える	混触
（3）	100	を超える	以下の	混触
（4）	10	を超える	以下の	混触
（5）	10	以下の	を超える	地絡

問8　次の文章は，主遮断装置に関する記述である。

需要家が一般送配電事業者と電力需給のために高圧受電設備を設置する際，保安上の責任分界点を設け，その責任分界点の負荷側電路直近に主遮断装置を設置することになる。この場合，主遮断装置は電気事業者の変電所の保護装置との (ア) が十分に保たれ，電源側への (イ) を防止できるものでなければならない。

キュービクル式の高圧受電設備では，主遮断装置にCB形受電とPF・S形受電の２つの方式がある。CB形受電では主遮断装置に高圧交流遮断器を用い，過負荷および短絡事故ならびに地絡事故の際には (ウ) および地絡継電器を組み合わせて受電保護を行う。これに対して，PF・S形受電では電力ヒューズと (エ) の組合せにより受電保護を行う。

上記の記述中の空白箇所(ア)～(エ)に当てはまる組合せとして，正しいものを次の(1)～(5)のうちから一つ選べ。

	(ア)	(イ)	(ウ)	(エ)
(1)	動作協調	波及事故	過電流継電器	高圧交流負荷開閉器
(2)	連絡体制	地絡事故	過電圧継電器	高圧交流遮断器
(3)	連絡体制	波及事故	過電流継電器	高圧交流遮断器
(4)	動作協調	地絡事故	過電流継電器	高圧交流負荷開閉器
(5)	動作協調	波及事故	過電圧継電器	高圧交流負荷開閉器

問9　次の文章は,「発電用風力設備に関する技術基準を定める省令」に基づく記述である。

a）風車は負荷を遮断したときの（ア）に対して構造上安全であること。

b）運転中に他の工作物，（イ）等に接触しないように施設すること。

c）風車は回転速度が（ウ），風車の制御装置の機能が著しく低下した場合に安全かつ（エ）に停止する措置を講じなければならない。

e）最高部の地表からの高さが（オ）mを超える設備には雷撃から風車を保護するような措置を講じなければならない。

上記の記述中の空白箇所(ア)～(オ)に当てはまる組合せとして，正しいものを次の(1)～(5)のうちから一つ選べ。

	(ア)	(イ)	(ウ)	(エ)	(オ)
(1)	開閉サージ	鳥獣	変動した	速やかに	45
(2)	最大速度	植物	著しく上昇した	自動的	20
(3)	開閉サージ	鳥獣	著しく上昇した	速やかに	20
(4)	振動	植物	著しく低下した	自動的	45
(5)	最大速度	鳥獣	著しく低下した	速やかに	20

問10　次の式は，配電系統および需要家設備における供給設備と負荷設備の関係を表す係数に関するものである。

a）$\boxed{\text{（ア）}} = \dfrac{\text{最大需要電力}}{\text{総負荷設備容量}}$

b）ある期間中における負荷の $\boxed{\text{（イ）}} = \dfrac{\text{平均需要電力}}{\text{最大需要電力}}$

c）$\boxed{\text{（ウ）}} = \dfrac{\text{各需要家の最大需要電力の総和}}{\text{全需要家を総括したときの合成最大需要電力}}$

上記の空白箇所（ア）～（ウ）に当てはまる組合せとして，正しいものを次の（1）～（5）のうちから一つ選べ。

	（ア）	（イ）	（ウ）
（1）	需要率	負荷率	不等率
（2）	負荷率	不等率	需要率
（3）	不等率	需要率	負荷率
（4）	不等率	負荷率	需要率
（5）	需要率	不等率	負荷率

B問題(問11及び問12の配点は１問題当たり(ａ)６点，(ｂ)７点，計13点，
問13の配点は(ａ)７点，(ｂ)７点，計14点)

問11　公称電圧6.6kVの変電所母線に接続された中性点非接地式高圧配電線路がある。変圧器の混触時に低圧側の対地電圧を，ある値以下に抑制する目的で低圧側にＢ種接地工事を施した。この接地工事に関して「電気設備技術基準の解釈」に基づき，次の(ａ)および(ｂ)の問に答えよ。

ただし，変電所母線側の同一母線に接続された配電線路はすべて三相３線式であり，その内訳は，こう長15kmの架空配電線路が２回線，こう長７kmの地中ケーブル配電線路が３回線とする。また，この計算に必要な式は次のとおりである。

$$I=1+\frac{\frac{V}{3}L-100}{150}+\frac{\frac{V}{3}L'-1}{2}$$

（Iは，１線地絡電流[A]で小数点以下を切り上げる
Vは，公称電圧を1.1で除した値[kV]
Lは，同一母線に接続される架空電線路の電線延長[km]
L'は，同一母線に接続される地中ケーブルの電線路の線路延長[km]）

(ａ) 高圧配電線路の１線地絡電流の値[A]として，最も近いものを次の(１)～(５)のうちから一つ選べ。

(１) 20　　(２) 21　　(３) 22　　(４) 23　　(５) 24

(ｂ) 変圧器の二次側に施すＢ種接地工事の接地抵抗値を何[Ω]以下とすべきか。最も近い値を次の(１)～(５)のうちから一つ選べ。

ただし，変電所引出口には，高低圧混触時に低圧電路の対地電圧が150Vを超えた場合に，１秒以内に高圧電路を自動的に遮断する装置を施設しているものとする。

(１) 26　　(２) 30　　(３) 35　　(４) 40　　(５) 50

問12　変電所から三相３線式１回線の専用配電線で受電しているＡ需要家がある。この配電線路の電線１条当たりの抵抗およびリアクタンスの値は，それぞれ1.5Ωと2.5Ωである。また，Ａ需要家の使用電力は1 000 kW，負荷の力率は80％(遅れ)であった。次の(ａ)および(ｂ)の問に答えよ。

(ａ) 需要家の受電電圧が6 000 V のとき，変電所引出口の電圧の値[V]として，最も近いものを次の(１)～(５)のうちから一つ選べ。

(１) 6 258　(２) 6 348　(３) 6 455　(４) 6 563　(５) 6 655

(ｂ) 需要家にコンデンサを設置して，負荷の力率を95％(遅れ)に改善したときのコンデンサの容量の値[kvar]として，最も近いものを次の(１)～(５)のうちから一つ選べ。

ただし，この需要家の受電電圧[V]はコンデンサ設置前と同一の6 000 V とする。

(１) 421　(２) 456　(３) 495　(４) 506　(５) 516

問13　最大電力250 000 kW，最大使用水量62.5 m^3/s，調整池の有効貯水量1 440 000 m^{3}の揚水発電所がある。次の（a）および（b）の問に答えよ。

ただし，発電出力は使用水量に比例し，発電中の有効落差と効率は一定とし，その他の条件は無視できるものとする。

（a）河川流量が30 m^3/s一定の時期に，河川全流量を発電に利用して図のような発電を行った。毎朝，調整池が満水になる8時から発電を開始し，調整池の有効貯水量を使い切るT_x時まで発電を行い，その後は発電を停止して調整池に貯水する。発電を停止する時刻T_xとして，最も近いものを次の（1）～（5）のうちから一つ選べ。

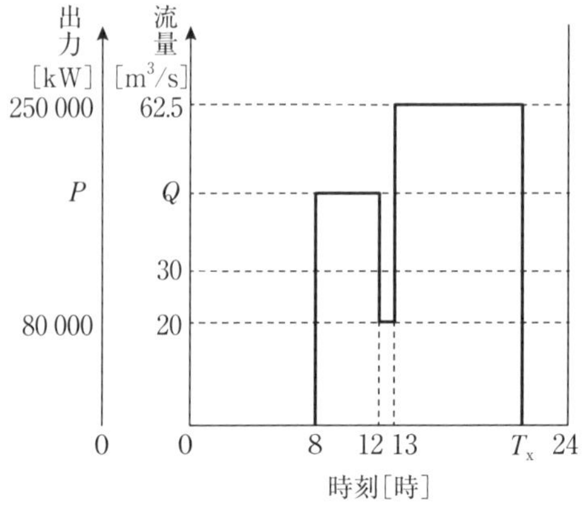

（1）17時　（2）18時　（3）19時　（4）20時　（5）21時

（b）河川流量が低下した場合において，8時から12時の4時間だけ最大電力で運転を行ったとき，最低限必要な河川流量の値［m^3/s］として，最も近いものを次の（1）～（5）のうちから一つ選べ。

（1）7　（2）8　（3）9　（4）10　（5）11

第 3 種

理　論

（第 1 時限目）

第３種　**理　　　論**

答案用紙記入上の注意事項

1．マークシート（答案用紙）は機械で読み取りますので，**濃度ＨＢの鉛筆又はＨＢ（又はＢ）のしんを用いたシャープペンシルで濃く塗りつぶして**ください。色鉛筆やボールペンでは機械で読み取ることができません。

なお，訂正は「プラスチック消しゴム」で**きれいに消し**，消しくずを残さないでください。

2．マークシートには**氏名，生年月日，試験地及び受験番号を記入し，受験番号のマーク欄にはマークシートに印刷されているマーク記入例に従い，正しくマーク**してください。

（**受験番号記入例**：受験番号０１４１Ａ０１２３４Ｌの場合）

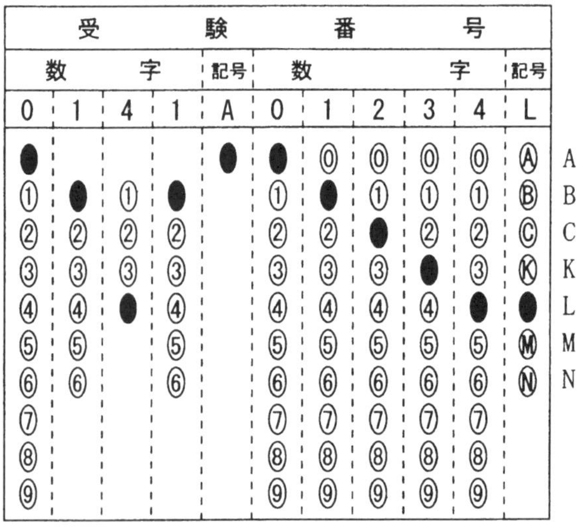

3．マークシートの余白及び裏面には，何も記入しないでください。

4．マークシートは，折り曲げたり汚したりしないでください。

5．問題の解答の選択肢は(1)から(5)まであります。その中から**一つ選び**マークシートの解答欄にマークしてください。

なお，二つ以上マークした場合には，採点されません。

（解答記入例）

問１　日本で一番高い山として，正しいのは次のうちどれか。

（1）大雪山　（2）浅間山　（3）富士山　（4）立　山　（5）阿蘇山

正解は「(3)」ですから，マークシートには

問題番号	選択肢番号
1	① ② ● ④ ⑤

のように選択肢番号の枠内を塗りつぶしてください。

6．**選択問題は，いずれか一つの問題を選んで解答してください。**

なお，２問とも解答した場合には，採点されません。

次ページ以降は試験問題になっています。

第 3 種　理　論

A問題（配点は１問題当たり５点）

問１　図１のように，電極板が正方形で，その面積がS[m^2]，電極間隔d[m]である平行板コンデンサが真空中において電圧V_0[V]で充電されている。このコンデンサの電極間に，図２のような電極板と同じ形，同じ面積で，厚さa[m]の誘電率ε[F/m]の誘電体を電極と平行に挿入したとき，コンデンサの電極電圧を表す式として，正しいものを次の(１)～(５)のうちから一つ選べ。

ただし，真空の誘導率をε_0[F/m]とする。また，端効果は無視できるものとする。

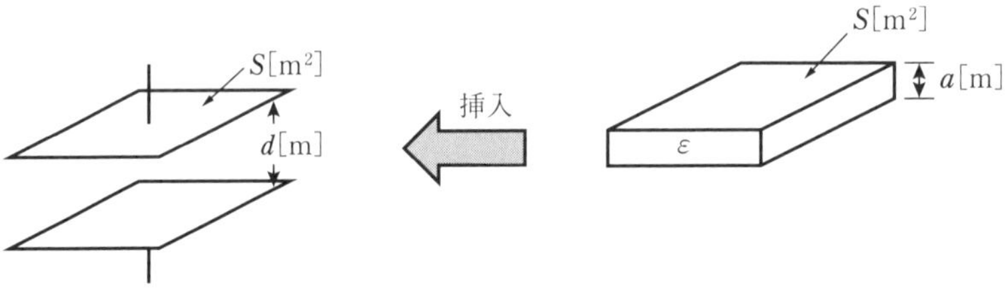

図１　　　　図２

(１) $\left\{1+\dfrac{a(\varepsilon-\varepsilon_0)}{d\varepsilon}\right\}V_0$　　(２) $\left\{1-\dfrac{a(\varepsilon-\varepsilon_0)}{d\varepsilon}\right\}V_0$　　(３) $\left\{1-\dfrac{a(\varepsilon+\varepsilon_0)}{d\varepsilon_0}\right\}V_0$

(４) $\left\{1-\dfrac{ad}{\varepsilon(\varepsilon-\varepsilon_0)}\right\}V_0$　　(５) $\left\{1-\dfrac{ad}{\varepsilon(\varepsilon+\varepsilon_0)}\right\}V_0$

問２　図に示す回路において，静電容量 $C_1 = 800[\mu F]$ のコンデンサには電荷 $Q_1 = 40[\mu C]$ が蓄積されており，静電容量 $C_2 = 400[\mu F]$ のコンデンサの電荷は $Q_2 = 0[C]$ である。この状態でスイッチＳを閉じたとき，抵抗 $R = 20[\Omega]$ で消費される電気エネルギー[J]の値として，最も近いものを次の（１）～（５）のうちから一つ選べ。

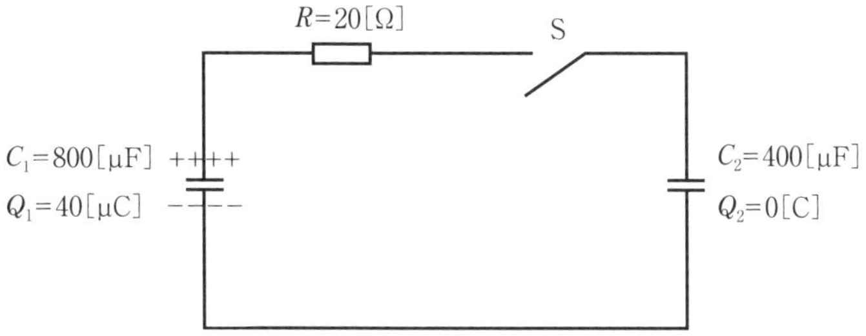

（１）1.0×10^{-8}　　（２）1.0×10^{-7}　　（３）6.7×10^{-8}
（４）3.3×10^{-7}　　（５）6.7×10^{-7}

問３　図のように，環状鉄心にコイル１とコイル２が巻かれている。コイル１の自己インダクタンス L_1 は160 mH，巻数 N_1 は200，コイル２の自己インダクタンス L_2 は40 mH，巻数 N_2 は不明である。また，２つのコイル間の結合係数 k は0.8とする。コイル２の巻数 N_2 の値および２つのコイル間の相互インダクタンス M の値[mH]の組合せとして，最も近いものを次の（１）～（５）のうちから一つ選べ。

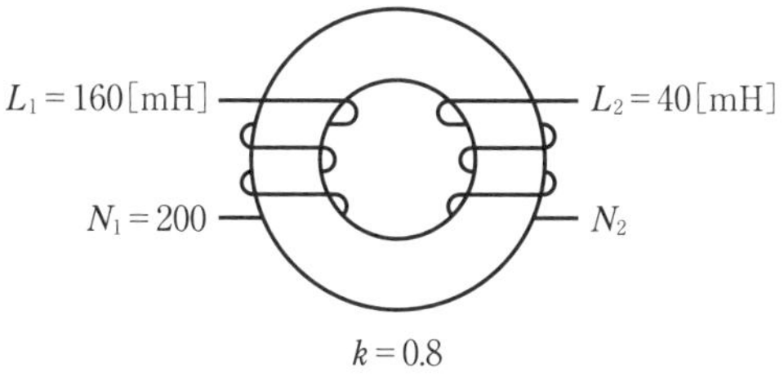

（１）$N_2 = 50,\ M = 100$　　（２）$N_2 = 50,\ M = 64$　　（３）$N_2 = 64,\ M = 50$
（４）$N_2 = 100,\ M = 100$　　（５）$N_2 = 100,\ M = 64$

問 4　水平面内において，l[m]の間隔で張られた２本の直線状の平行導線にR_1[Ω]とR_2[Ω]の抵抗が接続されている。この導線に，図に示すように，直線状の導体棒PQを渡し，磁束密度B[T]の一様な磁界がかけられている。導体棒を矢印の向きに一定の速さv[m/s]で移動させるとき，導体棒に流れる電流[A]を表す式として，正しいものを次の（１）～（５）のうちから一つ選べ。

ただし，導線と導体棒の抵抗ならびに導線との接触抵抗は無視するものとする。

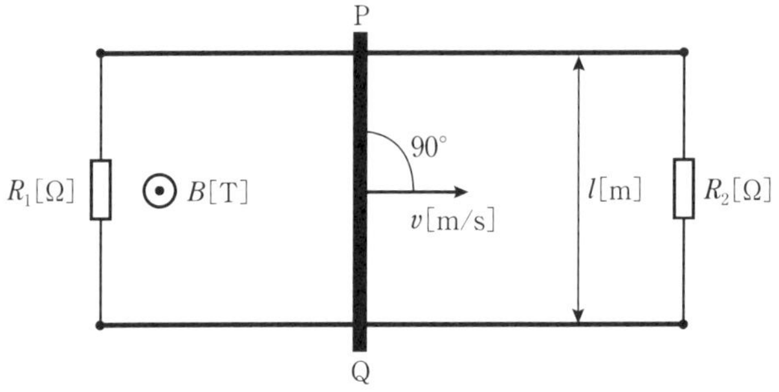

（１）$vBl(R_1+R_2)$　　（２）$vBl(R_1-R_2)$　　（３）$vBl\left(\dfrac{1}{R_1}-\dfrac{1}{R_2}\right)$

（４）$\dfrac{vBl}{2}\left(\dfrac{1}{R_1}+\dfrac{1}{R_2}\right)$　　（５）$vBl\left(\dfrac{1}{R_1}+\dfrac{1}{R_2}\right)$

問 5　図のような回路において，電圧$V=120$[V]としたとき，電流Iの値[A]として，最も近いものを次の（１）～（５）のうちから一つ選べ。

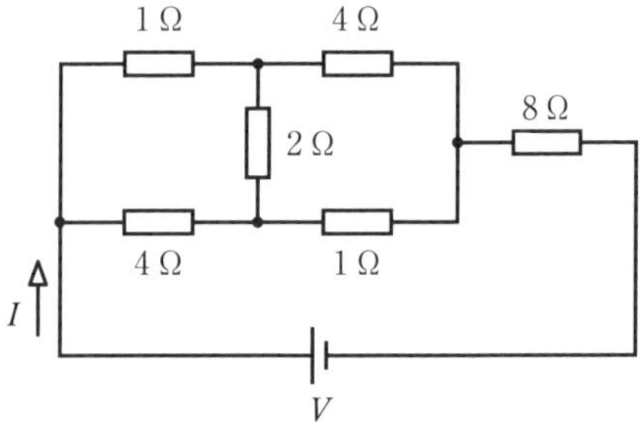

（１）2　　（２）6　　（３）12　　（４）20　　（５）24

問 6　図に示す回路の端子 a–b 間の合成インピーダンスの値[Ω]として，最も近いものを次の(1)～(5)のうちから一つ選べ。

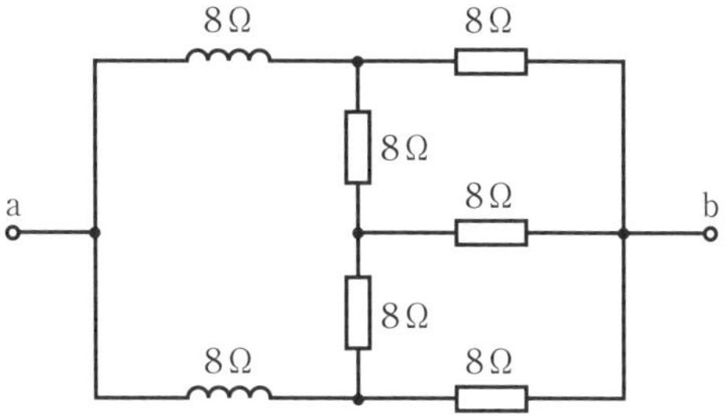

(1) 2　　(2) 5　　(3) 6　　(4) 10　　(5) 12

問 7　図のように，電圧が$\dot{V}$[V]の交流電源，インダクタンスがL[H]のコイル，静電容量の値C[F]を可変できるコンデンサ，抵抗R[Ω]の抵抗からなる回路がある。静電容量を変化させたところ，ある値で電流$\dot{I}$[A]が最小となった。この最小の電流$\dot{I}$の値[A]を示す式として，正しいものを次の(1)～(5)のうちから一つ選べ。

ただし，電源の角周波数はω[rad/s]とする。

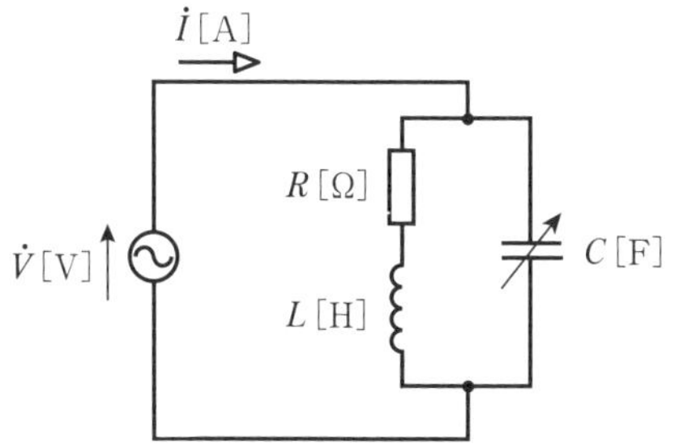

(1) $\dfrac{\dot{V}}{R}$　　(2) $\dfrac{\dot{V}}{\omega L}$　　(3) $\omega L\dot{V}$　　(4) $\dfrac{CR}{L}\dot{V}$　　(5) $\dfrac{LR}{C}\dot{V}$

問8　図のような交流回路において，端子a–b間の電位差V_{ab}が56Vであった。交流電源Vの電圧の値[V]として，最も近いものを次の(1)～(5)のうちから一つ選べ。

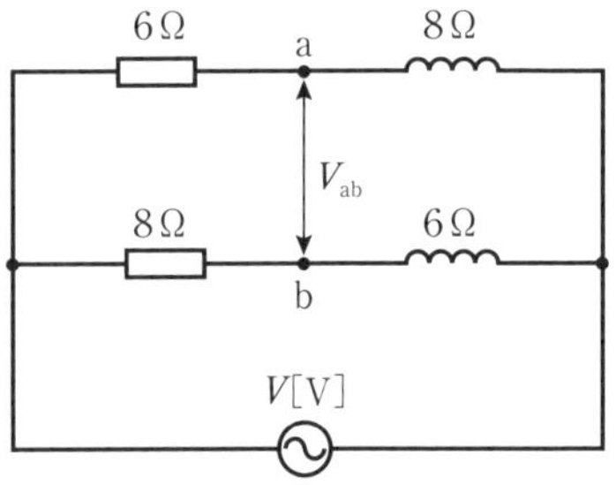

(1) 200　　(2) 250　　(3) 280　　(4) 360　　(5) 400

問9　図のような方形波電流を熱電形電流計で測定したとき，8.0mAを指示した。この電流を可動コイル形電流計で測定したとき，その指示値[mA]として，最も近いものを次の(1)～(5)のうちから一つ選べ。

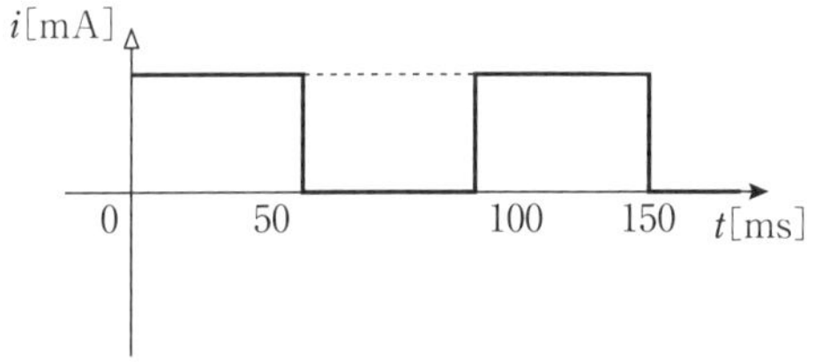

(1) 4.0　　(2) 5.7　　(3) 6.3　　(4) 8.0　　(5) 11.3

問10　次式で表される交流電圧eおよび電流iがある。この電圧と電流による等価力率として，最も近いものを次の(1)～(5)のうちから一つ選べ。

$$e = E_m \sin \omega t \ [\mathrm{V}]$$

$$i = I_m \sin \omega t + \frac{I_m}{\sqrt{2}} \sin 3\omega t \ [\mathrm{A}]$$

(1) 0.43　　(2) 0.67　　(3) 0.82　　(4) 0.87　　(5) 1.00

問11　図のように，抵抗R[Ω]の抵抗器と静電容量C[F]のコンデンサを直列に接続した回路がある。スイッチSを時刻$t=0$で閉じたとき，流れる電流および抵抗とコンデンサの端子電圧に関する記述として，誤っているものを次の(1)～(5)のうちから一つ選べ。

ただし，時刻$t=0$ではコンデンサは充電されていないものとする。

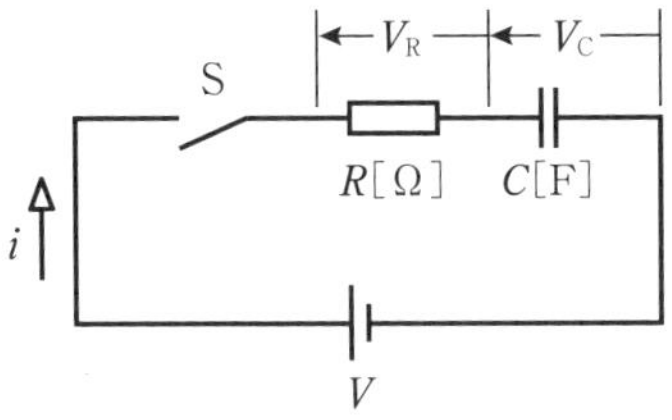

(1) 定常状態($t=\infty$)において，回路を流れる電流iはCの値と無関係である。

(2) この回路の時定数は，静電容量Cの値に比例する。

(3) この回路の時定数は，抵抗Rの値に比例する。

(4) スイッチSを閉じた瞬間($t=0$)の抵抗の端子電圧V_Rは0である。

(5) コンデンサの端子電圧V_Cは，定常状態では電源電圧Vに等しくなる。

問12　電磁気に関する単位の記述として，誤っているものを次の(1)～(5)のうちから一つ選べ。

(1) 磁界の単位は[A/m]であるが，他の単位で表すと[N/Wb]である。

(2) 電界の単位は[V/m]であるが，他の単位で表すと[N/C]である。

(3) 磁束密度の単位は[T]であるが，他の単位で表すと[N/(A・m)]である。

(4) 電流の単位は[A]であるが，他の単位で表すと[C/s]である。

(5) 磁気抵抗の単位は[H^{-1}]であるが，他の単位で表すと[V/Wb]である。

問13　図のように，演算増幅器を使用した回路がある。出力電圧の値[V]として正しいものを次の(1)〜(5)のうちから一つ選べ。

ただし，$V_1=3.0$[V]，$V_2=2.0$[V]，$V_3=4.0$[V]，$R=2.0$[kΩ]とし，演算増幅器は理想的な特性をもつものとする。

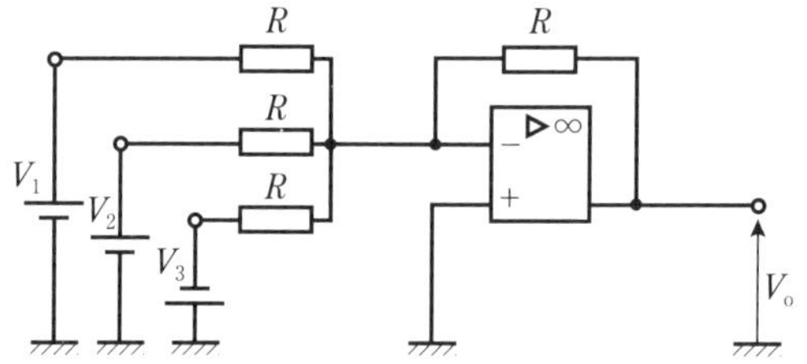

(1) −10.0　　(2) −1.0　　(3) 0　　(4) 1.0　　(5) 10.0

問14　図のように，真空中において間隔d[m]の平行電極板A，Bに磁束密度B[T]の磁界が紙面に垂直に加えられている。電極Aから電子（電荷e[C]，質量m[kg]）が，電極に対して垂直に初速度v_0[m/s]で電極Bに向かって出発した。電子が電極Bに到達するために加えるべき磁束密度Bの条件を表す式として，正しいものを次の(1)〜(5)のうちから一つ選べ。

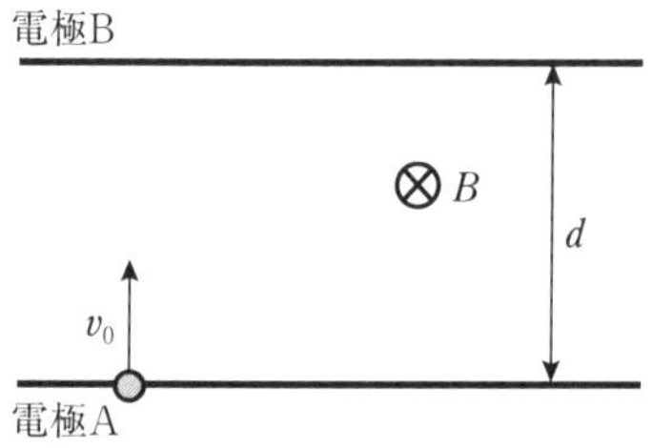

(1) $B<\dfrac{mv_0}{ed}$　　(2) $B<\dfrac{mv_0}{2ed}$　　(3) $B<\dfrac{ed}{2mv_0}$

(4) $B<\dfrac{ev_0}{2md}$　　(5) $B<\dfrac{2ev_0}{md}$

B問題（配点は1問題当たり（a）5点，（b）5点，計10点）

問15　図1のように，実効値E[V]の対称三相交流電源と抵抗R[Ω]からなる平衡三相負荷で構成された回路がある。次の（a）および（b）の問に答えよ。

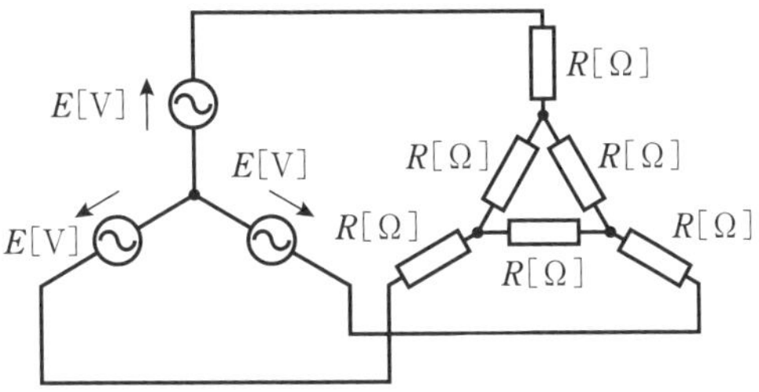

図1

（a）この回路の全消費電力の値[W]として，正しいものを次の（1）～（5）のうちから一つ選べ。

（1）$\dfrac{E^2}{4R}$　（2）$\dfrac{3E^2}{4R}$　（3）$\dfrac{E^2}{2R}$　（4）$\dfrac{9E^2}{4R}$　（5）$\dfrac{9E^2}{R}$

（b）負荷の△接続部分の抵抗R[Ω]に容量性リアクタンスX[Ω]を直列に接続し，図2に示す負荷とした。このとき，容量性リアクタンスに流れる電流の値[A]として，正しいものを次の（1）～（5）のうちから一つ選べ。

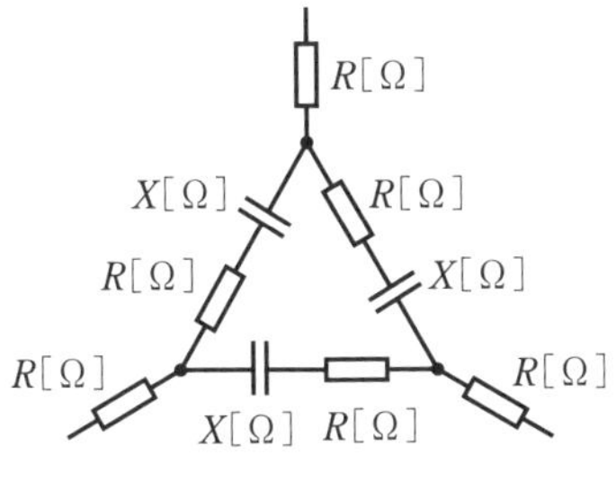

図2

（1）$\dfrac{E}{3\sqrt{16R^2+X^2}}$　（2）$\dfrac{E}{\sqrt{3R^2+X^2}}$　（3）$\dfrac{E}{\sqrt{9R^2+X^2}}$

（4）$\dfrac{E}{\sqrt{16R^2+X^2}}$　（5）$\dfrac{\sqrt{3}\,E}{\sqrt{16R^2+X^2}}$

問16　図１のようなトランジスタ増幅回路がある。次の(ａ)および(ｂ)の問に答えよ。

ただし，$R_A = 120$[kΩ]，$R_B = 30$[kΩ]，$R_C = 20$[kΩ]，$R_L = 30$[kΩ]，$R_E = 2.0$[kΩ]は抵抗であり，C_1，C_2，C_3はコンデンサ，V_{DD}は直流電圧源，v_i，v_oは交流信号電圧とする。

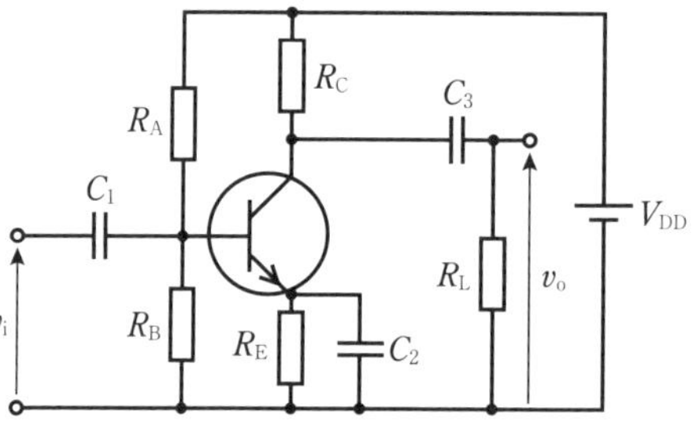

図１

（ａ）図１の回路を交流信号に注目して，交流回路として考える。この場合，回路を図２のような等価回路に置き換えることができる。このとき，等価な抵抗R_1, R_2の値[kΩ]として，最も近いものを次の(１)～(５)のうちから一つ選べ。

ただし，図１の回路において，C_1，C_2，C_3のインピーダンスは十分小さく無視できるものとする。

（１）$R_1 = 24$，$R_2 = 6$　　（２）$R_1 = 24$，$R_2 = 12$　　（３）$R_1 = 50$，$R_2 = 24$

（４）$R_1 = 150$，$R_2 = 24$　　（５）$R_1 = 150$，$R_2 = 50$

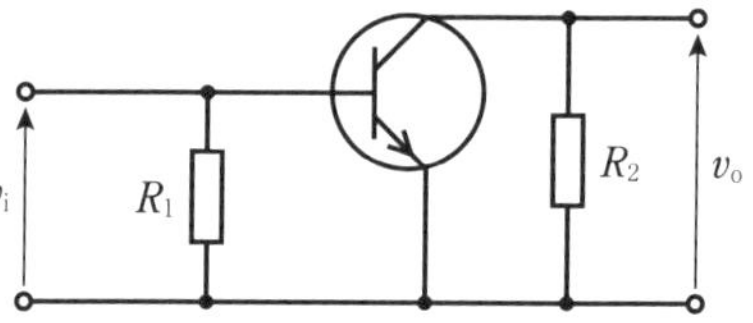

図２

（ｂ）図２の回路で，トランジスタの入力インピーダンス$h_{ie} = 8$[kΩ]，電流増幅率$h_{fe} = 150$であった。この回路の電圧利得の値[dB]として，最も近いものを次の(１)～(５)のうちから一つ選べ。

ただし，図１の回路において，出力アドミタンスh_{oe}および電圧帰還率h_{re}は無視できるものとし，$\log_{10}3 = 0.477$，$\log_{10}5 = 0.699$とする。

（１）2.3　　（２）18　　（３）24　　（４）47　　（５）225

問 17 および問 18 は選択問題であり, 問 17 または問 18 のどちらかを選んで解答すること。両方解答すると採点されません。

(選択問題)

問17　図のように, 電源電圧が $\dot{E}=20+\mathrm{j}20$[V]と「回路網」からなる回路がある。次の(a)および(b)の問に答えよ。

ただし, 電源電流は, $\dot{I}=\mathrm{j}4$[A]とする。

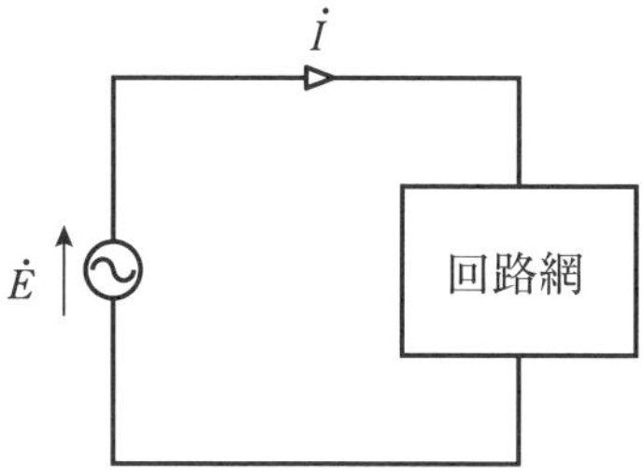

$\dot{E}=20+\mathrm{j}20$[V]
$\dot{I}=\mathrm{j}4$[A]

(a)「回路網」を抵抗とリアクタンスの並列回路で表したい。抵抗R[Ω], リアクタンスX[Ω]の組合せとして, 正しいものを次の(1)〜(5)のうちから一つ選べ。

(1) $R=5$, $X=0$　(2) $R=5$, $X=10$　(3) $R=10$, $X=-10$
(4) $R=10$, $X=0$　(5) $R=10$, $X=10$

(b)「回路網」と直列にリアクタンスを接続することにより, 回路全体の力率を0.8(遅れ)としたい。加えたリアクタンスの値[Ω]として, 正しいものを次の(1)〜(5)のうちから一つ選べ。

ただし, リアクタンスは誘導性を正の値, 容量性を負の値で表すものとする。

(1) −8.7　(2) −1.3　(3) 1.3　(4) 5.5　(5) 8.8

問 17 および問 18 は選択問題であり，問 17 または問 18 のどちらかを選んで解答すること。両方解答すると採点されません。

（選択問題）

問18　図のように，内部抵抗r[Ω]，起電力E[V]の電池12個を，４個ずつ直列に接続したものを３組並列に接続した回路がある。この回路に，抵抗値を０～R[Ω]まで変化できる可変抵抗器を接続した。次の（a）および（b）の問に答えよ。

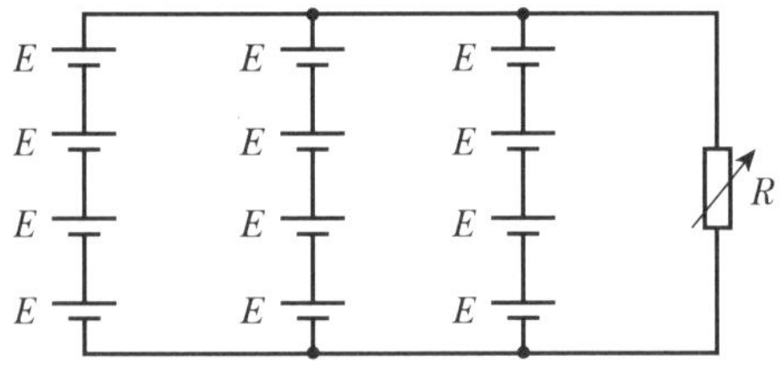

（a）可変抵抗器の抵抗値がR[Ω]であるとき，可変抵抗器の消費電力[W]を表す式として，正しいものを次の（1）～（5）のうちから一つ選べ。

（1）$\dfrac{4RE^2}{(4R+3r)^2}$　（2）$\dfrac{36RE^2}{(3R+4r)^2}$　（3）$\dfrac{48RE^2}{(4R+3r)^2}$

（4）$\dfrac{72RE^2}{(3R+4r)^2}$　（5）$\dfrac{144RE^2}{(3R+4r)^2}$

（b）可変抵抗器で消費する電力の最大値[W]を表す式として，正しいものを次の（1）～（5）のうちから一つ選べ。

（1）$\dfrac{E^2}{4r}$　（2）$\dfrac{3E^2}{r}$　（3）$\dfrac{4E^2}{r}$　（4）$\dfrac{9E^2}{r}$　（5）$\dfrac{12E^2}{r}$

第 3 種

電　　力

（第 2 時限目）

第３種　電　　力

答案用紙記入上の注意事項

1．マークシート（答案用紙）は機械で読み取りますので，**濃度ＨＢの鉛筆又はＨＢ（又はＢ）のしんを用いたシャープペンシルで濃く塗りつぶして**ください。色鉛筆やボールペンでは機械で読み取ることができません。

なお，訂正は「プラスチック消しゴム」で**きれいに消し**，消しくずを残さないでください。

2．マークシートには**氏名，生年月日，試験地及び受験番号を記入し，受験番号のマーク欄にはマークシートに印刷されているマーク記入例に従い，正しくマーク**してください。

（**受験番号記入例**：受験番号０１４１Ａ０１２３４Ｌの場合）

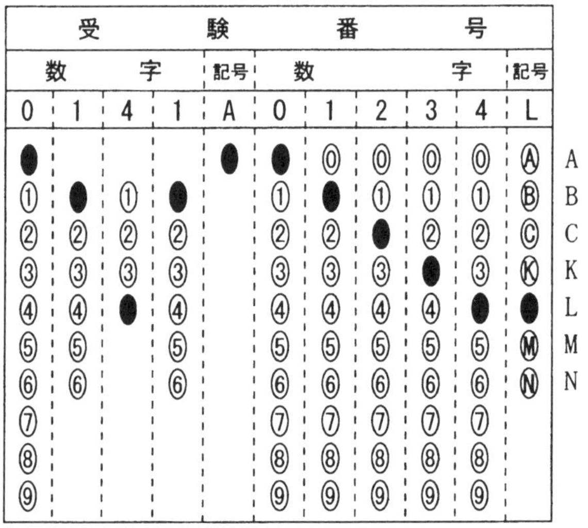

3．マークシートの余白及び裏面には，何も記入しないでください。

4．マークシートは，折り曲げたり汚したりしないでください。

5．問題の解答の選択肢は(1)から(5)まであります。その中から**一つ選び**マークシートの解答欄にマークしてください。

なお，二つ以上マークした場合には，採点されません。

（解答記入例）

問１　日本で一番高い山として，正しいのは次のうちどれか。

（1）大雪山　（2）浅間山　（3）富士山　（4）立　山　（5）阿蘇山

正解は「(3)」ですから，マークシートには

問題番号	選択肢番号
1	① ② ● ④ ⑤

のように選択肢番号の枠内を塗りつぶしてください。

次ページ以降は試験問題になっています。

第 3 種　電　力

A問題(配点は1問題当たり5点)

問1　次の文章は，水車のキャビテーションとその対策に関する記述である。

水車の流水中の圧力が (ア) 以下になると，その部分にキャビテーションが発生する。キャビテーションが発生すると，

① 効率，出力，水量の減少が起こる

② キャビテーションの発生場所に (イ) が起こる

③ (ウ) 入り口の水圧変動が著しくなる

といった現象が発生する。

このキャビテーションの発生を抑制する対策としては

① 水車の (エ) を一定値以下とする

② ランナベーンの形状を整え，表面を滑らかにする

③ 過度の (オ) 運転や過負荷運転を避ける

などがある。

上記の記述中の空白箇所(ア)～(オ)に当てはまる組合せとして，正しいものを次の(1)～(5)のうちから一つ選べ。

	(ア)	(イ)	(ウ)	(エ)	(オ)
(1)	大気圧	腐食	ランナ	回転速度	低負荷
(2)	飽和蒸気圧	壊食	吸出し管	比速度	部分負荷
(3)	大気圧	壊食	ランナ	重量	出力固定
(4)	飽和蒸気圧	腐食	ケーシング	比速度	部分負荷
(5)	大気圧	電食	吸出し管	重量	低負荷

問2　次の文章は，火力発電所におけるボイラの排ガスに関する記述である。

火力発電所において，燃料の燃焼によりボイラから発生する窒素酸化物を抑制するためには，燃焼域での酸素濃度を（ア）する，燃焼温度を（イ）する等の燃焼方法の改善が有効であり，その一つの方法として排ガス混合法が用いられている。

さらに，ボイラ排ガス中に含まれる窒素酸化物の削減方法として，（ウ）出口の排ガスに（エ）を加え，混合してから触媒層に入れることにより，窒素酸化物を窒素と（オ）に変える（エ）接触還元法が使用されている。

上記の記述中の空白箇所（ア）～（オ）に当てはまる組合せとして，正しいものを次の（1）～（5）のうちから一つ選べ。

	（ア）	（イ）	（ウ）	（エ）	（オ）
（1）	高く	低く	再熱器	アンモニア	水蒸気
（2）	低く	低く	節炭器	苛性ソーダ	二酸化炭素
（3）	低く	高く	過熱器	苛性ソーダ	二酸化炭素
（4）	低く	低く	節炭器	アンモニア	水蒸気
（5）	高く	高く	過熱器	苛性ソーダ	水蒸気

問3　次の文章は，タービン発電機の励磁制御装置に関する記述である。

タービン発電機の励磁装置に付属している自動電圧調整装置は，発電機の（ア）を常時一定に保持するものである。これにより，発電機出力が変化するときも一定電圧が維持される。また，発電機の運転範囲を（イ）の領域から逸脱しないように制御する機能も付加される。

系統事故などにより電圧が急変したとき，速やかに電圧を回復することによって過渡安定度を向上させることができるが，その目的のためには，励磁系が十分な（ウ）をもっていることが必要である。

また，大容量の発電機には系統安定化装置を設けることがある。これは発電機出力変化，発電機回転速度変化，（エ）変化のいずれかを補助信号として，これを自動電圧調整装置の出力信号に加えることによって（オ）を増し，電力系統の動揺を速やかに抑制する。

上記の記述中の空白箇所（ア）～（オ）に当てはまる組合せとして，正しいものを次の（1）～（5）のうちから一つ選べ。

	（ア）	（イ）	（ウ）	（エ）	（オ）
（1）	端子電圧	可能出力曲線	速応性	発電機電機子電流	出力
（2）	無効電力	低周波数運転限界	同期化力	発電機電機子電流	出力
（3）	無効電力	可能出力曲線	同期化力	発電機周波数	制動効果
（4）	力率	低周波数運転限界	速応性	発電機界磁磁束	出力
（5）	端子電圧	可能出力曲線	速応性	発電機周波数	制動効果

問4　次の文章は，軽水形原子炉に関する記述である。

我が国の発電用原子炉は，燃料として［（ア）］を用い，軽水が冷却材と［（イ）］を兼ねる軽水炉が主流であり，加圧水型と沸騰水型の２種類が採用されている。

加圧水型は，水が沸騰しないように炉内を加圧している。この圧力は，沸騰水型のおよそ［（ウ）］倍程度である。

出力制御は，制御棒の出し入れによるほか，沸騰水型では冷却水の再循環流量を調節するが，加圧水型では［（エ）］の調節を行う。

制御棒駆動装置の位置も異なり，加圧水型では［（オ）］に設置される。

上記の記述中の空白箇所（ア）～（オ）に当てはまる組合せとして，正しいものを次の（1）～（5）のうちから一つ選べ。

	（ア）	（イ）	（ウ）	（エ）	（オ）
（1）	天然ウラン	減速材	3	ホウ素濃度	炉心下部
（2）	低濃縮ウラン	減速材	2	ホウ素濃度	炉心上部
（3）	高濃縮ウラン	遮へい材	4	炉内水位	炉心上部
（4）	低濃縮ウラン	減速材	2	ホウ素濃度	炉心下部
（5）	天然ウラン	遮へい材	2	炉内水位	炉心中央

問5　次の文章は，再生可能エネルギー電源に関する記述である。

太陽光発電は，自然エネルギー源である太陽光のエネルギーを太陽電池によって電力に変換するものである。住宅用 (ア) 太陽光発電モジュールの変換効率の最高値は20％程度である。また，設備利用率は，夜間は発電できず，曇りや雨では出力が低下するので，我が国では平均すると (イ) ％程度である。

一方，風力発電は，風力によって風車をとおして発電機を回し電力を発生するものである。風のエネルギーは，風速の (ウ) 乗に比例した出力が得られる。我が国の風力発電の設備利用率は，風況によっても異なるが陸上風力の平均は20％程度である。

太陽光発電や風力発電は，自然条件によってその出力が変動するが，広い地域にわたってその出力を合計すれば， (エ) によって，変動周期の短い成分は小さくなる。

これに対して，地熱発電では，地中に貯留されている (オ) を用いるので，自然条件による大きな出力の変動はみられない。このため，設備利用率は太陽光発電や風力発電に比べて高くなる。

上記の記述中の空白箇所(ア)～(オ)に当てはまる組合せとして，正しいものを次の(1)～(5)のうちから一つ選べ。

	(ア)	(イ)	(ウ)	(エ)	(オ)
(1)	結晶シリコン	10～15	3	ならし効果	熱水や蒸気
(2)	アモルファス	20～30	2	ならし効果	熱水や蒸気
(3)	薄膜シリコン	20～30	4	積分効果	マグマ
(4)	結晶シリコン	20～30	2	微分効果	マグマ
(5)	薄膜シリコン	10～15	3	積分効果	マグマ

問 6　次の文章は，油入変圧器の保護継電器に関する記述である。

変圧器の保護継電器には，電気的なものと機械的なものがある。電気的な保護継電器の一つである比率差動継電器は，変圧器内部で［（ア）］，地絡の故障が発生したときに作動し，電源側の遮断器を開放する。また，非有効接地系では，変圧器巻線に地絡が発生した場合，一次，二次［（イ）］の［（ウ）］が小さく，比率差動継電器で検知できないため，地絡方向継電器が比率差動継電器と組み合わされて使用される。

過電流継電器は，変圧器の一次側に設置され，整定値以上の電流が流れたときに遮断器を開放する。ただし，［（エ）］の事故で動作するおそれがあるので時間協調が必要である。

機械的保護継電器の一つとして，ブッフホルツ継電器がある。これは，変圧器の内部故障に伴い発生するガスあるいは［（オ）］を検出し動作する。

上記の記述中の空白箇所（ア）～（オ）に当てはまる組合せとして，正しいものを次の（1）～（5）のうちから一つ選べ。

	（ア）	（イ）	（ウ）	（エ）	（オ）
（1）	短絡	CT	総合電流	負荷側	温度
（2）	断線	VT	総合電流	電源側	油流
（3）	短絡	CT	差動電流	負荷側	油流
（4）	断線	CT	差動電流	電源側	温度
（5）	短絡	VT	差動電流	負荷側	油圧

問 7　次の文章は，変圧器の励磁突入電流に関する記述である。

変圧器充電時における鉄心内の磁束は印加電圧の［（ア）］で表される。そのため，例えば電圧零の時点で電源が投入されると，最初の１サイクルの間に磁束は定常状態の磁束最大値の２倍に達し，飽和磁束密度を超えるので，過渡的に大きな電流が流入する。この電流を励磁突入電流という。変圧器投入時に鉄心内に［（イ）］があり，それが印加電圧による磁束の変化と同一方向の場合には，両者が加算されるためさらに大きな励磁突入電流となる。

このようにシフトした磁束は徐々に定常状態に戻っていき，それとともに励磁突入電流も落ち着くが，この継続時間は回路のインダクタンスと抵抗によって決まり，変圧器の［（ウ）］ほど長く，数十秒以上に及ぶことがある。

このような大きな突入電流による比率差動リレーの誤動作を防止するため，変圧器投入後，一定時間リレーをロックする方法や，突入電流に［（エ）］が多く含まれているので［（エ）］抑制機能付き比率差動リレーを用いる方法がとられる。

また，励磁突入電流による電圧変動を抑制するために，変圧器投入時の抵抗投入や［（オ）］の制御などを行うことがある。

上記の記述中の空白箇所（ア）～（オ）に当てはまる組合せとして，正しいものを次の（１）～（５）のうちから一つ選べ。

	（ア）	（イ）	（ウ）	（エ）	（オ）
（１）	微分	渦電流	鉄心が小さくなる	第５次高調波	系統電圧
（２）	平均	残留磁束	躯体が小さくなる	第３次高調波	負荷力率
（３）	積分	残留磁束	容量が大きくなる	第２次高調波	投入位相
（４）	積分	渦電流	鉄心が小さくなる	第５次高調波	系統電圧
（５）	微分	残留磁束	容量が大きくなる	第２次高調波	投入位相

問8　中性点接地方式に関する記述として，誤っているものを次の(1)～(5)のうちから一つ選べ。

(1) 長距離送電線路で非接地方式を採用すると，１線地絡時に異常電圧が発生するおそれがある。

(2) 消弧リアクトル接地方式では，１線地絡時の故障電流が小さい。

(3) 消弧リアクトル接地方式では，断線事故時に異常電圧を発生するおそれがある。

(4) 直接接地方式では，地絡時における健全相の対地電圧上昇が他方式より大きい。

(5) 6.6kV級の線路に直接接地方式を採用すると，地絡電流が大きくなる。

問 9　次の文章は，送電線の振動に関する記述である。

毎秒数メートルの微風が，電線と直角に当たると電線の背後にカルマン渦ができて電線に（ア）の周期的な力が働き，これが電線の（イ）と一致すると微風振動が発生する。全振幅は 3 cm 以下程度と小さいが，電線が長い間繰り返し応力を受けて電線を構成する素線が切れたり断線のおそれが生じる。微風振動は径間が長い場合や，直径が大きい割に重量の軽い電線の場合，電線の張力が大きい場合に発生しやすい。

雨で電線の下面に水滴が付着してしずくが落ちる状態では，コロナ放電が最も激しくなる。電線から帯電した水の粒子が射出するため，その反作用で電線の振動を誘発する。これをコロナ振動といい（ウ）の場合に発生しやすい。

電線に氷雪が付着して強風が当たると，氷雪の付き方が非対称であるため（エ）が発生し，自励振動を生じて電線が上下に大きく振動する。これをギャロッピングという。

多導体に特有の振動で，風上にある素導体によって乱された気流により風下の素導体が振動を起こす。素導体の間隔を数十メートルごとに保持している金具を支点とした振動である。この振動を（オ）振動という。

上記の記述中の空白箇所（ア）～（オ）に当てはまる組合せとして，正しいものを次の（1）～（5）のうちから一つ選べ。

	（ア）	（イ）	（ウ）	（エ）	（オ）
（1）	水平方向	強制振動周波数	無風	抗力	サブシンクロナス
（2）	風の方向	系統周波数	強風	抗力	サブスパン
（3）	鉛直方向	強制振動周波数	無風	抗力	サブスパン
（4）	水平方向	固有振動数	強風	揚力	サブシンクロナス
（5）	鉛直方向	固有振動数	無風	揚力	サブスパン

問10　電圧22 kV，周波数60 Hz，こう長4 kmの交流三相3線式地中電線路がある。ケーブルの心線1線当たりの静電容量を0.45 μF/kmとするとき，このケーブルの心線3線を充電するために必要な容量の値[kvar]として，最も近いものを次の（1）～（5）のうちから一つ選べ。

（1）128　（2）173　（3）245　（4）285　（5）328

問11　次の文章は，地中送電線路に関する記述である。

近年，都市部において超高圧地中送電系統が形成されているが，これらの系統では同程度の距離の架空送電線に比べて（ア）効果により（イ）電圧が高くなる傾向がある。

また，無負荷の線路を遮断器で電源から切り離した場合の（ウ）が大きいので，遮断器を再投入した場合に大きな（エ）が発生する可能性がある。そのため（オ）設計上，特に考慮する必要がある。

上記の記述中の空白箇所（ア）～（オ）に当てはまる組合せとして，正しいものを次の（1）～（5）のうちから一つ選べ。

	（ア）	（イ）	（ウ）	（エ）	（オ）
（1）	フェランチ	受電端	残留電圧	開閉異常電圧	絶縁
（2）	フェランチ	受電端	機械力	磁気エネルギー	強度
（3）	表皮	送電端	機械力	開閉異常電圧	絶縁
（4）	表皮	受電端	残留電圧	磁気エネルギー	強度
（5）	フェランチ	送電端	残留電圧	磁気エネルギー	絶縁

問12　次の文章は，配電のスポットネットワーク方式（３回線の場合）に関する記述である。

スポットネットワーク方式は，同一変電所から22～33kVの３回線の配電線により常時並列に需要家へ電力供給を行う方式であり，信頼度が高く，電圧降下，電力損失などが少ない。

需要家の変圧器（ネットワーク変圧器）の一次側は遮断器が省略され，二次側はネットワークプロテクタを経て共通の母線に接続される。この母線に接続されたいくつかの幹線によって負荷に電力供給が行われる。

この方式では，１回線の配電線またはネットワーク変圧器が事故停止しても，設備容量を供給負荷の［（ア）］倍で設計しておけば，健全な設備により無停電で供給を継続できる。

ネットワークプロテクタは遮断器，［（イ）］および保護リレーから構成され，その自動再閉路および開閉制御機能は，次のような特性をもっている。

ａ．［（ウ）］遮断特性：３回線の配電線のうち１回線が停電したとき，健全な他回線から変圧器および共通母線を介して，回り込み電流が停止回線に逆流するのを防止するために遮断する。

ｂ．［（エ）］投入特性：上記ａ.の動作によって遮断器が開放状態にあるとき，停止回線が復電されて当該変圧器の二次側が充電された場合，遮断器の極間電圧を検出して，変圧器側から負荷側に向かって電流が流れる条件にあるとき投入する。

ｃ．［（オ）］投入特性：配電線の全停時に共通母線が無充電状態にあるとき，配電線の１回線が復旧して当該遮断器の変圧器側が充電されると投入する。

上記の記述中の空白箇所（ア）～（オ）に当てはまる組合せとして，正しいものを次の（１）～（５）のうちから一つ選べ。

	（ア）	（イ）	（ウ）	（エ）	（オ）
（１）	1.5	断路器	逆電圧	差電流	高電圧
（２）	2.0	ヒューズ	逆電圧	差電圧	無電圧
（３）	1.5	ヒューズ	逆電力	差電圧	無電圧
（４）	1.2	ヒューズ	逆電力	差電流	高電圧
（５）	1.5	断路器	逆電圧	差電圧	無電圧

問13 次の文章は，高圧配電線路に発生する異常電圧に関する記述である。

非接地系の高圧配電線路に発生する異常電圧は，大別すると，（ア）と（イ）に分けられる。（ア）の代表的なものとしては，（ウ）時の健全相に発生する異常電圧，遮断器の開閉に伴う（エ）などがある。（イ）は，一般に（オ）によるものをいう。

上記の記述中の空白箇所（ア）～（オ）に当てはまる組合せとして，正しいものを次の（1）～（5）のうちから一つ選べ。

	（ア）	（イ）	（ウ）	（エ）	（オ）
（1）	外雷	内雷	三相短絡	開閉サージ	自然雷
（2）	再起電圧	回復電圧	混触	アーク	絶縁不良
（3）	内雷	誘導雷	軽負荷	アーク	自然雷
（4）	内雷	外雷	1線地絡	開閉サージ	自然雷
（5）	回復電圧	再起電圧	間欠地絡	衝撃波	負荷遮断

問14　次の文章は，電力用変圧器に使用される鉄心材料に関する記述である。

変圧器の鉄損は，ヒステリシス損と渦電流損からなる。ヒステリシス損は，交番磁界の下で鉄心を磁化するとき，磁気ヒステリシスループを一巡するごとに必要とされるエネルギーが熱の形となって放出されるもので，磁気ヒステリシスループに囲まれた面積に比例し，鉄心を形成するケイ素鋼板の厚さに（ア）。渦電流損は，磁束変化によって鉄心内に誘導起電力が生じ，これによって流れる渦電流によるジュール損であり，ケイ素鋼板のような薄板では厚さの（イ）。変圧器の鉄心は，厚さ0.3～0.35mm程度のケイ素鋼板を互いに絶縁して積層しており，（ウ）方向に渦電流が流れるのを防止している。

電力用変圧器に一般に用いられる方向性ケイ素鋼板は，結晶粒が（エ）に配向しており，無方向性ケイ素鋼板に比べて鉄損が小さく透磁率が高いので，大容量変圧器の高性能化・小型化に寄与している。

アモルファス磁性材料は，原子配列が無秩序で結晶磁気異方性や結晶粒界がなく，抵抗率が高く保磁率が小さい（オ）の材料であるため鉄損が小さい。

上記の記述中の空白箇所（ア）～（オ）に当てはまる組合せとして，正しいものを次の（1）～（5）のうちから一つ選べ。

	（ア）	（イ）	（ウ）	（エ）	（オ）
（1）	無関係である	2乗に比例する	板面を貫く	圧延方向	高透磁率
（2）	比例する	1/2乗に比例する	板面に沿った	厚さ方向	低透磁率
（3）	無関係である	1/2乗に比例する	板面を貫く	圧延方向	高透磁率
（4）	比例する	1/2乗に比例する	板面に沿った	厚さ方向	高透磁率
（5）	比例する	2乗に比例する	板面に沿った	圧延方向	高透磁率

B問題(配点は1問題当たり(a)5点，(b)5点，計10点)

問15　タービン出力900 MWで運転している汽力発電所があり，復水器の冷却に海水を使用している。このときの復水器冷却水の流量は37.5 m^3/s，タービンの熱消費率は8 000 kJ/(kW·h)，海水の比熱容量は4.0 kJ/(kg·K)，海水の密度は1.1×10^3 kg/m^3である。この復水器について，次の(a)および(b)の問に答えよ。

ただし，復水器冷却水が持ち去る熱以外の損失は無視するものとする。

(a) 復水器冷却水が持ち去る毎時の熱量の値[kJ/h]として，最も近いものを次の(1)～(5)のうちから一つ選べ。

(1) 3.47×10^6　(2) 3.96×10^6　(3) 8.51×10^6

(4) 3.96×10^9　(5) 8.51×10^9

(b) 復水器冷却水の温度上昇の値[K]として，最も近いものを次の(1)～(5)のうちから一つ選べ。

(1) 5.4　(2) 6.7　(3) 7.9　(4) 13　(5) 24

問16　定格出力500 MW，速度調定率5％のタービン発電機と，定格出力150 MW，速度調定率3％の水車発電機が電力系統に接続されており，タービン発電機は100％負荷，水車発電機は80％負荷をとって，定格周波数50 Hzにて並列運転中である。負荷が急変し，タービン発電機の出力が300 MWで安定したときについて，次の(a)および(b)の問に答えよ。

(a) このときの系統周波数の値[Hz]として，最も近いものを次の(1)～(5)のうちから一つ選べ。ただし，ガバナ特性は直線とする。

(1) 49.5　(2) 50.0　(3) 50.3　(4) 50.6　(5) 51.0

(b) このときの水車発電機の出力の値[MW]として，最も近いものを次の(1)～(5)のうちから一つ選べ。

(1) 20　(2) 40　(3) 50　(4) 60　(5) 90

問17　図のような交流三相３線式の系統がある。各系統の基準容量と基準容量をベースにした％インピーダンスが図に示された値であるとき，次の（ａ）および（ｂ）の問に答えよ。

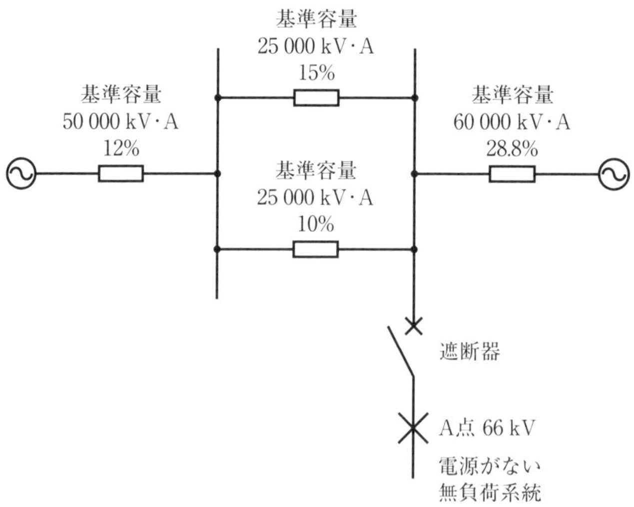

（ａ）系統全体の基準容量を100 000 kV·Aに統一した場合，遮断器の設置場所からみた合成百分率インピーダンスの値[％]として，最も近いものを次の（１）～（５）のうちから一つ選べ。

（１）9.6　（２）24　（３）44　（４）60　（５）96

（ｂ）遮断器投入後，A点で三相短絡事故が発生したときの三相短絡電流の値[A]として，最も近いものを次の（１）～（５）のうちから一つ選べ。ただし，線間電圧は66 kVとし，遮断器からA点までのインピーダンスは無視するものとする。

（１）842　（２）911　（３）1 460　（４）2 100　（５）3 640

第３種

機　　械

（第３時限目）

第３種　機　械

答案用紙記入上の注意事項

1．マークシート（答案用紙）は機械で読み取りますので，**濃度ＨＢの鉛筆又はＨＢ（又はＢ）のしんを用いたシャープペンシルで濃く塗りつぶして**ください。色鉛筆やボールペンでは機械で読み取ることができません。

なお，訂正は「プラスチック消しゴム」で**きれいに消し**，消しくずを残さないでください。

2．マークシートには**氏名，生年月日，試験地及び受験番号を記入し，受験番号のマーク欄にはマークシートに印刷されているマーク記入例に従い，正しくマーク**してください。

（**受験番号記入例**：受験番号０１４１Ａ０１２３４Ｌの場合）

受験番号											
数字				記号	数字					記号	
0	1	4	1	A	0	1	2	3	4	L	
●				●	●	⓪	⓪	⓪	⓪	Ⓐ	A
①	●	①	●		①	●	①	①	①	Ⓑ	B
②	②	②	②		②	②	●	②	②	Ⓒ	C
③	③	③	③		③	③	③	●	③	Ⓚ	K
④	④	●	④		④	④	④	④	●	●	L
⑤	⑤		⑤		⑤	⑤	⑤	⑤	⑤	Ⓜ	M
⑥	⑥		⑥		⑥	⑥	⑥	⑥	⑥	Ⓝ	N
⑦					⑦	⑦	⑦	⑦	⑦		
⑧					⑧	⑧	⑧	⑧	⑧		
⑨					⑨	⑨	⑨	⑨	⑨		

3．マークシートの余白及び裏面には，何も記入しないでください。

4．マークシートは，折り曲げたり汚したりしないでください。

5．問題の解答の選択肢は(1)から(5)まであります。その中から**一つ選び**マークシートの解答欄にマークしてください。

なお，二つ以上マークした場合には，採点されません。

（解答記入例）

問１　日本で一番高い山として，正しいのは次のうちどれか。

（1）大雪山　（2）浅間山　（3）富士山　（4）立　山　（5）阿蘇山

正解は「(3)」ですから，マークシートには

問題番号	選択肢番号
1	①　②　●　④　⑤

のように選択肢番号の枠内を塗りつぶしてください。

6．**選択問題は，いずれか一つの問題を選んで解答してください。**

なお，２問とも解答した場合には，採点されません。

次ページ以降は試験問題になっています。

第 3 種　機　械

A問題（配点は1問題当たり5点）

問1　コイル辺数100，コイル辺の平均誘導起電力2V，コイルの最大電流4A，磁極数4の重ね巻の直流電動機に関する記述として，誤っているものを次の（1）～（5）のうちから一つ選べ。

（1）電機子電圧は200Vである。

（2）電機子電流の最大値は16Aである。

（3）電機子巻線の並列回路数は4である。

（4）重ね巻なので，均圧環が必要である。

（5）重ね巻は並列巻とも呼ばれ，低電圧・大電流に適する。

問2　三相インバータで駆動する定格回転速度1 692 min^{-1}，定格周波数60Hz，極数4の三相誘導電動機がある。この電動機を定格運転時の50%に相当するトルクで運転したい。このときのインバータの出力周波数の値[Hz]として，最も近いものを次の（1）～（5）のうちから一つ選べ。

ただし，電動機軸の出力トルクは滑り周波数に比例し，負荷トルクは回転速度の2乗に比例するものとする。

（1）41.7　　（2）42.2　　（3）44.6　　（4）49.5　　（5）53.8

問3　定格周波数60Hz，6極の三相同期電動機があり，トルク60N·mを発生して運転している。このときの出力の値[kW]として，最も近いものを次の（1）～（5）のうちから一つ選べ。

（1）1.2　　（2）3.6　　（3）3.8　　（4）7.5　　（5）72

問4　極数 $p=24$，回転速度 $N=400[\mathrm{min}^{-1}]$，1相当たりの直列コイル巻数 $w=100$，1極当たりの有効磁束 $\phi=0.5363[\mathrm{Wb}]$，巻線係数 $k=1$の三相同期発電機がある。この発電機の無負荷端子電圧 Vの値[V]として，最も近いものを次の(1)～(5)のうちから一つ選べ。ただし，電機子巻線は，星形接続とする。

(1) 7 430　(2) 11 000　(3) 19 050　(4) 24 750　(5) 33 000

問5　定格周波数60 Hz，定格電圧(線間電圧値)6 600 V，磁極4の円筒形三相同期発電機がある。この発電機を誘導起電力(相電圧値)7 600 V，内部相差角60°で運転したときの三相出力の値[kW]，およびこの発電機を駆動する原動機の出力トルクの値[kN·m]の組合せとして，正しいものを次の(1)～(5)のうちから一つ選べ。

ただし，この発電機の電機子巻線はY形結線であり，その1相当たりの同期リアクタンスは50 Ωで，抵抗は十分に小さく無視できる値である。また，発電機の効率は98%であり，上記以外の定数は無視できるものとする。

	発電機の三相出力[kW]	原動機の出力トルク[kN·m]
(1)	502	2.74
(2)	1 505	8.15
(3)	1 740	9.48
(4)	2 815	13.55
(5)	4 508	16.3

問6　変圧器のインピーダンスワットを測定するために行う試験として，正しいものを次の（1）～（5）のうちから一つ選べ。

（1）温度上昇試験　（2）短絡試験　（3）絶縁破壊電圧試験
（4）無負荷試験　（5）極性試験

問7　三相変圧器A，B，Cの3バンクを並列運転で運用している。表は，各変圧器の定格容量および自己容量を基準とした百分率リアクタンスである。3バンクの変圧器のいずれも過負荷運転することなく，二次側の負荷へ供給可能な最大電力の値[MV·A]として，最も近いものを次の（1）～（5）のうちから一つ選べ。ただし，百分率抵抗および上記以外の定数は無視できるものとする。

変圧器	定格容量[MV·A]	百分率リアクタンス[%]
A	2	7.0
B	3	6.8
C	4	7.3

（1）7.64　（2）8.19　（3）8.32　（4）8.66　（5）9.00

問8　サイリスタを用いた単相半波整流回路に，単相200 V の交流電源を接続し，20 Ω の抵抗負荷を加えた。$0 \sim \pi$ [rad] の間でサイリスタの制御角 α [rad] をターンオンさせたとき，抵抗に流れる電流 I の平均値の最大値 I_m [A] として，最も近いものを次の（1）～（5）のうちから一つ選べ。

（1）3.18　（2）3.38　（3）4.50　（4）9.00　（5）90.0

問9　次の文章は，半導体による電動機の制御に関する記述である。

一般に汎用インバータ装置の主回路は，ダイオードを用いた順変換回路，直流中間回路（（ア）回路），逆変換回路から構成される。逆変換回路では，出力電圧を変えるため，（イ）変調方式が多用される。クレーンなどの巻上装置にインバータ装置を使用する場合は通常，トルク制御が容易に行える（ウ）制御方式が用いられる。（ウ）制御方式は，電動機の三相交流電流を（エ）電流成分とトルク電流成分に分解し，それぞれの大きさを個別に制御して，直流（オ）電動機と同水準の精密な速度制御を行う方式である。

上記の記述中の空白箇所（ア）～（オ）に当てはまる組合せとして，正しいものを次の（1）～（5）のうちから一つ選べ。

	（ア）	（イ）	（ウ）	（エ）	（オ）
（1）	平滑	PWM	V/f	励磁	分巻
（2）	整流	PAM	V/f	電機子	他励
（3）	平滑	PCM	ベクトル	電機子	分巻
（4）	整流	PCM	V/f	励磁	直巻
（5）	平滑	PWM	ベクトル	励磁	他励

問10 図に示すように，点光源がA点に設置されている。A点の直下4mの所にあるB点(床面)から，水平距離で3m離れた所にC点がある。また，A点から水平距離で6m離れた壁面にD点が，D点から垂直下方向に1m離れた所にE点がある。E点の鉛直面照度の値はC点の水平面照度の何倍となるか。最も近いものを次の(1)～(5)のうちから一つ選べ。

ただし，点光源の鉛直方向の配光は平等分布であるものとし，天上面や壁面からの反射光の影響はないものとする。

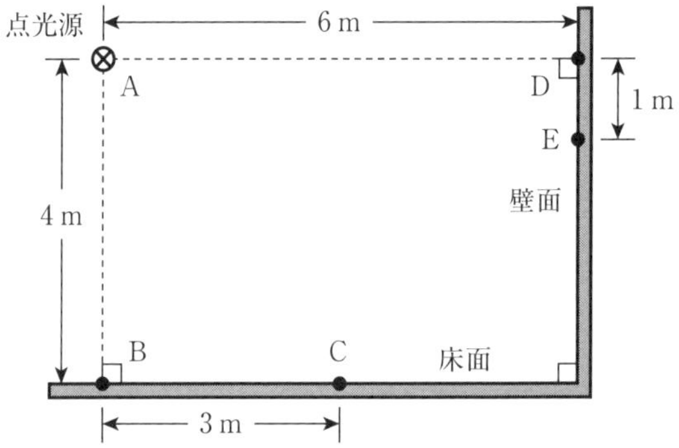

(1) 0.486　(2) 0.508　(3) 0.650　(4) 0.833　(5) 1.20

問11 1気圧下で0℃の氷20kgを，容量15kWの電熱器で一定の割合で加熱した。すべての氷を蒸発させるために要する時間の値[h]として，最も近いものを次の(1)～(5)のうちから一つ選べ。

ただし，氷の融解熱を335kJ/kg，水の蒸発潜熱を2260kJ/kg，水の比熱を4.2kJ/(kg·K)，電熱器の効率を60%とする。

(1) 0.67　(2) 1.12　(3) 1.60　(4) 1.86　(5) 112

問12　次の文章は，リチウムイオン電池に関する記述である。

リチウムイオン電池は充放電が可能な二次電池であり，軽くてエネルギー密度が高いので携帯電話，パソコンなどに広く使用されている。この電池の公称電圧は，一般におよそ［（ア）］Vである。電解液には［（イ）］が用いられ，イオン電導性を向上させるために［（ウ）］を添加している。この電池の充放電反応は，正極と負極の間のリチウムイオンの移動によって行われるが，このとき，電解液中のリチウムイオンの濃度は変化しないので，［（エ）］電池と呼ばれる。

上記の記述中の空白箇所（ア）～（エ）に当てはまる組合せとして，正しいものを次の（1）～（5）のうちから一つ選べ。

	（ア）	（イ）	（ウ）	（エ）
（1）	1.2	水溶液	黒鉛	ロッキングチェア形
（2）	2.0	水溶液	黒鉛	リザーブ形
（3）	3.7	無機電解液	黒鉛	リザーブ形
（4）	3.7	有機電解液	リチウム塩	ロッキングチェア形
（5）	2.0	有機電解液	リチウム塩	リザーブ形

問13　図のようなフィードバック制御系の伝達関数を表す式として，正しいものを次の（1）～（5）のうちから一つ選べ。

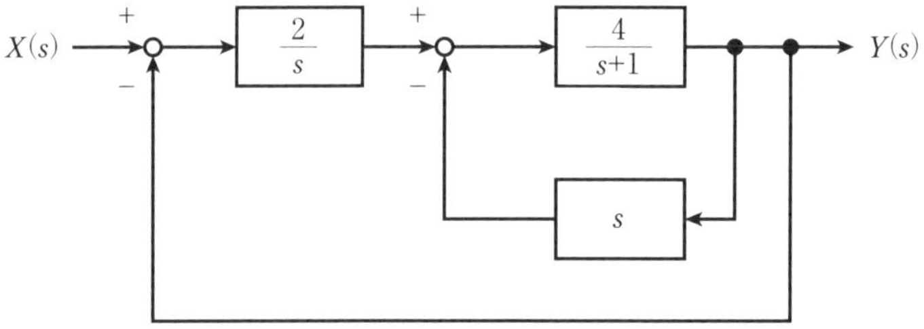

（1）$\dfrac{2s}{8s^2+4s+3}$　（2）$\dfrac{8}{5s^2+s+8}$　（3）$\dfrac{1}{2s+15}$

（4）$\dfrac{3s}{2s^2+4}$　（5）$\dfrac{1}{2s^2+9s+3}$

問14　図のように，a接点A，Bとb接点Bからなるシーケンス回路がある。この回路の論理演算の結果Xとして，正しいものを次の（1）～（5）のうちから一つ選べ。

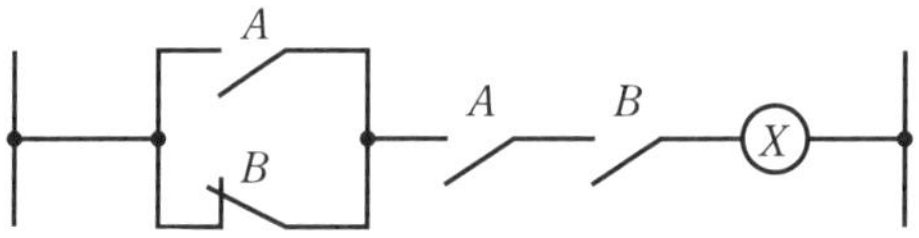

（1）A　（2）AB　（3）$A\overline{B}$　（4）$A+B$　（5）$A+\overline{B}$

B問題(配点は1問題当たり(a)5点，(b)5点，計10点)

問15　サイリスタを用いた三相ブリッジ整流回路における負荷時の直流平均電圧 E_d[V] は，交流側線間電圧を V[V]，直流平均電流を I_d[A]，制御遅れ角を α[rad]，転流リアクタンスを X[Ω]とすると，次の概略式で表される。

$$E_d = \frac{3\sqrt{2}}{\pi} V\cos\alpha - \frac{3XI_d}{\pi}$$

この整流回路の交流側に定格容量 $P_n = 240$[kV・A]，直流巻線線間電圧 $V = 600$[V]，百分率インピーダンス $\%Z = 8$[%]の変圧器を接続し，制御遅れ角 $\alpha = \frac{\pi}{12}$[rad](＝15°)，直流平均電流 $I_d = 942$[A]で運転をしている。次の(a)および(b)の問に答えよ。

なお，転流リアクタンスは，変圧器のインピーダンスのみとする。

(a) この変圧器のインピーダンス(転流リアクタンス) Z の値[Ω]として，最も近いものを次の(1)～(5)のうちから一つ選べ。

(1) 0.0012　(2) 0.029　(3) 0.051　(4) 0.120　(5) 12.0

(b) この整流回路の直流平均電圧 E_d の値[V]として，最も近いものを次の(1)～(5)のうちから一つ選べ。ただし，$\pi = 3.14$ とし，角度 α および 2α $(= \alpha + \alpha)$ に関して，次式に示す三角関数の公式を使うこと。

$$\cos 2\alpha = \cos^2\alpha - \sin^2\alpha$$

(1) 102　(2) 344　(3) 675　(4) 756　(5) 782

問16　一次側に換算した二次巻線の抵抗 $r_2{}'=0.15[\Omega]$，一次巻線のリアクタンス $x_1=0.8[\Omega]$，一次側に換算した二次巻線のリアクタンス $x_2{}'=1.2[\Omega]$である三相誘導電動機について，次の(a)および(b)の問に答えよ。ただし，励磁電流および一次抵抗の影響は，無視できるものとする。

(a) この誘導電動機を定格電圧（相電圧）E[V]，定格周波数 f[Hz]の下，最大トルクで運転したときの停動トルク（最大トルク）T_m は3 120 N·m であった。誘導電動機の二次入力を P_2[W]，二次電流を I_2[A]，同期角速度を ω_s[rad/s]とするとき，$\dfrac{E^2}{\omega_s}$の値として，最も近いものを次の(1)～(5)のうちから一つ選べ。

(1) 1 924　(2) 3 848　(3) 4 160　(4) 7 696　(5) 11 544

(b) この誘導電動機を定格電圧，定格周波数の下，滑り $s=0.015$で運転したとき，発生するトルク Tの値[N·m]として，最も近いものを次の(1)～(5)のうちから一つ選べ。

(1) 1 110　(2) 1 200　(3) 1 220　(4) 1 240　(5) 1 280

機械　模擬問題(3)

問 17 および問 18 は選択問題であり，問 17 または問 18 のどちらかを選んで解答すること。両方解答すると採点されません。

（選択問題）

問17　図は，入力端の単相交流電圧が200 V，力率が85％，入力端の電力が4.25 kW の電気炉の等価回路である。入力端電力のうち，0.5 kW は電気炉内の配線抵抗 R_L による損失である。次の（a）および（b）の問に答えよ。ただし，配線抵抗による損失以外は無視できるものとする。

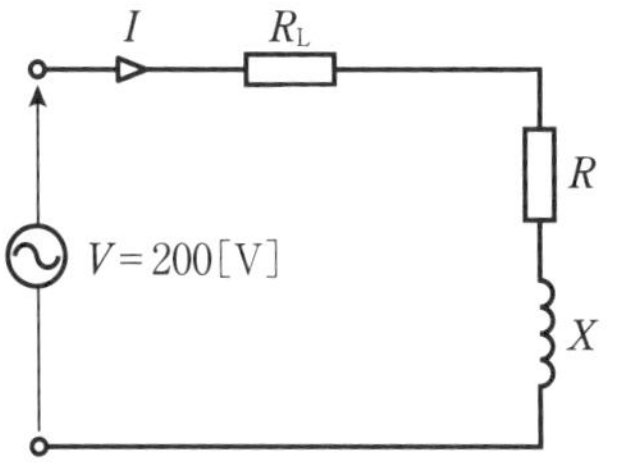

R_L：電気炉内の配線抵抗
R：発熱体の抵抗
X：電気炉内のリアクタンス

（a）この電気炉内のリアクタンス X の値[Ω]として，最も近いものを次の（1）～（5）のうちから一つ選べ。

（1）2.86　　（2）3.10　　（3）4.21　　（4）4.71　　（5）5.10

（b）電気炉の電気効率を改善するために，発熱体の消費電力はそのままとし，発熱体の抵抗値を 2 倍に増やす改造を行った。改造後の電気炉の電気効率 η の値[%]として，最も近いものを次の（1）～（5）のうちから一つ選べ。ただし，電気炉内の配線抵抗 R_L およびリアクタンス X は，改造前後で変わらないものとする。

（1）63.8　　（2）88.2　　（3）93.8　　（4）94.4　　（5）99.6

問 17 および問 18 は選択問題であり，問 17 または問 18 のどちらかを選んで解答すること。両方解答すると採点されません。

(選択問題)

問18　図のように，信号増幅要素と一次遅れ要素で構成される制御回路がある。信号増幅要素の増幅率は 5 V/25 V で，一次遅れ要素は 1 kΩ の抵抗と 10 μF のコンデンサで表される。この制御回路に，周波数 f [Hz] の正弦波入力の信号電圧 V_i [V] を加えたとき，出力信号電圧が V_o [V] であった。次の (a) および (b) の問に答えよ。

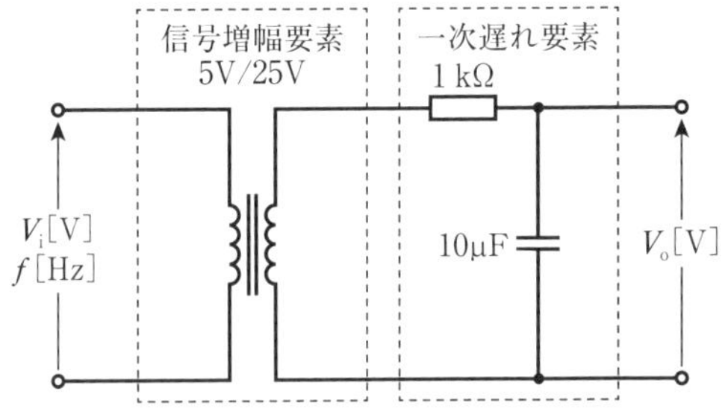

（a）この制御回路の V_o [V] の大きさが，V_i [V] の大きさに等しいときの入力信号の周波数 f の値 [Hz] として，最も近いものを次の（1）〜（5）のうちから一つ選べ。

（1）78　（2）98　（3）127　（4）740　（5）1 065

（b）この制御回路の V_o [V] の位相が，V_i [V] 位相に対して遅れ 45° になるときの入力信号の周波数 f の値 [Hz] として，最も近いものを次の（1）〜（5）のうちから一つ選べ。

（1）8　（2）12　（3）16　（4）31　（5）59

第3種

法　　規

（第4時限目）

| 第３種 | 法　　規 |

答案用紙記入上の注意事項

1．マークシート（答案用紙）は機械で読み取りますので，**濃度ＨＢの鉛筆又はＨＢ（又はＢ）のしんを用いたシャープペンシルで濃く塗りつぶして**ください。色鉛筆やボールペンでは機械で読み取ることができません。

　なお，訂正は「プラスチック消しゴム」で**きれいに消し，**消しくずを残さないでください。

2．マークシートには**氏名，生年月日，試験地及び受験番号を記入し，受験番号のマーク欄にはマークシートに印刷されているマーク記入例に従い，正しくマーク**してください。

（**受験番号記入例**：受験番号０１４１Ａ０１２３４Ｌの場合）

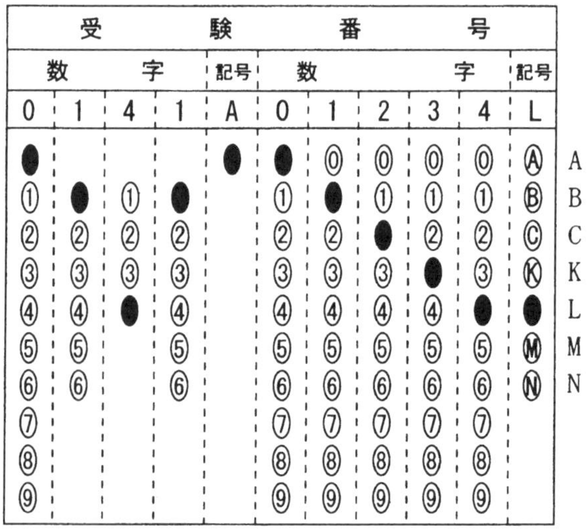

3．マークシートの余白及び裏面には，何も記入しないでください。

4．マークシートは，折り曲げたり汚したりしないでください。

5．問題の解答の選択肢は(1)から(5)まであります。その中から**一つ選び**マークシートの解答欄にマークしてください。

なお，二つ以上マークした場合には，採点されません。

（解答記入例）

問１　日本で一番高い山として，正しいのは次のうちどれか。

（1）大雪山　（2）浅間山　（3）富士山　（4）立　山　（5）阿蘇山

正解は「(3)」ですから，マークシートには

問題番号	選択肢番号
1	①　②　●　④　⑤

のように選択肢番号の枠内を塗りつぶしてください。

次ページ以降は試験問題になっています。

第３種　法　　規

注１　問題文中に「電気設備技術基準」とあるのは，「電気設備に関する技術基準を定める省令」の略である。

注２　問題文中に「電気設備技術基準の解釈」とあるのは，「電気設備の技術基準の解釈における第１章～第６章および第８章」をいう。なお，「第７章 国際規格の取り入れ」の各規程について問う出題にあっては，問題文中にその旨を明示する。

A問題（配点は１問題当たり６点）

問１　次の文章は，「電気事業法」および「電気事業法施行令」に基づく電気の使用制限に関する記述の一部である。

a）電気の需給の調整を行わなければ電気の供給の不足が国民経済および国民生活に悪影響を及ぼし，（ア）を阻害するおそれがあると認められるときは，その事態を克服するため必要な限度において，政令で定めるところにより行う。

b）使用電力量の限度または使用最大電力の限度の制限については，受電電力（イ）kW以上の需要家が対象である。

c）用途を定めてする使用の制限は，装飾用，（ウ）用その他これらに類する用途が対象である。

d）使用停止日時を定めてする制限は，１週につき（エ）日が限度である。

e）受電電力の容量の限度の制限は，受電電力（オ）kW以上の需要家が対象である。

上記の記述中の空白箇所（ア）～（オ）に当てはまる組合せとして，正しいものを次の（１）～（５）から一つ選べ。

	（ア）	（イ）	（ウ）	（エ）	（オ）
（１）	経済発展	1 000	娯楽	4	2 000
（２）	公共の利益	500	広告	2	3 000
（３）	公共の利益	1 000	照明	2	500
（４）	経済発展	2 000	広告	3	3 000
（５）	公共の利益	2 000	娯楽	3	500

問2　「電気用品安全法」に基づく記述として，誤っているものを次の（1）～（5）のうちから一つ選べ。

（1）この法律は，電気用品による危険および障害の発生を防止することを目的としている。

（2）携帯用発電機や蓄電池には，電気用品となるものがある。

（3）特定電気用品とは，危険または障害の発生するおそれが多い電気用品のことである。

（4）電気工事士は，所定の表示が付されていない電気用品であっても自家用電気工作物の設置または変更の工事に使用することができる。

（5）一般用電気工作物の部分となる器具には，電気用品となるものがある。

問3　次の文章は，「電気事業法」に基づく保安規程に関する記述である。

a）事業用電気工作物を設置する者は，事業用電気工作物の工事，維持および運用に関する（ア）を確保するため，主務省令で定めるところにより，（ア）を一体的に確保することが必要な事業用電気工作物の（イ）ごとに保安規程を定め，当該（イ）における事業用電気工作物の使用の（ウ）に，主務大臣に届け出なければならない。

b）事業用電気工作物を設置する者は，保安規程を変更したときは，（エ），変更した事項を主務大臣に届け出なければならない。

c）事業用電気工作物を設置する者およびその（オ）は，保安規程を守らなければならない。

上記の記述中の空白箇所（ア）～（オ）に当てはまる組合せとして，正しいものを次の（1）～（5）のうちから一つ選べ。

	（ア）	（イ）	（ウ）	（エ）	（オ）
（1）	安全	事業場	直後	30日以内に	使用者
（2）	保安	組織	開始前	遅滞なく	管理者
（3）	保安	事業場	開始前	遅滞なく	使用者
（4）	安全	事業場	直後	30日以内に	管理者
（5）	保安	組織	開始前	遅滞なく	従業者

問 4　次の文章は,「電気設備技術基準」に基づく電気使用場所の施設における異常時の保護対策に関する記述である。

a）低圧の幹線，低圧の幹線から分岐して電気機械器具に至る低圧の電路および （ア） から低圧の幹線を経ないで電気機械器具に至る低圧の電路（以下「幹線等」という）には，適切な箇所に開閉器を施設するとともに，過電流が生じた場合に当該幹線等を保護できるよう，過電流遮断器を施設しなければならない。ただし，当該幹線等における （イ） 事故により過電流が生じるおそれがない場合は，この限りでない。

b）ロードヒーティング等の電熱装置，プール用水中照明灯その他の （ウ） おそれがある場所または （エ） を与えるおそれがある場所に施設するものに電気を供給する電路には， （オ） が生じた場合に，感電または火災のおそれがないよう， （オ） 遮断器の施設その他の適切な措置を講じなければならない。

上記の記述中の空白箇所（ア）～（オ）に当てはまる組合せとして，正しいものを次の（1）～（5）のうちから一つ選べ。

	（ア）	（イ）	（ウ）	（エ）	（オ）
（1）	引込口	地絡	短絡する	人体に危害	短絡
（2）	分岐箇所	地絡	地絡する	絶縁体に損傷	地絡
（3）	分岐箇所	短絡	一般公衆の立ち入る	人体に危害	地絡
（4）	分岐箇所	短絡	地絡する	人体に危害	短絡
（5）	引込口	短絡	一般公衆の立ち入る	絶縁体に損傷	地絡

問5　次の文章は，「電気設備技術基準」および「電気設備技術基準の解釈」に基づく架空電線等の高さに関する記述の一部である。

a）架空送電線，架空電力保安通信線および架空電車線は，［（ア）］または誘導作用による［（イ）］のおそれがなく，かつ，［（ウ）］に支障を及ぼすおそれがない高さに施設しなければならない。

b）道路等を横断する場合の低高圧架空電線の路面またはレール面上の高さは，道路［（エ）］m，鉄道または軌道［（オ）］m，横断歩道橋3.5m（低圧３m）以上と規定されている。

上記の記述中の空白箇所（ア）～（オ）に当てはまる組合せとして，正しいものを次の（１）～（５）から一つ選べ。

	（ア）	（イ）	（ウ）	（エ）	（オ）
（１）	接触	感電	交通	5.5	6
（２）	通電	電波障害	建造物	6	7
（３）	接触	電波障害	交通	5.5	7
（４）	通電	感電	建造物	6	6
（５）	接触	感電	交通	6	5.5

問6　次の文章は，「電気設備技術基準の解釈」に基づく高圧架空電線にケーブルを使用する場合に関する記述の一部である。

a）ケーブルをちょう架用線に接触させ，その上に容易に腐食し難い金属テープ等を （ア） cm以下の間隔でらせん状に巻き付ける方法により施設すること。

b）ケーブルをハンガーによりちょう架用線に支持する方法により施設する場合は，ハンガー間隔は （イ） cm以下であること。

c）ちょう架用線は，引張強さが5.93kN以上のものまたは断面積 （ウ） mm^{2}以上の （エ） であること。

d）ちょう架用線およびケーブルの被覆に使用する金属体には， （オ） 接地工事を施すこと。

上記の記述中の空白箇所（ア）～（オ）に当てはまる組合せとして，正しいものを次の（1）～（5）のうちから一つ選べ。

	（ア）	（イ）	（ウ）	（エ）	（オ）
（1）	6	30	22	鋼心アルミより線	D種
（2）	20	30	38	亜鉛めっき鉄より線	A種
（3）	20	50	22	亜鉛めっき鉄より線	D種
（4）	30	50	38	鋼心アルミより線	A種
（5）	30	60	22	アルミめっき鋼線	C種

問 7　次の文章は,「電気設備技術基準の解釈」に基づく地絡遮断装置の施設に関する記述である。

金属製外箱を有する使用電圧が［（ア）］V を超える低圧の機械器具に接続する電路には，電路に地絡を生じたときに自動的に電路を遮断する装置を施設すること。ただし，次のいずれかに該当する場合はこの限りでない。

a）機械器具を［（イ）］に施設する場合。

b）機械器具の対地電圧が［（ウ）］V 以下の場合においては，水気のある場所以外の場所に施設する場合。

c）機械器具がゴム，合成樹脂その他の［（エ）］で被覆したものである場合。

d）機械器具に施されたC種接地工事またはD種接地工事の接地抵抗値が［（オ）］Ω以下の場合。

上記の記述中の空白箇所（ア）～（オ）に当てはまる組合せとして，正しいものを次の（1）～（5）のうちから一つ選べ。

	（ア）	（イ）	（ウ）	（エ）	（オ）
（1）	60	乾燥した場所	150	絶縁物	5
（2）	60	乾燥した場所	150	絶縁物	3
（3）	40	水気のない場所	100	耐水性のもの	3
（4）	40	水気のない場所	100	耐水性のもの	5
（5）	30	水気のない場所	100	耐水性のもの	10

問8　次の文章は，「電気設備技術基準の解釈」に基づく太陽電池モジュールの絶縁耐力に関する記述である。

太陽電池モジュールは，最大使用電圧の (ア) 倍の直流電圧または (イ) 倍の交流電圧（ (ウ) V未満となる場合は， (ウ) V）を充電部分と大地との間に連続して (エ) 分間加えて絶縁耐力を試験したとき，これに耐えること。

上記の記述中の空白箇所(ア)～(エ)に当てはまる組合せとして，正しいものを次の(1)～(5)のうちから一つ選べ。

	(ア)	(イ)	(ウ)	(エ)
(1)	1.5	1	500	10
(2)	1.5	1	300	10
(3)	1.5	1.1	500	10
(4)	2	1.1	600	1
(5)	2	1.1	300	1

問9　「電気設備技術基準の解釈」に基づく電気自動車等から一般用電気工作物へ電気を供給するための設備等の施設に関する記述として，正しいものをすべて挙げたものを次の(1)～(5)のうちから一つ選べ。

a）電気自動車から一般用電気工作物等へ電気を供給する電力変換装置，保護装置または開閉器等の電気を供給する際に必要な設備を収めた筐体等を供給設備という。

b）出力15 kWの電気自動車から供給設備を介して一般用電気工作物へ電気を供給した。

c）常用電源として使用する電気自動車から電気を供給する電路の対地電圧が150 V以下で，他の電路も乾燥した場所にあったため，漏電遮断器を省略した。

d）電気自動車と供給設備を接続する対地電圧200 Vの電路の供給用電線は，断面積0.75 mm^2以上の２種キャブタイヤケーブルとした。

e）供給用電線と電気自動車等を接続する専用の接続器は，電気自動車等と接続されている状態のときのみ充電部が露出しないようにした。

(1) a　(2) a, b, c　(3) a, d　(4) b, c, e　(5) b, d, e

問10　図は高圧受電設備の単線結線図の一部である。図中の（ア）～（オ）に当てはまる組合せとして，正しいものを次の（1）～（5）から一つ選べ。

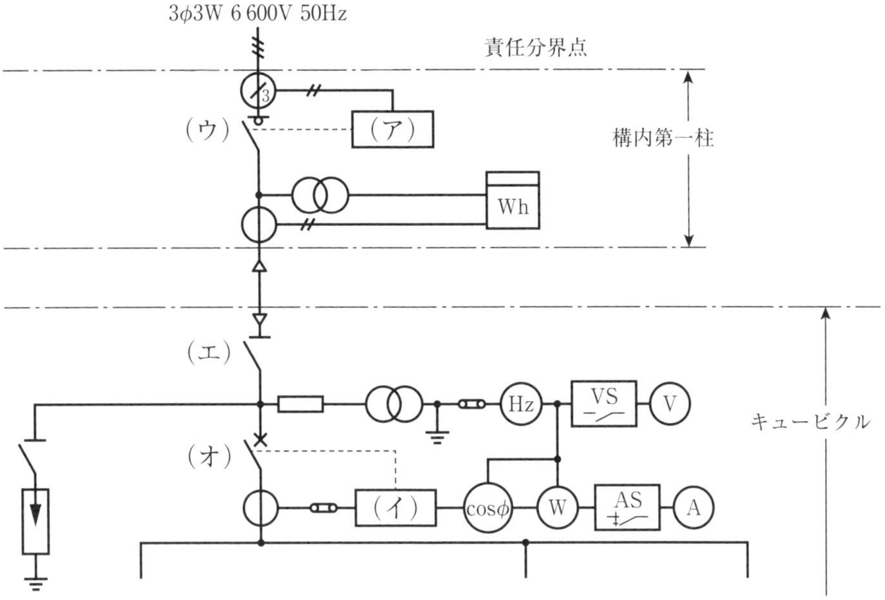

	（ア）	（イ）	（ウ）	（エ）	（オ）
（1）	地絡電流で動作	過電流で動作	負荷電流を遮断可能	無負荷電流を遮断可能	短絡電流を遮断可能
（2）	過電流で動作	地絡電流で動作	無負荷電流を遮断可能	負荷電流を遮断可能	短絡電流を遮断可能
（3）	地絡電流で動作	過電流で動作	短絡電流を遮断可能	無負荷電流を遮断可能	負荷電流を遮断可能
（4）	過電流で動作	地絡電流で動作	負荷電流を遮断可能	無負荷電流を遮断可能	短絡電流を遮断可能
（5）	過電流で動作	地絡電流で動作	短絡電流を遮断可能	負荷電流を遮断可能	無負荷電流を遮断可能

B問題（問11及び問12の配点は１問題当たり（ａ）6点，（ｂ）7点，計13点，
問13の配点は（ａ）7点，（ｂ）7点，計14点）

問11　図のように，配電用変電所から三相３線式１回線で受電している工場がある。配電線のこう長は5 km，電線１条当たりの抵抗およびリアクタンスは，それぞれ0.394 Ω/kmおよび0.115 Ω/kmである。このとき，工場の受電電圧は$V_r = 6\,600$[V]，負荷電力は1 700 kW，力率0.85（遅れ）であった。次の（ａ）および（ｂ）の問に答えよ。

ただし，配電線の負荷は本工場のみとする。また，電圧降下の計算は近似式を使用し，コンデンサ設置前後の受電電圧は一定，その他の条件は無視できるものとする。

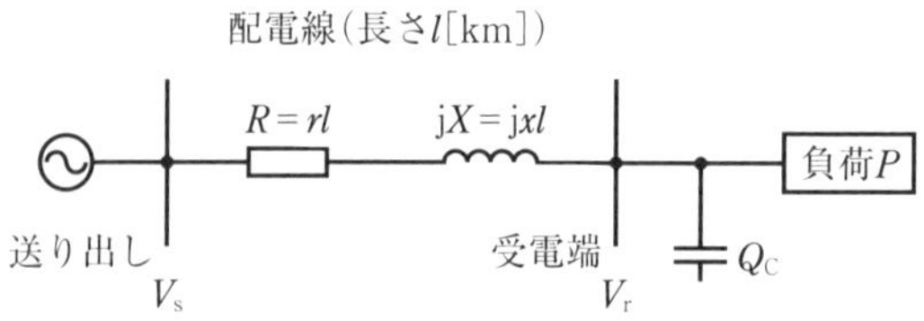

（ａ）工場の力率を0.95（遅れ）に改善するためのコンデンサ容量Q_C[kvar]および，力率改善後の配電線送り出し電圧V_s[V]の値の組合せとして，正しいものを次の（１）～（５）のうちから一つ選べ。

	コンデンサ容量 Q_C［kvar］	配電線送り出し電圧 V_s［V］
（１）	500	6 780
（２）	750	6 780
（３）	500	7 160
（４）	750	6 950
（５）	300	7 160

（ｂ）工場が休日で負荷電力が０kWとなり，受電端の負荷は（ａ）で設置した力率改善用コンデンサの進み無効電力Q_Cのみとなった。このとき，工場の受電電圧V_r'の値[V]として，最も近いものを次の（１）～（５）のうちから一つ選べ。ただし，配電線送り出し電圧は（ａ）で求めた値とする。

（１）7 000　　（２）7 050　　（３）7 100　　（４）7 150　　（５）7 200

問12　図に示すように，低圧架空電線と高圧架空電線を併架するＡ種鉄筋コンクリート柱がある。この電線路の引留箇所において下記の条件で支線を設けるものとして，次の(ａ)および(ｂ)の問に答えよ。

①　高圧電線の取付け高さを10m，低圧電線と支線の取付け高さを８mとする。

②　支線には，直径2.3mmの亜鉛めっき鋼線(引張強さ1.23kN/mm^2)を素線として使用し，また，素線のより合わせによる引張荷重の減少係数を0.92とする。

③　低圧電線の水平張力は４kN，同様に高圧電線は9.8kNとし，この全荷重を支線で支えるものとする。

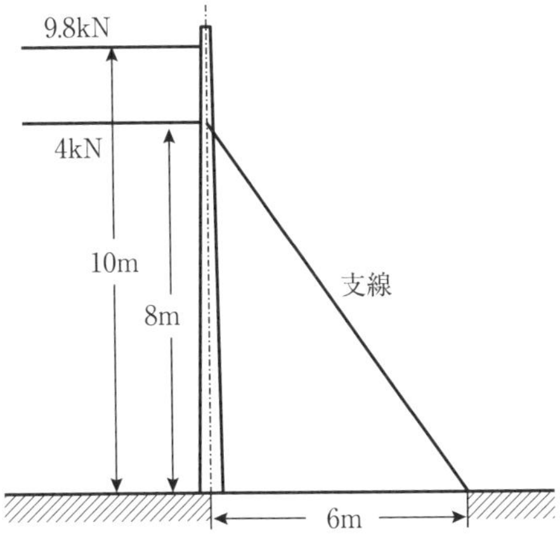

(ａ) 支線に生じる引張荷重の値[kN]として，最も近いものを次の(１)～(５)のうちから一つ選べ。

(１) 15.4　　(２) 19.1　　(３) 25.4　　(４) 27.1　　(５) 29.0

(ｂ) 支線の安全率を1.5とするとき，支線の素線の最少条数として，最も近いものを次の(１)～(５)のうちから一つ選べ。

(１) 6　　(２) 8　　(３) 9　　(４) 12　　(５) 14

問13　図に示す１日の負荷曲線を有する工場に設置する変圧器の容量と台数を計画する。定格容量500 kV·Aの変圧器１台，または定格容量300 kV·Aと200 kV·Aの変圧器をそれぞれ１台で供給する場合の変圧器の損失電力量を比較したい。次の(ａ)および(ｂ)の問に答えよ。

ただし，負荷力率は１，各変圧器の定格損失は表の値とし，電圧は定格電圧一定，その他の条件は無視できるものとする。

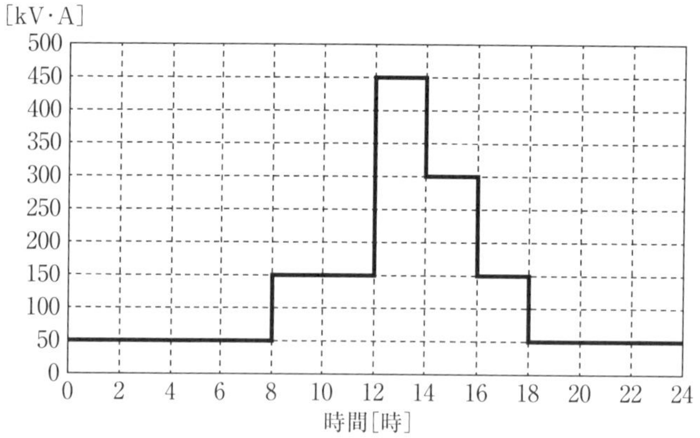

図　１日の負荷曲線(力率１)

表　各変圧器の定格損失

定格容量[kV·A]	無負荷損[W]	負荷損[W]
500	470	3 700
300	350	2 600
200	290	2 000

(ａ) 定格容量500 kV·Aの変圧器１台で負荷に電力を供給したときに１日の損失電力量 W_{d1}[kW·h]として，正しいものを次の(１)～(５)のうちから一つ選べ。

(１) 11.3　　(２) 17.2　　(３) 22.5　　(４) 41.3　　(５) 48.8

(ｂ) 定格容量300 kV·Aと200 kV·Aの変圧器をそれぞれ１台で負荷に電力を供給したときに１日の損失電力量 W_{d2}[kW·h]として，正しいものを次の(１)～(５)のうちから一つ選べ。

ただし，負荷容量が200 kV·Aを超える場合，２台の変圧器の分担する負荷はそれぞれの容量に比例する。また，300 kV·Aの変圧器は負荷容量が200 kV·A以下となった場合，電路から自動的に開放され，200 kV·Aを超えると投入されるものとする。

(１) 15.4　　(２) 21.5　　(３) 24.4　　(４) 25.6　　(５) 27.6

模擬問題(1)～(3)

理論・電力・機械・法規

解答・解説

理論　模擬問題(1)　難易度表

		出題分野・項目	難易度※1	正解	配点
A問題	問1	静電気・コンデンサの接続	★★★	(3)	5
	問2	静電気・平行板コンデンサ	★★★	(4)	5
	問3	電磁気・電流による磁界	★★★	(1)	5
	問4	電磁気・インダクタンス	★★★	(3)	5
	問5	直流回路・抵抗直並列回路	★★	(5)	5
	問6	直流回路・２電源	★★★	(5)	5
	問7	単相交流・共振	★★★	(2)	5
	問8	三相交流・Y－△混合	★★★	(2)	5
	問9	過渡現象・*RC* 直並列回路	★★★	(2)	5
	問10	電子理論・半導体	★★★	(3)	5
	問11	直流回路・*L*，*C* の定常特性	★★★	(4)	5
	問12	電子回路・負帰還増幅回路	★★★★	(4)	5
	問13	単相交流・ひずみ波	★★★	(1)	5
	問14	単相交流・*RLC* 直列回路	★★★	(1)	5
B問題	問15　(a)	静電気・点電荷による電位と電界	★★★★	(2)	5
	(b)		★★★★	(5)	5
	問16　(a)	過渡現象・*RLC* 直並列回路	★★★	(4)	5
	(b)		★★★★	(5)	5
	問17　(a)	交流回路・*RLC* 直並列回路	★★	(3)	5 ※2選択
	(b)		★★	(5)	5 ※2選択
	問18　(a)	電子回路・オペアンプ	★★★★	(3)	5 ※2選択
	(b)		★★★	(4)	5 ※2選択

※1　★3を標準的な電験三種のレベルとしている（易→普通→難：★1→★3→★5）

※2　問17と問18は選択問題であり，どちらか1題を選択する。

〈自己採点〉

	①	②	③	④	⑤
学習日	/	/	/	/	/
点　数	点	点	点	点	点

理論　解答・解説

A問題

問1　答（3）

題意の回路は，コンデンサC_1とC_2およびC_3とC_4がそれぞれ並列に接続されているので，図1-1のように描き換えることができる。C_1とC_2の合成静電容量をC_{12}[μF]，C_3とC_4の合成静電容量をC_{34}[μF]とすれば，

$$C_{12}=C_1+C_2=1+2=3\ [\mu\mathrm{F}]$$

$$C_{34}=C_3+C_4=3+4=7\ [\mu\mathrm{F}]$$

C_{34}の端子電圧V_{34}は，電源電圧E[V]を用いて表すと，

$$V_{34}=\frac{C_{12}}{C_{12}+C_{34}}\times E$$

$$=\frac{3}{3+7}\times E=\frac{3}{10}E\ [\mathrm{V}]$$

となる。

ここで，題意よりC_4の電荷は$Q_4=48$[μC]であるので，その端子電圧V_{34}[V]は，

$$V_{34}=\frac{Q_4}{C_4}=\frac{48\times10^{-6}}{4\times10^{-6}}=12\ [\mathrm{V}]$$

となる。

したがって，電源電圧Eは，

$$E=\frac{10}{3}\times V_{34}=\frac{10}{3}\times12=40\ [\mathrm{V}]$$

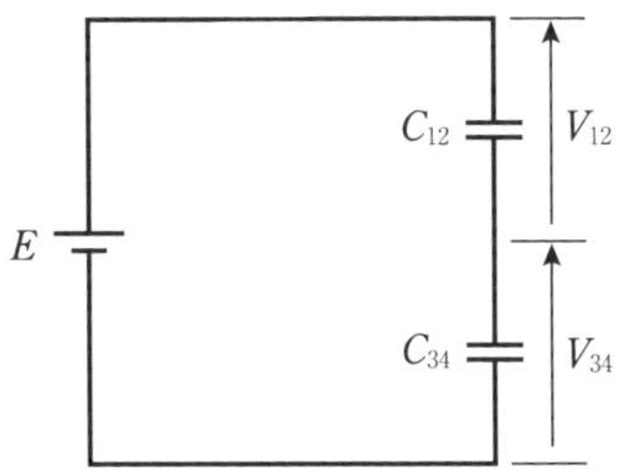

図1-1

問2　答（4）

誘電体を挿入する前の静電容量C_0[F]は，次式で表される。

$$C_0=\varepsilon_0\frac{S}{d}\ [\mathrm{F}]$$

誘電体を挿入した後の静電容量C[F]は，図2-1に示すように，面積$\frac{S}{2}$，間隔$\frac{d}{2}$の真空コンデンサC_1と，面積$\frac{S}{2}$，間隔$\frac{d}{2}$，比誘電率ε_sのコンデンサC_2の直列接続に，面積$\frac{S}{2}$，間隔dの真空コンデンサC_3が並列に接続されたと考えることができる。

$$C_1=\varepsilon_0\frac{\frac{S}{2}}{\frac{d}{2}}=\varepsilon_0\frac{S}{d}=C_0$$

$$C_2=\varepsilon_0\varepsilon_s\frac{\frac{S}{2}}{\frac{d}{2}}=\varepsilon_s C_0$$

$$C_3=\varepsilon_0\frac{\frac{S}{2}}{d}=\frac{1}{2}C_0$$

C_1とC_2部分の合成静電容量C_{12}は，

$$C_{12}=\frac{C_1\times C_2}{C_1+C_2}=\frac{\varepsilon_s}{1+\varepsilon_s}C_0$$

よって，誘電体を挿入した後の静電容量Cは，

$$C=C_{12}+C_3=\frac{\varepsilon_s}{1+\varepsilon_s}C_0+\frac{1}{2}C_0$$

$$=\frac{1+3\varepsilon_s}{2(1+\varepsilon_s)}C_0$$

となる。

ここで，$\varepsilon_s=5.0$ を代入すると，

$$C=\frac{1+3\times5.0}{2(1+5.0)}C_0=\frac{16}{12}C_0$$

$$=1.33C_0\rightarrow1.3C_0$$

すなわち，1.3 倍となる。

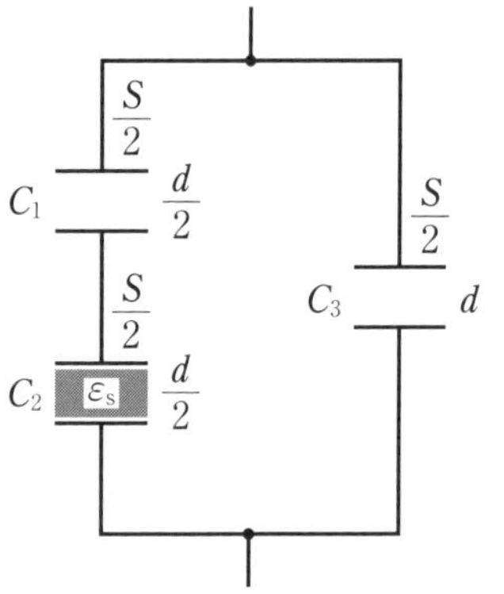

図2－1

問3　答（1）

r[m]の距離を隔てて置かれた２本の長い電線に電流 I_1[A]および I_2[A]を流したとき，電線相互間の１m 当たりに働く電磁力 F[N/m]は，次式で表される。

$$F=\frac{\mu_0 I_1 I_2}{2\pi r}\,[\mathrm{N/m}]$$

電磁力の向きはフレミングの左手の法則から，I_1，I_2 が同じ向きであれば引力，逆向きであれば反発力となる。

導体Ｂが導体Ａから受ける１m 当たりの電磁力 F_{AB}[N/m]は，

$$F_{AB}=\frac{4\pi\times10^{-7}\times2.0\times3.0}{2\pi\times3.0}$$

$$=4.0\times10^{-7}\,[\mathrm{N/m}]$$

で引力となる。また，導体Ｂが導体Ｃから受ける１m 当たりの電磁力 F_{CB}[N/m]は，

$$F_{CB}=\frac{4\pi\times10^{-7}\times3.0\times1.0}{2\pi\times1.0}$$

$$=6.0\times10^{-7}\,[\mathrm{N/m}]$$

で反発力となる。

よって，図3－1に示すように，導体Ｂが導体ＡとＣに流れる電流によって受ける１m 当たりの電磁力の大きさ F[N/m]は，F_{AB} と F_{CB} が同じ向きなので和として計算できる。

$$F=F_{AB}+F_{CB}$$

$$=4.0\times10^{-7}+6.0\times10^{-7}$$

$$=10\times10^{-7}=1.0\times10^{-6}\,[\mathrm{N/m}]$$

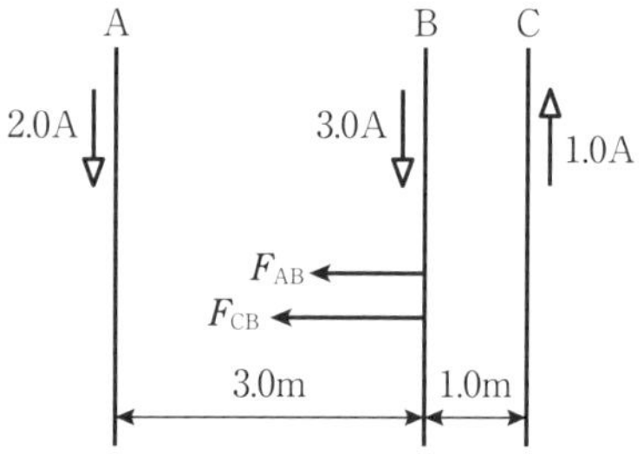

図3－1

問4　答（3）

図4－1のように端子2－3を接続して電流 I を流した場合，コイル１とコイル２が作る磁束 ϕ_1，ϕ_2 は同じ向きとなるので和動接続となる。この合成インダクタンス L_{14} は，コイル１とコイル２の自己インダクタンスは等しいのでこれを L[mH]，相互インダクタンスを M[mH]とすると，

$$L_{14}=L+L+2M=2L+2M \quad \cdots\cdots\cdots ①$$

次に，図4－2のように端子2－4を接続した場合，コイル１とコイル２が作る磁束 ϕ_1，ϕ_2 は逆向きとなるので差動接続となる。この合成インダクタンス L_{13} は，

$$L_{13}=L+L-2M=2L-2M \quad \cdots\cdots\cdots ②$$

①式＋②式から，

$$L_{14}-L_{13}=4L$$

よって，自己インダクタンス L は，

$$L=\frac{L_{14}+L_{13}}{4}=\frac{70+10}{4}=20\,[\mathrm{mH}]$$

①式－②式から，

$$L_{14}-L_{13}=4M$$

よって，相互インダクタンス M は，

$$M=\frac{L_{14}-L_{13}}{4}=\frac{70-10}{4}=15\,[\mathrm{mH}]$$

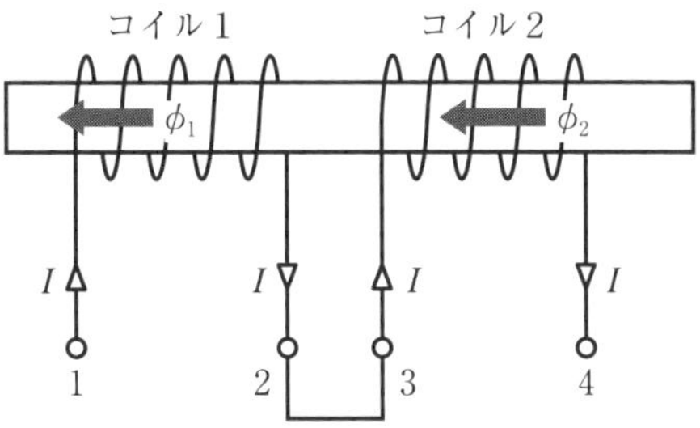

図4－1　和動接続

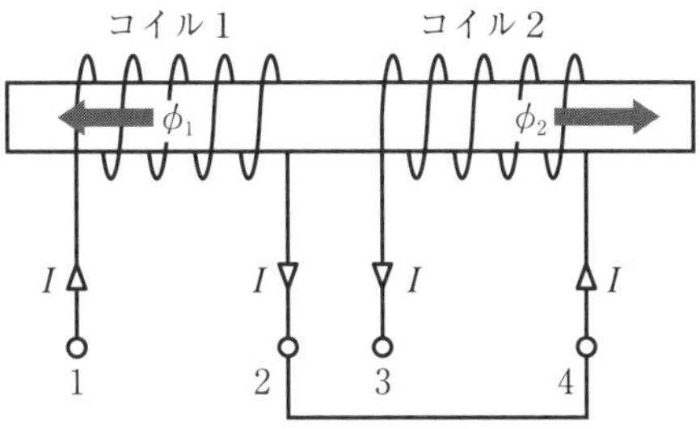

図4－2　差動接続

問5　㊟（5）

抵抗 R_3 に流れる電流 I_3 は，抵抗 R_1 と R_2 に分流した電流 I_1 と I_2 の和なので，次式が成立する。

$$I_1=\frac{R_2}{R_1+R_2}I_3$$

これより，

$$I_3=\frac{R_1+R_2}{R_2}I_1=\frac{2+1}{1}\times 6=18\,[\mathrm{A}]$$

抵抗 R_1，R_2 および R_3 で構成される部分の合成抵抗は，

$$R_3+\frac{R_1R_2}{R_1+R_2}\,[\Omega]$$

この合成抵抗による電圧降下と抵抗 R_4 による電圧降下は等しいので，抵抗 R_3 に流れる電流を I_3，抵抗 R_4 に流れる電流を I_4 とすると，次式が成立する。

$$\left(R_3+\frac{R_1R_2}{R_1+R_2}\right)\times I_3=R_4I_4$$

したがって，抵抗 R_4 を流れる電流 I_4 は，

$$I_4=\left(R_3+\frac{R_1R_2}{R_1+R_2}\right)\frac{I_3}{R_4}$$

$$=\left(4+\frac{2\times 1}{2+1}\right)\times\frac{18}{3}=28\,[\mathrm{A}]$$

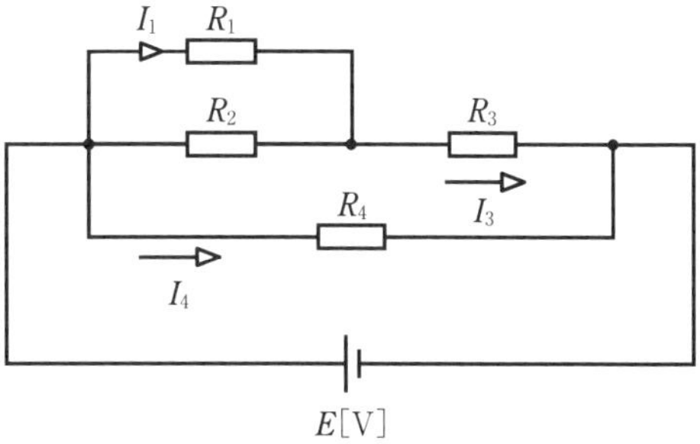

図5－1

問6　㊟（5）

$V_1=V_2$，$R_1=R_2=R_3=R_4=R_5$ から，この回路は R_3 の左右で対称である。そのため，抵抗 $R_6=10\,[\Omega]$ に電流は流れない。そこで，図6－1に示すように R_6 を外し，$R_1=R_2=R_3=R_4=R_5=R=5.0\,[\Omega]$，$V_1=V_2=V=100\,[\mathrm{V}]$ とした回路に描き換えることができる。

この回路おいて，破線で示す経路にキルヒホッフの定理を適用すると，

$$(R+R)\times\frac{I}{2}+RI=V$$

$$2RI=V$$

$$I=\frac{V}{2R}=\frac{100}{2\times5.0}=10\,[\mathrm{A}]$$

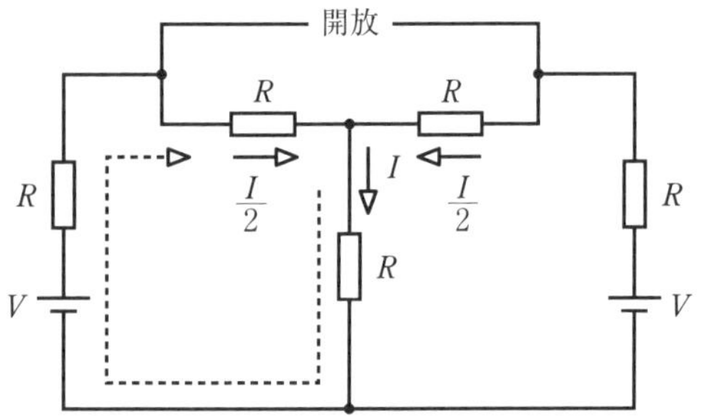

図6-1

問7　答（2）

直列共振時，コイル L のリアクタンスとコンデンサ C のリアクタンスは相殺されて0となる。

したがって，RLC 直列回路のインピーダンスは抵抗 $R=20\,[\Omega]$ となる。よって，この回路を流れる電流 I は，

$$I=\frac{V}{R}=\frac{100}{20}=5\,[\mathrm{A}]$$

共振時のコイル L の端子電圧 $V_{\mathrm{L}}\,[\mathrm{V}]$ は，共振角周波数を $f_0\,[\mathrm{Hz}]$ とすると，

$$V_{\mathrm{L}}=2\pi f_0 LI\,[\mathrm{V}]$$

したがって，共振周波数 f_0 は，

$$f_0=\frac{V_{\mathrm{L}}}{2\pi LI}=\frac{500}{2\pi\times10\times10^{-3}\times5}$$

$$\fallingdotseq 1\,592.4 \rightarrow 1\,590\,[\mathrm{Hz}]$$

【参考】 直列共振状態では，R の端子電圧 $\dot{V}_{\mathrm{R}}$ は，電源電圧 $\dot{V}=100\,[\mathrm{V}]$ に等しくなる。

また，L と C の端子電圧 $\dot{V}_{\mathrm{L}}$ および $\dot{V}_{\mathrm{C}}$ は，大きさが等しく500 Vになるが，互いに逆相(180°ずれている)になっている。このように，直列共振回路の L と C の端子電圧は電源電圧よりも大きくなることがある(図7-1)。

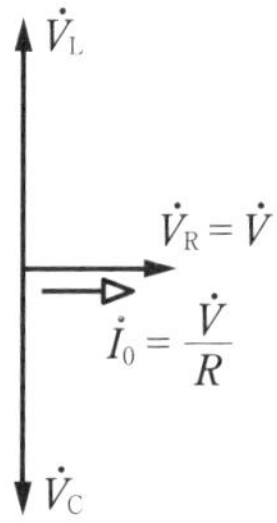

図7-1

問8　答（2）

△結線の負荷をY結線に変換すると，

$$\frac{21+\mathrm{j}12}{3}=7+\mathrm{j}4\,[\Omega]$$

で，1相分の等価回路は図8-1となる。

回路全体の合成インピーダンス $Z[\Omega]$ は，

$$Z=\sqrt{(1+7)^2+(2+4)^2}$$

$$=\sqrt{8^2+6^2}=10\,[\Omega]$$

線電流 $I\,[\mathrm{A}]$ は，

$$I=\frac{V}{Z}=\frac{200}{10}=20\,[\mathrm{A}]$$

したがって，負荷の消費電力 P は，

$$P=3\times I^2\times7=3\times20^2\times7$$

$$=8\,400=8.4\,[\mathrm{kW}]$$

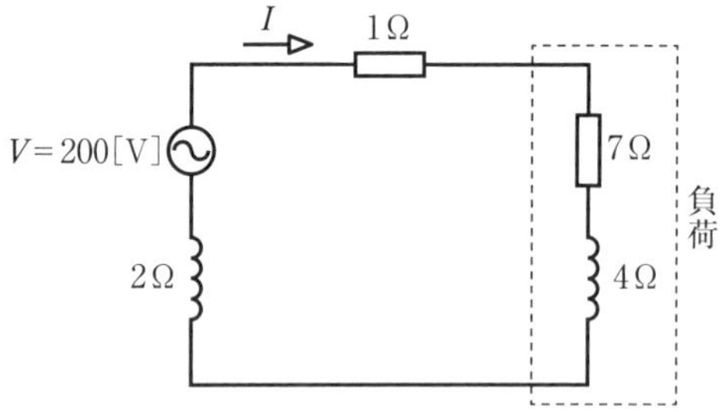

図8-1

問9　答（2）

スイッチをオンした瞬間$(t=0\,[\mathrm{s}])$ではコンデンサは短絡と考えられるので，抵抗R_2を流れる電流i_{20}は，

$$i_{20}=0\,[\mathrm{A}]$$

抵抗R_1を流れる電流i_{10}は，

$$i_{10}=\frac{E}{R_1}=\frac{30}{100}=0.3\,[\mathrm{A}]$$

次に，時間が十分に経過$(t=\infty)$すると，コンデンサは開放と考えられるので，抵抗R_2を流れる電流$i_{2\infty}$と，抵抗R_1を流れる電流$i_{1\infty}$は等しくなる。

$$i_{2\infty}=i_{1\infty}=\frac{E}{R_1+R_2}=\frac{30}{100+50}=0.2\,[\mathrm{A}]$$

問10　答（3）

（1）シリコンに5価のヒ素(As)等の不純物を微量混ぜると，共有結合の電子が1個余り，これが自由電子となってキャリア(電流の運び手)となる。この半導体は，電気伝導を行うキャリアが負の電荷を持つ電子なので“negative”の頭文字をとってn形半導体と呼ばれ，加えた不純物はドナーと呼ばれる。

また，シリコンに3価のインジウム(In)等を微量混ぜると，共有結合の電子が1個不足した正孔ができ，電気伝導を行う。この半導体は，正の電荷を持った正孔が電気伝導を行うことから“positive”の頭文字をとってp形半導体と呼ばれ，加えた不純物はアクセプタと呼ばれる。

（2）バイポーラトランジスタは，ベース電流によりコレクタ電流を制御するので電流制御素子といわれている。また，FET（電界効果トランジスタ）は，ゲート電圧でドレーン電流を制御するので電圧制御素子といわれる。

（3）FETは，消費電力がバイポーラトランジスタより小さい。また，バイポーラトランジスタよりも入力インピーダンスが極めて高いという特徴を持つ。

（4）金属は温度が上がると電気伝導度は低く(電気抵抗が大きく)なる。一方，半導体は温度が上がると電気伝導度は高く(電気抵抗が小さく)なる。つまり，負の温度係数を有している。また，半導体の電気伝導度は不純物の濃度を上げると高くなる。

（5）ダイオードに逆電圧を加えて，その大きさを次第に上昇させると，ある電圧(ツェナー電圧)で急激に電流が流れ始める。この現象は降伏現象と呼ばれ，電流の広い範囲で電圧が一定になる性質があるため，定電圧ダイオード(ツェナーダイオード)で利用されている。

問11　答（4）

題意の図において，定常状態時に回路を流れる電流Iは，コイルLを短絡，コンデンサCを開放と考えることができるので，

$$I=\frac{48}{2.0+4.0}=8.0\,[\mathrm{A}]$$

コイルLに蓄えられる磁気エネルギーW_{L}は，

$$W_{\mathrm{L}}=\frac{1}{2}LI^2$$

$$=\frac{1}{2}\times3.0\times10^{-3}\times8.0^2$$

$$=96\times10^{3}\rightarrow96\,[\mathrm{mJ}]$$

また，コンデンサCの端子電圧Vは，4.0 Ωの抵抗の端子電圧と等しくなるので，

$$V=\frac{4.0}{2.0+4.0}\times 48=32\ [\mathrm{V}]$$

コンデンサCに蓄えられる静電エネルギーW_{C}は，

$$W_{\mathrm{C}}=\frac{1}{2}CV^2$$
$$=\frac{1}{2}\times 500\times 10^{-6}\times 32^2$$
$$=256\times 10^{-3}=256\ [\mathrm{mJ}]$$

よって，エネルギーの合計値Wは，

$$W=W_{\mathrm{L}}+W_{\mathrm{C}}=96+256=352\ [\mathrm{mJ}]$$

問12 答（4）

増幅回路の電圧増幅度がA，帰還率がβである負帰還増幅回路の電圧増幅度A_{F}は，次式で表される。

$$A_{\mathrm{F}}=\frac{V_{\mathrm{o}}}{V_{\mathrm{i}}}=\frac{A}{1+A\beta}$$

ここで，増幅回路と負帰還増幅回路の電圧利得（デシベル）をそれぞれ増幅度（真数）に変換すると，

$$40=20\log_{10}A\ [\mathrm{dB}]$$
$$\rightarrow A=10^2=100$$
$$20=20\log_{10}A_{\mathrm{F}}\ [\mathrm{dB}]$$
$$\rightarrow A_{\mathrm{F}}=10^1=10$$

これから帰還率βを求めると，

$$\beta=\frac{A-A_{\mathrm{F}}}{A\,A_{\mathrm{F}}}=\frac{100-10}{100\times 10}=0.09$$

問13 答（1）

熱電形電流計は実効値を指示する。題意の回路を流れる電流iは，vを20 Ωの抵抗で除して，次式で表される。

$$i=\frac{v}{20}$$

$$=\sqrt{5}\sin\omega t+\frac{1}{3}\sqrt{5}\sin\left(3\omega t-\frac{\pi}{6}\right)[\mathrm{A}]$$

電流iの実効値Iは，

$$I=\sqrt{\left(\frac{\sqrt{5}}{\sqrt{2}}\right)^2+\left(\frac{\sqrt{5}}{3\sqrt{2}}\right)^2}$$
$$=\sqrt{\frac{5}{2}+\frac{5}{18}}=\sqrt{\frac{50}{18}}=\frac{5}{3}\rightarrow 1.67\ [\mathrm{A}]$$

問14 答（1）

第3次高調波に対する誘導リアクタンスは3倍となり，容量リアクタンスは$\frac{1}{3}$倍となるので，

$$Z=\sqrt{R^2+\left(3\omega L-\frac{1}{3\omega C}\right)^2}$$
$$=\sqrt{6^2+\left(3\times 4-\frac{1}{3}\times 60\right)^2}$$
$$=\sqrt{36+(12-20)^2}$$
$$=\sqrt{36+(-8)^2}=10\ [\Omega]$$

B問題

問15 答（a）－（2），（b）－（5）

（a）点Pにおける電位V_{p} [V]は，頂点A，B，C，Dの電荷Q [C]による電位の代数和となるので，

$$V_{\mathrm{p}}=\frac{Q}{4\pi\varepsilon_0\overline{\mathrm{AP}}}+\frac{Q}{4\pi\varepsilon_0\overline{\mathrm{BP}}}+\frac{Q}{4\pi\varepsilon_0\overline{\mathrm{CP}}}+\frac{Q}{4\pi\varepsilon_0\overline{\mathrm{DP}}}$$

$$=\frac{Q}{4\pi\varepsilon_0}\left\{\frac{2}{\frac{a}{2}}+\frac{2}{\sqrt{a^2+\left(\frac{a}{2}\right)^2}}\right\}$$

$$=\frac{Q}{4\pi\varepsilon_0}\left\{\frac{4}{a}+\frac{2}{\sqrt{a^2+\frac{a^2}{4}}}\right\}$$

$$=\frac{Q}{4\pi\varepsilon_0}\left\{\frac{4}{a}+\frac{2}{\sqrt{\frac{5a^2}{4}}}\right\}$$

$$=\frac{Q}{4\pi\varepsilon_0}\left\{\frac{4}{a}+\frac{4}{\sqrt{5a}}\right\}$$

$$=\frac{Q}{\pi\varepsilon_0 a}\left(1+\frac{1}{\sqrt{5}}\right)[\mathrm{V}]$$

（b）図 15-1 に示すように，点 P における電界 E_P [V/m]は，頂点 A，B，C，D の各点の電荷 Q による電界のベクトル和となる。このうち，点 A と点 B による点 P の電界は大きさが等しく，向きが逆なので打ち消しあって 0 となる。したがって，点 C と点 D にある電荷による合成電界を求めればよいことになる。

$$E_P=E_C\cos\theta+E_D\cos\theta=2E_C\cos\theta$$

$$=2\times\frac{Q}{4\pi\varepsilon_0\left\{a^2+\left(\frac{a}{2}\right)^2\right\}}\cos\theta$$

$$=\frac{Q}{2\pi\varepsilon_0\left\{a^2+\left(\frac{a}{2}\right)^2\right\}}\times\frac{a}{\sqrt{a^2+\left(\frac{a}{2}\right)^2}}$$

$$=\frac{Q}{2\pi\varepsilon_0\times\frac{5a^2}{4}}\times\frac{2}{\sqrt{5}}$$

$$=\frac{4Q}{5\sqrt{5}\,\pi\varepsilon_0 a^2}[\mathrm{V/m}]$$

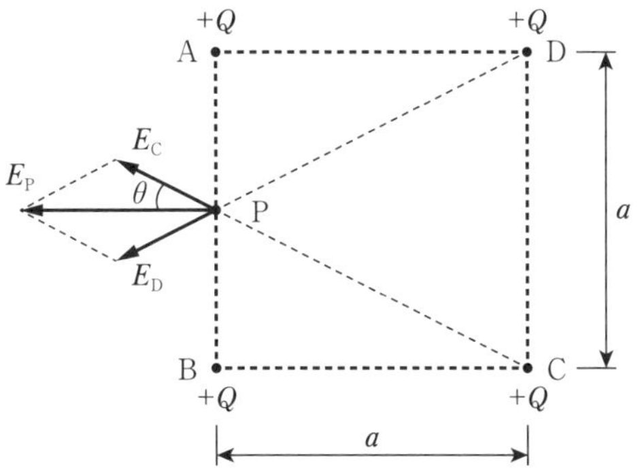

図 15-1

問16 答 (a)−(4)，(b)−(5)

（a）コイル L とコンデンサ C に流れる振動電流の周波数 f は，

$$f=\frac{1}{2\pi\sqrt{LC}}$$

$$=\frac{1}{2\pi\sqrt{490\times10^{-3}\times1.0\times10^{-6}}}$$

$$\fallingdotseq 227.5\rightarrow 228[\mathrm{Hz}]$$

（b）コンデンサ C には電圧 $E=20$ [V] が充電されているので，回路を流れる電流の最大値 I_0 は，エネルギー保存の法則より次式が成立する。

$$\frac{1}{2}LI_0{}^2=\frac{1}{2}CE^2$$

これより電流 I_0 を求めると，

$$I_0=E\sqrt{\frac{C}{L}}$$

$$=20\times\sqrt{\frac{1.0\times10^{-6}}{490\times10^{-3}}}$$

$$\fallingdotseq 0.02857\rightarrow 28.6[\mathrm{mA}]$$

【参考】 抵抗 $R=5$ [Ω]は，本問の計算には無関係な値である。

問17 答 (a)−(3)，(b)−(5)

（a）10 Ω の抵抗に流れる電流 I_R は，

$$I_R=\frac{V}{R}=\frac{200}{10}=20[\mathrm{A}]$$

また，回路を流れる電流 I は力率 $\cos\theta=0.8$ であるので，図 17-1 に示すベクトル図より，

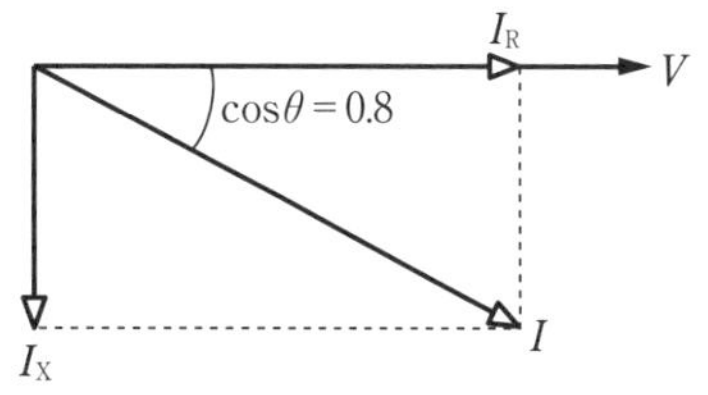

図17-1

$$I=\frac{I_R}{\cos\theta}=\frac{20}{0.8}=25\,[\mathrm{A}]$$

（b）20 Ωのコンデンサとコイル X_L の直列部分に流れる電流 I_X は，

$$I_X=\frac{\sin\theta}{\cos\theta}I_R=\frac{\sqrt{1-\cos^2\theta}}{\cos\theta}I_R$$

$$=\frac{\sqrt{1-0.8^2}}{0.8}\times 20=15\,[\mathrm{A}]$$

となり，合成リアクタンス X は，

$$X=\frac{V}{I_X}=\frac{200}{15}\fallingdotseq 13.33\rightarrow 13.3\,[\Omega]$$

この合成リアクタンス X は，力率が遅れであることから，

$$X=X_L-20=13.3$$

と表すことができるので，

$$X_L=20+13.3=33.3\,[\Omega]$$

問18　答（a）−（3），（b）−（4）

（a）図18-1に示す抵抗 R_1 と R_2 および演算増幅器で構成された1段目の回路は，非反転増幅回路と呼ばれる。この回路の電圧増幅度 A_{v1} は，次式で表される。

$$A_{v1}=1+\frac{R_2}{R_1}$$

抵抗 R_3 と R_4 および演算増幅器で構成された2段目の回路は，反転増幅回路と呼ばれる。この回路の電圧増幅度 A_{v2} は，

$$A_{v2}=-\frac{R_4}{R_3}$$

よって，この回路全体の電圧増幅度 A は，次式となる。

$$A=A_{v1}\times A_{v2}$$

$$=\left(1+\frac{R_2}{R_1}\right)\times\left(-\frac{R_4}{R_3}\right)$$

$$=-\left(1+\frac{R_2}{R_1}\right)\times\frac{R_4}{R_3}$$

（b）$R_1=1\,[\mathrm{k\Omega}]$，$R_2=9\,[\mathrm{k\Omega}]$，$R_3=2\,[\mathrm{k\Omega}]$，$R_4=8\,[\mathrm{k\Omega}]$ の場合，全体の電圧増幅度 A は，

$$A=-\left(1+\frac{9\times 10^3}{1\times 10^3}\right)\times\frac{8\times 10^3}{2\times 10^3}$$

$$=-(1+9)\times 4=-40$$

となるので，その電圧利得 G は，

$$G=20\log_{10}|A_V|$$

$$=20\log_{10}|-40|$$

$$=20\log_{10}40=20\log_{10}(2^2\times 10)$$

$$=20(2\log_{10}2+\log_{10}10)$$

$$=20(2\times 0.301+1)$$

$$=32.04\rightarrow 32\,[\mathrm{dB}]$$

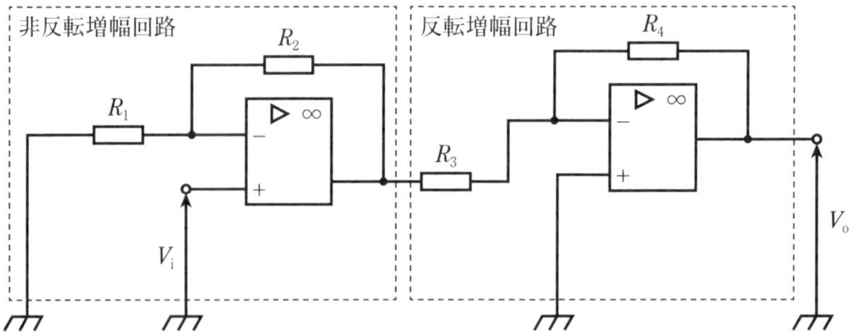

図18-1

電力　模擬問題(1)　難易度表

		出題分野・項目	難易度※	正解	配点
A問題	問1	水力発電・水車関係（比速度）	★★★	(3)	5
	問2	汽力発電・復水器	★★★	(1)	5
	問3	汽力発電・タービン発電機（冷却方式）	★★★	(3)	5
	問4	原子力発電・原子炉（構成材料）	★★★	(4)	5
	問5	自然エネルギー・各種発電	★★★	(1)	5
	問6	変電・調相設備	★★★★	(4)	5
	問7	変電・変圧器（保護継電器）	★★★★	(4)	5
	問8	送電・直流送電	★★★	(5)	5
	問9	配電・電圧調整	★★★	(4)	5
	問10	配電・電力損失，電圧降下	★★★★	(3)	5
	問11	配電・地絡保護	★★★	(2)	5
	問12	配電・保護方式	★★★★	(5)	5
	問13	配電・保護方式	★★★	(5)	5
	問14	電気材料・絶縁材料	★★★★	(4)	5
B問題	問15 (a)	水力発電・調整池式発電所	★★★	(3)	5
	(b)		★★★	(1)	5
	問16 (a)	配電・電力損失	★★★	(4)	5
	(b)		★★★	(2)	5
	問17 (a)	配電・短絡電流	★★★	(4)	5
	(b)		★★★	(2)	5

※　★3を標準的な電験三種のレベルとしている（易→普通→難：★1→★3→★5）

〈自己採点〉

	①	②	③	④	⑤
学習日	/	/	/	/	/
点　数	点	点	点	点	点

電力 解答・解説

A問題

問1 答（3）

水車は，その形状が幾何学的に相似であれば，その大小に関係なくほぼ同じような特性を持っており，この特性を表すのに比速度が使用される。

比速度の定義は，「実物水車を相似形で縮小したとき，1 m の落差で 1 kW の出力を出すのに必要な回転速度[min^{-1}]」である。比速度 n_s は，次式で表される。

$$n_s = n \times \frac{P^{\frac{1}{2}}}{H^{\frac{5}{4}}}$$

水車出力：P [kW]　　有効落差：H [m]

定格回転速度：n [min^{-1}]

ただし，水車出力は，ペルトン水車の場合はノズル1個当たり，反動水車の場合はランナ1個当たりの出力である。

水車を選定する場合，比速度が大きいほど小型で経済的だが，あまりに大きいとキャビテーションの発生，効率低下，振動などの問題が生じる。落差に対する比速度の上限を表す式(JEC－4001－2018)を**表1－1**に示す。この表より，フランシス水車(反動水車)と比較して，ペルトン水車(衝動水車)の比速度が小さいことがわかる。

表1－1

種類	比速度の上限	適用落差[m]
ペルトン水車	$n_s \leqq \frac{4\,500}{H+150}+14$	150以上
フランシス水車	$n_s \leqq \frac{33\,000}{H+55}+30$	40～500
斜流水車	$n_s \leqq \frac{21\,000}{H+20}+40$	40～200
軸流(プロペラ)水車	$n_s \leqq \frac{21\,000}{H+13}+50$	7～70

問2 答（1）

復水器は，タービンの排気蒸気を冷却して水に戻し，復水として回収する装置であり，通常低圧タービンの下部に設置される。

表面復水器は，冷却水が復水器冷却管内を通り，タービン蒸気とは直接接触しないので，海水を冷却水に使用する汽力発電や原子力発電で用いられている。

直接接触復水器は，冷却水を復水器内に導入してタービン蒸気と混合するので，構造が簡単で熱交換にも有利である。復水をボイラに供給する必要がない地熱発電所で用いられることが多い。

問3 答（3）

現在の大容量タービン発電機において，固定子コイルには中空導体中に水素ガスまたは水を流す「水素ガスまたは水直接冷却方式」が採用されており，回転子コイルには中空導体中に水素ガスを流す「水素ガス直接冷却方式」が採用されている。

水素冷却方式を採用する理由は，次のような利点があるためである。

①水素の密度は空気の7％と軽いので，風損が10％程度に減少し，発電機効率が0.5～1％向上する。

②水素は比熱や熱伝導率が大きい(比熱：空気の14倍，熱伝導率：空気の7倍)ので，冷却効果が優れている。

③水素は不活性で，空気よりもコロナ発生

電圧が高いので，絶縁物の劣化が少なく寿命が長くなる。

④通風は，軸に取り付けた内部通風機を使用するので騒音が少ない。

⑤比較的安価である。

一方，空気の混合ガスは，水素純度が容積で5～70％の範囲で爆発する可能性があるので，次のような安全上の対策が必要である。

①水素純度を95％以上に高く保つ。

②軸受・固定子枠などを気密構造とし，かつ固定子外枠は耐爆構造とする。

③回転子軸の固定子枠貫通部から水素が漏れるのを防止するために，軸受の内側に密封油装置を設ける。

④機内の空気を水素に入れ替える，あるいは逆の場合(水素を空気に入れ替える)，水素と空気が混合しないように炭酸ガスに置換する装置が必要である。

⑤水素ガスの純度・圧力を適正に保つために，純度計・ガス圧計などの計測・監視装置が必要である。また，それらが規定値から外れた場合は発報させる。

問4　答(4)

原子炉は，原子燃料，減速材，冷却材，制御材，反射材，遮へい材で構成される。

減速材は，核分裂で発生した高速中性子を速度の遅い熱中性子に減速させるもので，中性子の吸収が少なく，中性子の減速効率が大きいことが要求される。このため，減速材として使用する物質は，質量の小さい原子核をもったものがよい。これは，中性子が質量の大きい原子核に衝突すると，ほとんど減速されずに跳ね返されるが，衝突する相手の原子核が軽いと，運動エネルギーの大部分を相手に与えるので速度が低減できるためである。

冷却材は，核分裂によって発生した熱を原子炉外へ取り出すもので，中性子の吸収が少なく，比熱と熱伝導率が大きいことが要求される。

軽水は比熱，熱伝導率が大きく，安価であることと，減速材としても利用することができるという利点がある。しかし，材料を腐食させる欠点があるため，純度やpH等の水質管理が必要である。

制御材は，中性子を吸収し，中性子が原子燃料に吸収される割合を調整して核分裂，つまり出力を制御するために用いられるもので，中性子を多く吸収することが要求される。

問5　答(1)

地熱発電は，地下から取り出した熱エネルギーにより蒸気タービンを回して発電するので，燃料費が不要である。ただし，地熱発電に使用される蒸気の温度は通常200℃以下と低いので，熱効率は低い。

発電方式には，地熱流体の状態とタービンを回した後の蒸気の処理方法により，ドライスチーム発電，シングルフラッシュ発電，ダブルフラッシュ発電，バイナリーサイクル発電などの方式がある。

問6　答(4)

静止形無効電力補償装置(SVC)は，サイリスタを用いた高速制御により，無効電力を変化させて応答速度の速い無効電力補償を行う装置である。このため，系統の安定度向上や電圧制御に効果がある。

SVCには，サイリスタ制御リアクトル方式（TCR），サイリスタ開閉コンデンサ方式（TSC），自励式SVC方式などがある。TCRは遅れ無効電力を連続的に，TSCは進み無効電力を段階的に制御できる。自励式SVCは，遅れ無効電力と進み無効電力を連続的に制御できる。

問7　答（4）

主要変圧器の保護

主要変圧器の短絡故障保護としては，比率差動リレーが主保護となり，過電流継電器が後備保護となる。

変圧器の内部で短絡や地絡の故障が生じると，動作コイルに電流が流れ，比率差動リレーが動作して，変圧器故障の警報を発するとともに，電源側の遮断器を開放する。比率差動リレー方式を適用する理由は，事故電流が負荷電流よりも小さい巻線間短絡を検出できるからである。

停止中の変圧器に電圧を印加すると，鉄心内の磁束は，投入前の鉄心に残留する磁束を初期値として，印加電圧の積分値に応じて変化する。このため，投入後しばらくの間，鉄心内の磁束は定常状態と異なり，残留磁束と投入位相に応じてシフトされた状態で推移するため，飽和磁束密度を超える状態が生じて過渡的に大きな電流が流入する。この電流を励磁突入電流といい，その波高値は定格負荷電流の５倍を超えることもある。

励磁突入電流は，電圧を印加した巻線側だけに流れるため，比率差動リレーが誤動作（不必要動作）するおそれがある。励磁突入電流に含まれる高調波は第２次高調波成分が主体であるため，誤動作の対策には，この高調波を抑制することにより不必要動作を防ぐ「第２次高調波抑制機能付き比率差動リレー」が採用される。

母線の保護

変電所の母線保護継電方式には，差動方式，位相比較方式，方向比較方式および遮へい母線方式（事故母線方式）がある。

差動方式には，電圧差動方式と電流差動方式がある。電圧差動方式の電圧差動リレーは，高インピーダンス形差動リレーとも呼ばれ，差動回路にインピーダンスの高い電圧リレーを用いて，過電圧が生じたときに内部事故と判定し，変流器の磁気飽和による外部事故時の誤動作を防止するものである。内部事故時には各変流器の二次電流が相互に還流できなくなり，差動回路の電圧が上昇して動作する。この方式は，変流器回路に高電圧が生じるなどの欠点があるが，構成が単純かつ変流器磁気飽和の問題が少ないという特長がある。ただし，各端子の変流器は同一定格，同一仕様で，漏れリアクタンスの少ないものを選定し，専用の変流器としなければならず，ほかのリレー用変流器と共用することができない。

電流差動方式の電流差動リレーは，低インピーダンス形差動リレーとも呼ばれ，母線に流入する各回線の変流器二次回路電流の総和をみて，母線事故を検出する方式である。この方式は，専用の変流器を必要とせず，他のリレー用変流器と共用可能であるが，変流器の磁気飽和や誤差などによって誤動作するおそれがあるため，高インピーダンス形差動方式による一括保護と低インピーダンス形差動リレーによる分割保護を組み合わせて適用される。

なお，近年のディジタルリレーでは，変流器に磁気飽和対策を施し，一括保護にも低インピーダンス形差動リレーを用いることが多くなっている。

問8　答（5）

直流送電は交直変換装置が必要なので，周波数変換のための直流は別にして，一般に架空送電では数百 km 以上，ケーブル送電でも数十 km 以上ないと経済的メリットはないといわれている。

交流の場合，一定周期で電流零点がやってくるので，この点で遮断できる。しかし，直流の場合は常時電流が流れるので，電流零点がなく，交流より遮断が難しい。

問9　答（4）

電力系統の電圧調整方法には，変圧器の変圧比の調整と無効電力の調整がある。無効電力の調整には，電力用コンデンサ，分路リアクトル，同期調相機，静止形無効電力補償装置などが用いられている。

同期調相機は，界磁電流を調整することにより，無効電力を連続的に変化させることができる。この場合，界磁電流が小さいときは分路リアクトルとして働き，大きいときは電力用コンデンサとして働くので，（4）は逆の記述である。

問10　答（3）

題意より，1回線分の配電線の抵抗 R［Ω］およびリアクタンス X［Ω］を以下で計算する。

$$R = 0.144 \times 5 = 0.720\ [\Omega]$$

$$X = 0.0744 \times 5 = 0.372\ [\Omega]$$

受電端の負荷電流 I［A］を計算すると，

$$I = \frac{2\,000 \times 10^3}{\sqrt{3} \times 6\,600 \times 0.85}$$

$$\fallingdotseq 205.83\ [\mathrm{A}]$$

となる。

配電線に生じる損失 p［kW］は，抵抗 0.720 Ω に流れる $\frac{I}{2}$［A］の6個分（3相分×2回線）により生じるため，以下で計算できる。

$$p = 3R\left(\frac{I}{2}\right)^2 \times 2$$

$$= 3 \times 0.720 \times \left(\frac{205.83}{2}\right)^2 \times 2$$

$$\fallingdotseq 45.755 \times 10^3 \rightarrow 45.8\ [\mathrm{kW}]$$

次に，配電線の電圧降下 v［V］は電流 $\frac{I}{2}$［A］であることに注意して，以下の簡略式で計算できる。

$$v = \sqrt{3} \times \left(\frac{I}{2}\right)(R\cos\theta + X\sin\theta)$$

$$= \sqrt{3}\left(\frac{205.83}{2}\right)\left(0.720 \times 0.85 + 0.372 \times \sqrt{1 - 0.85^2}\right)$$

$$\fallingdotseq 144.02 \rightarrow 144\ [\mathrm{V}]$$

問11　答（2）

配電用変圧器からは複数の配電線が引き出されており，1つの配電線に地絡事故が発生すると，地絡を生じていない配電線にも地絡電流の一部が流れる。このため，地絡電流の有無だけでは事故回線が判定できない。ただし，事故回線と正常回線では地絡電流の方向が反対なので，これを利用すれば事故回線を選択できる。具体的には，零相電圧を検出する地絡過電圧継電器（OVGR）と地絡電流の大きさと方向を検出する地絡方向継電器（DGR）を使用する。

問12　答（5）

時限順送方式は，配電線路を適当な区間に区分し，事故発生時に事故区間の電源側自動区分開閉器を開放して，事故区間以降を切り離すものである。この動作は，配電線に設置された高圧用の無電圧引外し式自動区分開閉器と時限式制御装置によって行われる。時限式制御装置は，投入時限と検出時限をもち，検出時限中に無電圧になると区分開閉器の開放保持を継続する機能がある。

配電線路に永久事故が発生したとすると，配電用変電所の故障検出継電器が動作し，当該線路の配電線用遮断器が自動遮断される。この遮断により，事故発生線路が系統から切り離されて線路の電圧がなくなるため，「線路電圧なし」を検出して当該線路のすべての自動区分開閉器が無電圧開放される。

第３区間での事故を想定すると，次に遮断よりある一定時間（１分程度）後に配電線用遮断器が再閉路され，変電所と最初の自動区分開閉器設置場所までの区間が充電される。この「電圧あり」を最初の区間（第１区間）の時限式制御装置が検出し，投入時限後に第１区間の自動区分開閉器が投入される。これにより第１区間が充電され，今度は第２区間目の時限式制御装置が「電圧あり」を検出し，投入時限後に第２区間の自動区分開閉器を投入する。

次いで，同様に第３区分の自動区分開閉器が投入されると事故が再発し，配電用変電所の故障検出継電器の動作により当該線路の配電線用遮断器が再遮断され，故障区間が検出される。これにより，線路は全区間とも再度，無電圧になる。このとき，第３区分の時限式制御装置は，検出時間内で無電圧を検出するので，自動区分開閉器の開放状態を保持することになり，以降の自動投入操作がロックされる。

その後，配電用変電所の遮断器が再々閉路されると，第１区間，第２区間の自動区分開閉器は投入されて健全区間は充電されるが，第３区間では開放状態のまま投入操作がロックされることになり，２回目の再閉路により故障区間が分離されると同時に健全区間への送電操作が完了する。

この方式においては，事故発生箇所を含まない区間においても，２回の送電停止が発生してしまう。これを軽減するために，開閉器本体で検出した事故電流の情報収集や配電用遮断器の投入から再遮断までの時間を計測することで故障区間を直ちに判別すれば，当該故障区間よりも電源側区間の１回分の送電停止が回避可能となる。

問13　答（5）

配電系統の保護システムは，次のように構成されている。

（1）配電用変電所

高圧配電線路に過負荷または短絡事故が生じると，過電流継電器で検出し，遮断器で遮断する。また，地絡事故が生じると，地絡継電器で検出し，遮断器で遮断する。

（2）高圧配電線路

機器やケーブルなどを雷害から保護するために，避雷器および架空地線を設置する。

（3）柱上変圧器

過負荷または短絡事故から変圧器または低圧線を保護するために，高圧側に設けた高圧カットアウトにヒューズを取り付ける。高圧カットアウトは，高圧分岐配電線においては，開閉器としても使用される。

（4）低圧引込線

低圧引込線を過負荷または短絡から保護するために，低圧線からの分岐点（低圧引込線の柱側取付点）にヒューズなどを取り付ける。

（5）屋内配線

屋内配線の過電流保護には，配線用遮断器（ノーヒューズブレーカ）またはヒューズを設置する。漏電などの地絡保護には，漏電遮断器が設けられる。

問14　答（4）

空気は自然界に存在する優れた絶縁材料であり，絶縁耐力は平等電界で約 30kV/cm である。

SF_6 ガスは，最も実用性の高い優れた絶縁材料で，0.1 ～ 0.6MPa に圧縮して GIS，ガス絶縁変圧器，管路気中送電路，ガス遮断器などの絶縁媒体や消弧媒体として広く用いられている。化学的にも安定した不活性，不燃性，無色，無臭の気体で，生理的にも無害，また腐食性や爆発性がなく，熱安定性も優れている。

絶縁耐力は，平等電界では同一圧力で空気の２～３倍，0.3 ～ 0.4MPa では絶縁油以上の絶縁耐力を有している。強い電気的負性（電子を付着して負イオンになる性質）をもつため，絶縁耐力は電界依存度が高く，電極表面の微小突起や導電性粒子，電極の形状，絶縁物表面の水分の凝結などの影響を受けやすい。つまり，GIS の内部に金属異物などが存在すると大幅に絶縁耐力が低下するだけでなく，相間短絡事故や地絡事故に至るおそれが高くなる。機器組立，点検修理作業により，機器内部に金属粒子，絶縁物粒子が混入すると絶縁耐力を低下させる原因となるため，製造・組立時の品質管理を徹底することが重要である。

絶縁油は油入変圧器，油入ケーブル，コンデンサなどの油入電気機器に使用される。鉱油の絶縁破壊電圧は 75kV（2.5mm）と JIS に規定されており，絶縁耐力は約 200kV/cm である。油浸絶縁構造においては，気体，液体，固体の不純物が混入しやすいが，特に水分と繊維質の不純物が絶縁油中に含まれると，繊維質に水分が吸収されて絶縁耐力が大きく低下する。一般的に，絶縁油の中に気泡，水分，微粒子，その他の不純物が存在すると絶縁耐力が低下するため，製造・組立時の品質管理を徹底することが重要である。

CV ケーブルに用いられる架橋ポリエチレンは，ポリエチレンの優れた電気特性をそのままに鎖状分子構造を架橋反応により立体網目状分子構造とすることによって，その欠点であった耐熱変形性を大幅に改善した絶縁材料で，設計電界は約 500kV/cm である。他の電気機器と比較すると絶縁厚さが薄く，絶縁体中に金属異物やボイドが存在すると絶縁耐力が大幅に低下するため，製造時の品質管理を徹底することが重要である。

B問題

問15 答 (a)-(3)，(b)-(1)

(a) ピーク時の使用流量をQ_{p}，河川流量をQ_{a}，ピーク時の継続時間をt_{p}とすると，調整池の有効貯水量V[m^3]は，

$$V = (Q_{\mathrm{p}} - Q_{\mathrm{a}})t_{\mathrm{p}} \times 3\,600$$

となる。したがって，最大出力で運転できる時間，つまりピーク継続時間t_{p}は次のように求められる。

$$t_{\mathrm{p}} = \frac{V}{3\,600(Q_{\mathrm{p}} - Q_{\mathrm{a}})}$$

$$= \frac{360\,000}{3\,600 \times (80 - 40)} = 2.5\,[\mathrm{h}]$$

(b) オフピーク時の使用流量をQ_0とすると，調整池の有効貯水量V[m^3]は，

$$V = (Q_{\mathrm{a}} - Q_0)(24 - t_{\mathrm{p}}) \times 3\,600$$

となるから，オフピーク時の使用流量Q_0は次のように求められる。

$$Q_0 = Q_{\mathrm{a}} - \frac{V}{3\,600(24 - t_{\mathrm{p}})}$$

$$= 40 - \frac{360\,000}{3\,600 \times (24 - 2.5)} \fallingdotseq 35.35\,[\mathrm{m^3/s}]$$

題意より，発電出力は使用水量に比例するため，オフピーク時の出力P_0は次のように求められる。

$$P_0 = \frac{P_{\mathrm{P}}}{Q_{\mathrm{p}}} Q_0$$

$$= \frac{50\,000}{80} \times 35.35$$

$$\fallingdotseq 22\,090\,[\mathrm{kW}] \rightarrow 22\,000\,[\mathrm{kW}]$$

問16 答 (a)-(4)，(b)-(2)

1線当たりの抵抗rとリアクタンスxは，次のように求められる。

$$r = 0.45\,[\Omega/\mathrm{km}] \times 5\,[\mathrm{km}] = 2.25\,[\Omega]$$

$$x = 0.35\,[\Omega/\mathrm{km}] \times 5\,[\mathrm{km}] = 1.75\,[\Omega]$$

(a) 負荷電力がP_1，力率が$\cos\theta_1$のときの線路電流をI，送電端電圧をV_{s}，受電端電圧をV_{r1}とすると，電圧降下vは次式で表される。

$$v = V_{\mathrm{s}} - V_{\mathrm{r1}}$$

$$= \sqrt{3}\,I(r\cos\theta_1 + x\sin\theta_1)$$

したがって，線路電流Iは次のように求められる。

$$I = \frac{V_{\mathrm{s}} - V_{\mathrm{r1}}}{\sqrt{3}\,(r\cos\theta_1 + x\sin\theta_1)}$$

$$= \frac{6\,600 - 6\,450}{\sqrt{3}\,(2.25 \times 0.7 + 1.75 \times \sqrt{1 - 0.7^2})}$$

$$\fallingdotseq \frac{53.10}{\sqrt{3}}\,[\mathrm{A}] \qquad \cdots\cdots①$$

負荷電力P_1は次式で表されるから，

$$P_1 = \sqrt{3}\,V_{\mathrm{r1}} I \cos\theta_1 \qquad \cdots\cdots②$$

②式に①式を代入すると，P_1は次のように求められる。

$$P_1 = \sqrt{3} \times 6\,450 \times \frac{53.10}{\sqrt{3}} \times 0.7$$

$$\fallingdotseq 240 \times 10^3\,[\mathrm{W}] = 240\,[\mathrm{kW}]$$

(b) 線路損失pは次式で表される。

$$p = 3I^2 r$$

負荷電力が変化しても線路損失が変わらなかったということは，線路電流が変化しないことになる。

送電端電圧V_{s}は一定であるから，負荷電力がP_2，力率が$\cos\theta_2$のときの受電端電圧をV_{r2}とすると，線路電流Iは次のように求められる。

$$I = \frac{V_{\mathrm{s}} - V_{\mathrm{r2}}}{\sqrt{3}\,(r\cos\theta_2 + x\sin\theta_2)}$$

$$= \frac{6\,600 - V_{\mathrm{r2}}}{\sqrt{3}\,(2.25 \times 0.8 + 1.75 \times \sqrt{1 - 0.8^2})}$$

$$= \frac{6\,600 - V_{r2}}{2.85\sqrt{3}}\,[\mathrm{A}] \qquad \cdots\cdots ③$$

線路電流 I は変化しないので①式と③式を等しいとすると，受電端電圧 V_{r2}［V］は次のように求められる。

$$\frac{53.10}{\sqrt{3}} = \frac{6\,600 - V_{r2}}{2.85\sqrt{3}}$$

$$V_{r2} = 6\,600 - 53.10 \times 2.85 \doteqdot 6\,449\,[\mathrm{V}]$$

したがって，このときの負荷電力 P_2 は次のように求められる。

$$P_2 = \sqrt{3}\,V_{r2}\,I\cos\theta_2$$

$$= \sqrt{3} \times 6\,449 \times \frac{53.10}{\sqrt{3}} \times 0.8$$

$$\doteqdot 274 \times 10^3\,[\mathrm{W}] = 274\,[\mathrm{kW}]$$

問17　答（a）-（4），（b）-（2）

（a）％リアクタンスは，定格電圧を V［V］，定格電流を I_n［A］，リアクタンスを X［Ω］とすると，次式で表される。

$$\%X = \frac{I_n X}{\dfrac{V}{\sqrt{3}}} \times 100\,[\%]$$

したがって，

$$X = \frac{\dfrac{V}{\sqrt{3}}\,\%X}{I_n \times 100}\,[\Omega] \qquad \cdots\cdots ①$$

となる。定格容量を P［V·A］とすると，定格電流 I_n［A］は，

$$I_n = \frac{P}{\sqrt{3}\,V}\,[\mathrm{A}]$$

これを①式に代入すると，

$$X = \frac{\dfrac{V}{\sqrt{3}}\,\%X}{\dfrac{P}{\sqrt{3}\,V} \times 100}$$

$$= \frac{V^2\,\%X}{100P}\,[\Omega]$$

題意の数値を代入して，

$$X = \frac{6\,900^2 \times 22.5}{100 \times 30\,000 \times 10^3}$$

$$\doteqdot 0.357\,[\Omega]$$

（b）電線1条の抵抗およびリアクタンスは，架空線路のこう長が2 km なので，それぞれ，

$$0.3\,[\Omega/\mathrm{km}] \times 2\,[\mathrm{km}] = 0.6\,[\Omega]$$

となる。変圧器と架空線路の合計のインピーダンス Z［Ω］は，

$$Z = \sqrt{0.6^2 + (0.357 + 0.6)^2}$$

$$\doteqdot 1.13\,[\Omega]$$

したがって，短絡電流 I_s［A］は，

$$I_s = \frac{\dfrac{6\,900}{\sqrt{3}}}{1.13}$$

$$= \frac{6\,900}{1.13 \times \sqrt{3}}$$

$$\doteqdot 3\,525\,[\mathrm{A}]$$

機械　模擬問題(1)　難易度表

		出題分野・項目	難易度[※1]	正解	配点
A問題	問1	直流機・回転速度	★★	(3)	5
	問2	直流機・出力と界磁電流	★★★★	(3)	5
	問3	誘導機・一次電流	★★★★	(1)	5
	問4	同期機・ベクトル図	★★	(5)	5
	問5	変圧器・種類と構造	★★★★★	(4)	5
	問6	直流機・パワーエレクトロニクス	★★★★	(1)	5
	問7	誘導機・誘導発電機	★★★	(4)	5
	問8	パワーエレクトロニクス・ 半導体デバイス	★★★	(3)	5
	問9	電動機応用・回転体のエネルギー	★★	(1)	5
	問10	照明・各種照明	★★★★	(5)	5
	問11	照明・照明設計	★★★	(3)	5
	問12	電熱・電気加熱	★★★	(3)	5
	問13	電気化学・リチウムイオン電池	★★	(2)	5
	問14	電気化学・燃料電池	★★★★	(4)	5
B問題	問15　(a)	同期機・電動機の出力と力率	★★★	(5)	5
	(b)		★★★★	(2)	5
	問16　(a)	変圧器・単相変圧器の鉄損と銅損	★★★	(4)	5
	(b)		★★	(2)	5
	問17　(a)	情報・論理回路	★★★	(1)	5[※2]
	(b)		★★★	(5)	5[※2]
	問18　(a)	自動制御・周波数伝達関数	★★	(4)	5[※2]
	(b)		★★★	(2)	5[※2]

※1　★3を標準的な電験三種のレベルとしている（易→普通→難：★1→★3→★5）

※2　問17と問18は選択問題であり，どちらか1題を選択する。

〈自己採点〉

	①	②	③	④	⑤
学習日	/	/	/	/	/
点　数	点	点	点	点	点

機械　解答・解説

A問題

問1　答（3）

図1-1の等価回路において，端子電圧が一定なので界磁磁束 ϕ も一定である。負荷の変化前の回転数 N は誘導起電力 E に比例し，

$$E = K\phi N$$

となる。

一方，この E は，

$$E = V - I_a R_a$$
$$= 210 - 60 \times 0.1 = 204\,[\mathrm{V}]$$

となる。負荷が変化した後は電機子電流 $I_a{}' = 30\,[\mathrm{A}]$ なので，誘導起電力 E' は次式となる。

$$E' = V - I_a{}' R_a$$
$$= 210 - 30 \times 0.1 = 207\,[\mathrm{V}]$$

負荷変化の前後で磁束 ϕ は一定であるため，E と N が比例して E' と N' になるので，

$$E : N = E' : N' \rightarrow E \times N' = N \times E'$$

よって，

$$N' = N \times \frac{E'}{E}$$
$$= 1\,000 \times \frac{207}{204}$$
$$\fallingdotseq 1014.7 \rightarrow 1\,015\,[\mathrm{min}^{-1}]$$

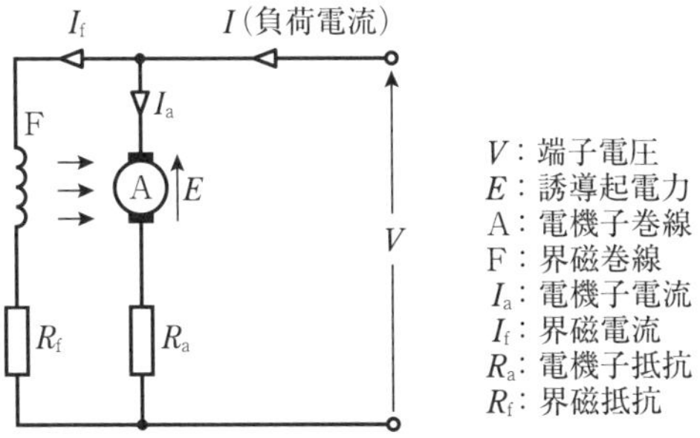

図1-1

問2　答（3）

負荷が0.5kWのときの負荷電流 $I_1\,[\mathrm{A}]$ は，

$$I_1 = \frac{0.5 \times 10^3}{100} = 5\,[\mathrm{A}]$$

誘導起電力 $E_1\,[\mathrm{V}]$ は，

$$E_1 = V + I_1 r_a$$
$$= 100 + 5 \times 0.2 = 101\,[\mathrm{V}]$$

負荷が5kWのときの負荷電流 $I_2\,[\mathrm{A}]$ は，

$$I_2 = \frac{5 \times 10^3}{100} = 50\,[\mathrm{A}]$$

誘導起電力 $E_2\,[\mathrm{V}]$ は，

$$E_2 = V + I_2 r_a = 100 + 50 \times 0.2 = 110\,[\mathrm{V}]$$

負荷が0.5kWと5kWのときの界磁電流をそれぞれ $I_{f1}\,[\mathrm{A}]$，$I_{f2}\,[\mathrm{A}]$ とすると，

$$\frac{E_2}{E_1} = \frac{110}{101} = \frac{K\phi_2 N_2}{K\phi_1 N_1} = \frac{I_{f2} N_2}{I_{f1} N_1} = \frac{I_{f2} \times 1700}{I_{f1} \times 1800}$$

したがって，

$$\frac{I_{f2}}{I_{f1}} = \frac{110 \times 1\,800}{101 \times 1\,700} \fallingdotseq 1.15$$

問3　答（1）

以下は，すべて3相分で計算する。

機械的出力 $P_m\,[\mathrm{W}]$ は，

$$P_m = 定格出力\,P_o + 機械的損失\,P_l$$
$$= 4\,000 + 50 = 4\,050\,[\mathrm{W}]$$

同期速度 $N_s\,[\mathrm{min}^{-1}]$ は，

$$N_s = \frac{120f}{p} = \frac{120 \times 50}{6} = 1\,000\,[\mathrm{min}^{-1}]$$

滑り s は，

$$s = \frac{N_s - N}{N_s} = \frac{1\,000 - 930}{1\,000} = 0.07$$

二次入力 $P_2\,[\mathrm{W}]$ は，

$$P_2=\frac{P_m}{1-s}$$

$$=\frac{4\,050}{1-0.07}$$

$$\fallingdotseq 4\,355\,[\mathrm{W}]$$

一次入力 P_1[W] は，

$$P_1=\text{二次入力}\,P_2+\text{鉄損}\,P_i+\text{一次銅損}\,P_{c1}$$

$$=4\,355+200+300=4\,855\,[\mathrm{W}]$$

線電流 I[A] は，

$$I=\frac{P_1}{\sqrt{3}\,V\cos\theta}$$

$$=\frac{4\,855}{\sqrt{3}\times 210\times 0.8}$$

$$\fallingdotseq 16.7\,[\mathrm{A}]$$

この誘導電動機の電力の流れは，**図3－1**のようになる。

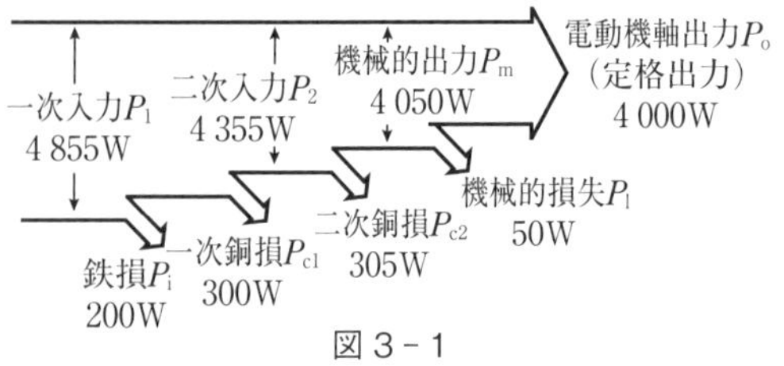

図３－１

問4　㊎（5）

三相同期発電機のベクトル図は，**図4－1**の等価回路を基に次の順序で描く。

①端子電圧を基準ベクトルとして，②遅れ力率の電機子電流＝負荷電流，③電機子巻線の抵抗分による電圧降下（これは②と同相である）④同期リアクタンスによる電圧降下（これはコイルによる電圧降下なので電機子電流よりも90°位相が進む）。最後に①＋③＋④を，⑤発電機内部の無負荷誘導起電力として描く。

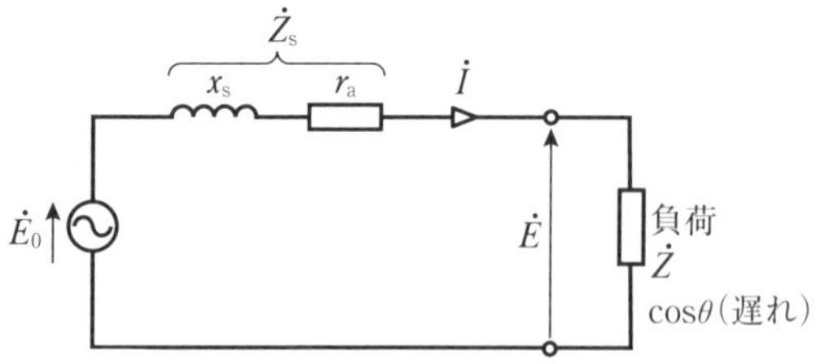

$\dot{E}$：端子電圧（相電圧）　r_a：電機子巻線抵抗
$\dot{I}$：電機子電流（負荷電流）　x_s：同期リアクタンス
$\dot{Z}$：負荷インピーダンス　$\dot{Z}_s$：同期インピーダンス
cosθ：負荷力率（遅れ）　$\dot{E}_0$：無負荷誘導起電力（相電圧）

図４－１

問5　㊎（4）

単巻変圧器には，一次側回路と二次側回路を絶縁することができないという欠点がある。しかし，超高圧系統である500kVや275kVなどは，同じ接地系統（中性点直接接地）なので系統連系に単巻変圧器を使用できる。単巻変圧器は，線路容量に比べて自己容量を低減できるので，超大形変圧器にとっては極めて有利となる。

また，単巻変圧器は一次側と二次側の巻線が共通であるため，漏れ磁束が少なく，電圧変動率が小さい。さらに，電流密度を等しくした場合は，銅量を少なくすることができるので，効率が向上し，かつ温度上昇が抑えられ，冷却が容易となるなどの利点もある。

問6　㊎（1）

三相半波整流回路の直流平均電圧 E_d[V] は，次式で求められる。

$$E_d=\frac{3\sqrt{6}}{2\pi}E\cos\alpha\fallingdotseq 1.17E\cos\alpha\,[\mathrm{V}]$$

E：電源電圧（相電圧）

α：位相制御角

この式から，直流平均電圧 E_d[V] は $\cos\alpha$ に比例することがわかる。

したがって，$\alpha = 30$[°] のときの直流電圧を V_1[V]，$\alpha = 60$[°] のときの直流電圧を V_2[V] とすると，次式が成立する。

$$V_1 : \cos 30° = V_2 : \cos 60°$$

$$V_2 = V_1 \times \frac{\cos 60°}{\cos 30°} = 440 \times \frac{\frac{1}{2}}{\frac{\sqrt{3}}{2}}$$

$$= \frac{440}{\sqrt{3}}\,[\mathrm{V}]$$

$\alpha = 30$[°] で運転した場合の逆起電力 E_1[V] は，

$$E_1 = V_1 - r_a I_a$$

$$= 440 - 0.022 \times 500 = 429\,[\mathrm{V}]$$

$\alpha = 60$[°] で運転した場合の直流機のトルクは，磁束 ϕ[Wb] と電機子電流 I_a[A] の積に比例する。ただし，題意より励磁電流が一定なので磁束は変わらない。また，トルクも同じなので，電機子電流も変わらないことになる。したがって，逆起電力 E_2[V] は，

$$E_2 = V_2 - r_a I_a$$

$$= \frac{440}{\sqrt{3}} - 0.022 \times 500 \fallingdotseq 243\,[\mathrm{V}]$$

回転速度は，逆起電力に比例するので，$\alpha = 30$[°] のときの回転速度を N_1[min^{-1}]，$\alpha = 60$[°] のときの回転速度を N_2[min^{-1}] とすると，

$$N_2 = N_1 \times \frac{E_2}{E_1} = 900 \times \frac{243}{429}$$

$$\fallingdotseq 510\,[\mathrm{min}^{-1}]$$

問7　答（4）

図7-1のように，誘導電動機が回転しているときの滑りは常に0～1の間にあり，正の値である。この誘導電動機の固定子を電源に接続したままで，回転子を回転磁界と同方向に同期速度 N_s より大きい速度 N で回転させると，回転磁界と回転子の相対速度は $(N_s - N)$ となり，滑り s は負の値になる。このことは，回転子二次巻線が電動機の場合と逆の方向に回転磁界を切ることを表すので，二次巻線の誘導起電力と二次電流は電動機の場合とは逆方向となる。また，固定子と回転子との間のトルクも回転方向とは逆になり，固定子巻線の電流も電動機の場合とは逆になる。したがって，原動機からの回転子への機械的入力は，電気的出力になって固定子から電源に送り返されたことになるので，誘導発電機として動作する。

誘導発電機には次のような特徴があり，小水力用発電機や風力用発電機などで使用されている。

①同期発電機のような励磁装置が不要，かつ構造が簡単・堅牢であり安価である。

②漏れインピーダンスが大きいので，短絡電流が小さい。

③端子電圧と周波数は，電源の電圧と周波数に等しく回転速度に無関係である。

④発電機電流は端子電圧に対して進み電流となる。

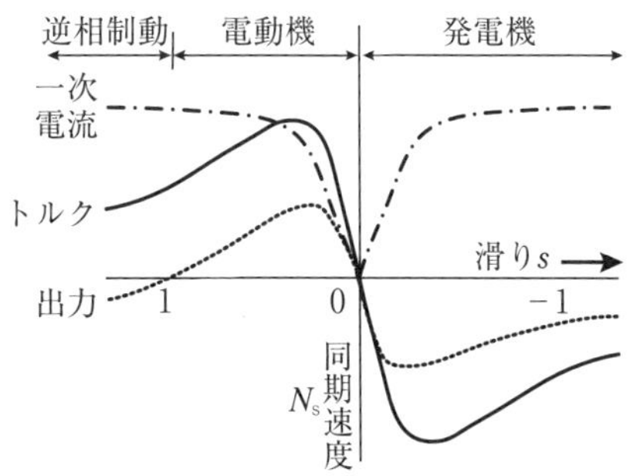

図7-1　速度特性曲線

問8 答 (3)

サイリスタに商用交流電圧を入力して可変交流電圧を得るためには，転流重なり角でなく，制御角を変えてターンオンさせる。制御角が小さいほど，出力電圧の実効値と平均値は大きくなる。

問9 答 (1)

負荷の回転数N_Lは，減速比αが10なので，

$$N_L = \frac{1}{10} \times N_m$$

$$= \frac{1}{10} \times 1150 = 115\,[\mathrm{min}^{-1}]$$

軸入力P_L[kW]は，電動機出力をP_m[kW]とすると，$P_L = \eta P_m$となる。また，$P_L = \omega_L T_L$および$P_m = \omega_m T_m$の関係があるので，

$$T_L = \frac{\eta P_m}{\omega_L} = \frac{\eta \omega_m T_m}{\omega_L} = \eta \alpha T_m$$

$$= 0.95 \times 10 \times 120 = 1140\,[\mathrm{N \cdot m}]$$

したがって，求める軸入力P_Lは，

$$P_L = \omega_L T_L$$

$$= \frac{2 \times \pi \times 115}{60} \times 1140$$

$$= 13\,729\,[\mathrm{W}] \fallingdotseq 13.7\,[\mathrm{kW}]$$

問10 答 (5)

一般的な水銀ランプは，高圧水銀蒸気中のアーク放電による青白色の発光であるため，演色性がやや悪く，発光効率は約40～60[lm/W]であり，ランプの寿命は約12 000時間である。

メタルハライドランプは，発光管内に金属ハロゲン化合物を添加することにより，一般的な水銀ランプの特性と比べて，演色性と発光効率を改善したものである。このランプは，始動時間が数分間と長く，再始動時にはランプの冷却時間が必要となり，さらに長くなる。そのため，繰り返し点滅させる用途には不向きである。

また，大形船舶内の作業場などの比較的危険な作業場の照明用としては，突発的な停電時に作業員が安全な場所へ退避するために，ほかの補助的な照明装置を併用している。メタルハライドランプの寿命は，一般的な水銀ランプよりやや短い。

問11 答 (3)

全光束F[lm]は，

全ランプの電力×個数×ランプ効率

である。保守率をM，床面に対する照明率をU，床面積をS[m^2]とすると，床面の平均照度Eは，

$$E = \frac{FMU}{S}$$

$$= \frac{40 \times 2 \times 6 \times 80 \times 0.7 \times 0.5}{6 \times 6}$$

$$\fallingdotseq 373.33 \rightarrow 373\,[\mathrm{lx}]$$

問12 答 (3)

30℃の水を100℃に加熱にするのに必要な熱エネルギーW_h[kJ]は，比熱をc[kJ/(kg·K)]，質量をm[kg]，温度差をθ[K]とすると，次式で求められる。

$$W_h = cm\theta$$

$$= 4.18 \times 2 \times (100 - 30) \fallingdotseq 585\,[\mathrm{kJ}]$$

また，10分間で消費する電力量(熱エネルギー)W_e[kJ]は，発熱体の抵抗をR[Ω]，電力をP[kW]，時間をT[h]，効率をηとすると，次式で求められる。

$$W_e = PT \times 3\,600 \times \eta$$

$$= \frac{V^2}{R} \times 10^{-3} \times T \times 3\,600 \times \eta$$

$$=\frac{100^2}{R}\times 10^{-3}\times\frac{10}{60}\times 3\,600\times 0.8$$

$$=\frac{4\,800}{R}\,[\mathrm{kJ}]$$

この場合，$W_{\mathrm{h}}=W_{\mathrm{e}}$ なので，

$$\frac{4\,800}{R}=585$$

したがって，発熱体の抵抗 R[Ω] は，

$$R=\frac{4\,800}{585}\fallingdotseq 8.2\,[\Omega]$$

問13　答（2）

リチウムイオン電池 1 個の電圧は 3.7V で，エネルギーが 8.88W·h なので，電池の容量を Ih[A·h] とすると，次式が成り立つ。

$$8.88[\mathrm{W\cdot h}] = 3.7[\mathrm{V}] \times Ih[\mathrm{A\cdot h}]$$

したがって，電池 1 個の容量 Ih[A·h] は，

$$Ih=\frac{8.88}{3.7}=2.4\,[\mathrm{A\cdot h}]$$

電池を 100 個直列に接続すると 2 時間使用できるので，消費電力 P[W] は，

$$P=\text{電圧}\times\frac{\text{容量}}{\text{時間}}\times\text{個数}$$

$$=3.7\times\frac{2.4}{2}\times 100=444\,[\mathrm{W}]$$

問14　答（4）

地球に降り注ぐ太陽光のエネルギー密度は，日本の緯度では約 1 000W/m^2 という膨大な量である。これを永続的に有効利用する有力な案として，太陽光発電の発電効率を向上させて，そのエネルギーにより水を電気分解して水素ガスを生成，貯蔵しておくことなどが挙げられる。

この水素ガスを燃料電池の燃料として，大気中の酸素も利用すれば，昼夜を問わず再生可能エネルギーである太陽光エネルギーの有効活用を図ることができる。そのため現在，全国各地で実証設備が開発，稼働中である。また，水素ガスについては，液体物質化により体積を縮小して大量貯蔵·大量輸送を目指す技術も開発中である。

B問題

問15　答（a）-（5），（b）-（2）

（a）力率 1 の場合，1 相当たりのベクトル図は図 15-1 のようになる。

端子電圧の相電圧 V[V] は，

$$V=\frac{210}{\sqrt{3}}\fallingdotseq 121\,[\mathrm{V}]$$

同期リアクタンス降下 $x_{\mathrm{s}}I_1$[V] は，

$$x_{\mathrm{s}}I_1=7\times 10=70\,[\mathrm{V}]$$

となる。

したがって，1 相の誘導起電力 E_1[V] は，

$$E_1=\sqrt{121^2+70^2}\fallingdotseq 140\,[\mathrm{V}]$$

内部相差角 δ_1[°] は，

$$\delta_1=\sin^{-1}\frac{70}{140}=\sin^{-1}\frac{1}{2}=30\,[^\circ]$$

三相出力 P[kW] は，

$$P=3\times\frac{VE_1}{x_{\mathrm{s}}}\sin\delta_1$$

$$=3\times\frac{121\times 140}{7}\sin 30^\circ$$

$$=3\,630\,[\mathrm{W}]\rightarrow 3.63\,[\mathrm{kW}]$$

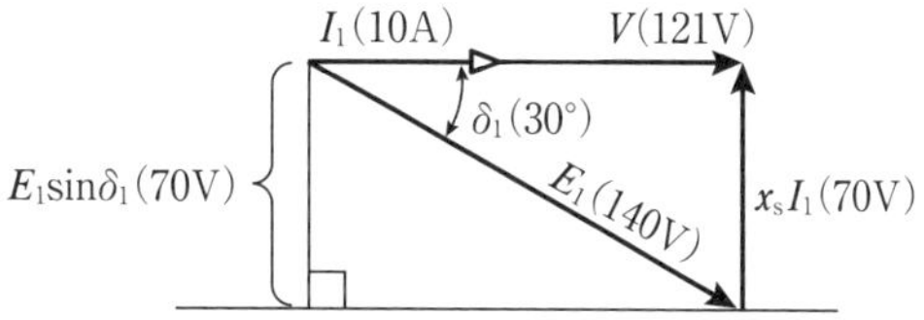

図15-1

（b）界磁電流を1.5倍にした場合，1相当たりのベクトル図は図15-2のようになる。

題意より，磁気飽和がないので誘導起電力は界磁電流に比例する。したがって，1相の誘導起電力 E_2［V］は，

$$E_2 = E_1 \times 1.5$$
$$= 140 \times 1.5 = 210\,[\mathrm{V}]$$

ここで，図15-2のb～cの長さを求める。

$$\overline{\mathrm{bc}} = \overline{\mathrm{ac}} - \overline{\mathrm{ab}}$$
$$= \sqrt{210^2 - 70^2} - 121$$
$$\fallingdotseq 77\,[\mathrm{V}]$$

したがって，電機子電流 I_2［A］は，

$$I_2 = \frac{x_s I_2}{x_s}$$
$$= \frac{\sqrt{70^2 + 77^2}}{7} \fallingdotseq 14.9\,[\mathrm{A}]$$

力率 $\cos\theta_2$［%］は，

$$\cos\theta_2 = \frac{E_2 \sin\delta_2}{x_s I_2}$$
$$= \frac{x_s I_1}{x_s I_2} \times 100$$
$$= \frac{I_1}{I_2} \times 100$$
$$= \frac{10}{14.9} \times 100 \fallingdotseq 67\,[\%]$$

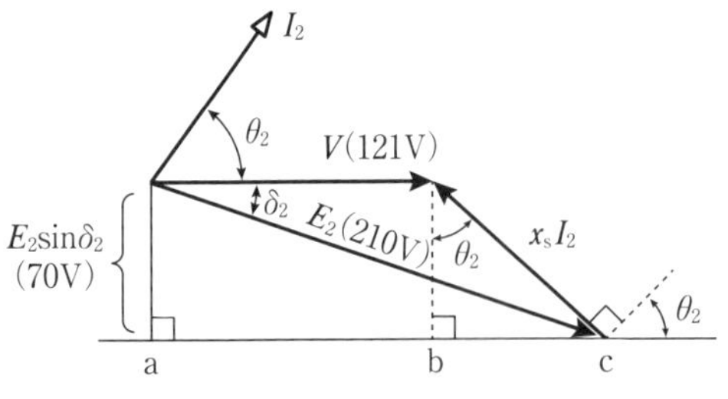

※　同一出力の場合 $E\sin\delta$ は一定となる，よって E_2 は直線のac上を動く。

図15-2

問16　答（a）-（4），（b）-（2）

（a）変圧器の定格容量を P，鉄損を P_i，銅損を P_c，力率を $\cos\theta$ とすると効率 η は，

$$\eta = \frac{P\cos\theta}{P\cos\theta + P_i + P_c}$$

ここで，力率100%，負荷が $\frac{3}{4}$ のときの効率 η は97.8%（＝0.978）であるから，

$$\eta = \frac{\frac{3}{4}P}{\frac{3}{4}P + P_i + P_c} = 0.978$$

上式において，

$$\frac{3}{4}P = \frac{3}{4} \times 100 = 75\,[\mathrm{kW}]$$

であり，このとき $P_i = P_c$ なので，

$$\frac{75}{75 + 2P_i} = 0.978$$

これより，

$$P_i \fallingdotseq 0.84356\,[\mathrm{kW}] \rightarrow 844\,[\mathrm{W}]$$

（b）負荷が $\frac{3}{4}$ 時の銅損 P_c は負荷電流 I の2乗に比例し，電圧は一定なので負荷電力の2乗にも比例する。全負荷で力率100%，つまり定格電流 I_n では，

$$I_n = \frac{4}{3} I \rightarrow I_n{}^2 = \left(\frac{4}{3}\right)^2 I^2$$

より，全負荷時の銅損 P_{cn} は，

$$P_{cn} = P_c \times \left(\frac{4}{3}\right)^2$$
$$= 843.56 \times \frac{16}{9}$$
$$\fallingdotseq 1\,499.7 \rightarrow 1\,500\,[\mathrm{W}]$$

問17　答 (a)-(1), (b)-(5)

(a) 題意の図1における論理回路の各要素は表17-1の論理式で表される。

題意の図1の論理回路を入力 A, B から出力 C に向かって順に整理していくと，途中の①，②，③，④の論理式はそれぞれ次のようになる。

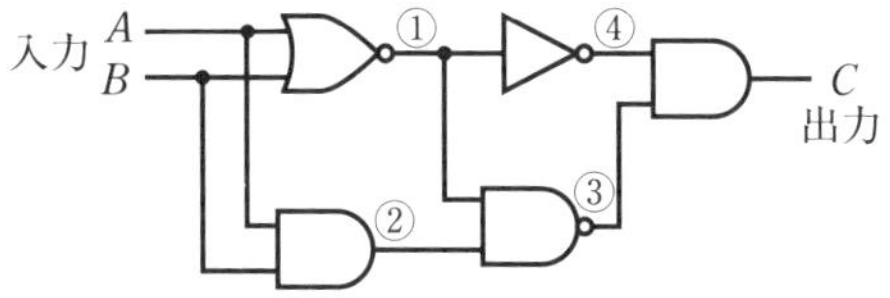

① $=\overline{A+B}$

② $=A\cdot B$

③ $=\overline{①\cdot②}=\overline{(\overline{A+B})\cdot(A\cdot B)}$

$=\overline{(\overline{A}\cdot\overline{B})\cdot(A\cdot B)}$

$=\overline{(\overline{A}\cdot A)\cdot(\overline{B}\cdot B)}=\overline{0}=1$

④ $=\overline{①}=\overline{\overline{(A+B)}}=A+B$

したがって，出力 C は次のようになる。

$C=$③$\cdot$④$=1\,(A+B)=A+B$

補足として，③式の変形には次の公式を使用する。

ド・モルガンの定理

$(\overline{A+B})=(\overline{A}\cdot\overline{B})$

相補則

$(\overline{A}\cdot A)=0$

$(\overline{B}\cdot B)=0$

表17-1

論理回路	図記号	論理式
NOR (否定論理和)	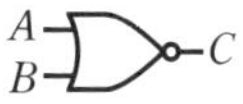	$C=\overline{A+B}$
AND (論理積)	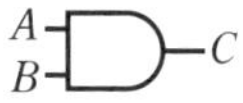	$C=A\cdot B$
NOT (論理否定)	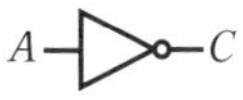	$C=\overline{A}$
NAND (否定論理積)		$C=\overline{A\cdot B}$

(b) (a) で得られた結果より，出力 C は OR (論理和) となる。このため，$A=0$, $B=0$ のとき $C=0$ であるが，それ以外はすべて $C=1$ となる。したがって，出力信号 C の波形は (5) になる。

問18　答 (a)-(4), (b)-(2)

(a) 題意の図2において，電流を I として $V_1(\mathrm{j}\omega)$ と $V_2(\mathrm{j}\omega)$ を求めると，

$$V_1(\mathrm{j}\omega)=\mathrm{j}\omega LI+RI=(R+\mathrm{j}\omega L)I$$

$$V_2(\mathrm{j}\omega)=\mathrm{j}\omega LI$$

次に，$G_1(\mathrm{j}\omega)$ を求める。

$$G_1(\mathrm{j}\omega)=\frac{V_2(\mathrm{j}\omega)}{V_1(\mathrm{j}\omega)}=\frac{\mathrm{j}\omega LI}{(R+\mathrm{j}\omega L)I}=\frac{\mathrm{j}\omega L}{R+\mathrm{j}\omega L}$$

(b) 題意の図1において $G(\mathrm{j}\omega)$ を求めると，

$$G(\mathrm{j}\omega)=\frac{Y(\mathrm{j}\omega)}{X(\mathrm{j}\omega)}=\frac{K}{1+G_1(\mathrm{j}\omega)K}=\frac{1}{\dfrac{1}{K}+G_1(\mathrm{j}\omega)}=\frac{1}{\dfrac{1}{K}+\dfrac{\mathrm{j}\omega L}{R+\mathrm{j}\omega L}}$$

$K\to\infty$ とすると，

$$G(\mathrm{j}\omega)=\frac{R+\mathrm{j}\omega L}{\mathrm{j}\omega L}=1+\frac{R}{\mathrm{j}\omega L}$$

法規　模擬問題(1)　難易度表

		出題分野・項目※1	難易度※2	正解	配点
A問題	問1	法・39条	★★★	(3)	6
	問2	法・48条，同法施行規則・65条，電気関係報告規則・3条	★★★	(4)	6
	問3	電気工事士法・1，2条	★★★	(1)	6
	問4	電気工事士法・3条，4条の2，同法施行規則・2条，電気工事業務の適正化に関する法律・2，3条，17条の2	★★★★	(5)	6
	問5	電気用品安全法・1，2，3，8条，同法施行令・4条	★★★	(4)	6
	問6	電技・1条，解釈・1，49条	★★★	(5)	6
	問7	電技・44条，解釈・42条	★★★★	(3)	6
	問8	解釈・175条	★★★★	(2)	6
	問9	電気施設管理・受電設備	★★★	(3)	6
	問10	電気施設管理・受電設備	★★★	(2)	6
B問題	問11 (a)	電気施設管理・平均需要電力	★★	(1)	6
	(b)	・負荷率，不等率	★★	(4)	7
	問12 (a)	電気施設管理・地絡電流	★★	(4)	6
	(b)	・地絡保護	★★★	(2)	7
	問13 (a)	解釈・15条	★★★	(2)	7
	(b)		★★★	(3)	7

※1　法は「電気事業法」，電技は「電気設備技術基準」，解釈は「電気設備技術基準の解釈」を表す

※2　★3を標準的な電験三種のレベルとしている（易→普通→難：★1→★3→★5）

〈自己採点〉

	①	②	③	④	⑤
学習日	/	/	/	/	/
点　数	点	点	点	点	点

法規　解答・解説

A問題

以下の解説で，法は「電気事業法」，電技は「電気設備技術基準」，解釈は「電気設備技術基準の解釈」を表すものとする。

問1　答（3）

法第39条（事業用電気工作物の維持）からの出題である。同法により，事業用電気工作物は技術基準への適合と人体への危害，物件への損傷防止，電気的，磁気的障害の防止，および一般送配電事業者の電気の供給に著しい支障を及ぼさないよう定められている。

問2　答（4）

法第48条，同法施行規則第65条（工事計画の事前届出），電気関係報告規則からの出題である。感電死傷事故の速報は，24時間以内に報告する。出力500kW以上の風力発電所の主要設備には，容量500kV·A以上の調相設備が含まれており，その破損事項は報告対象である。

問3　答（1）

電気工事士法第1条（目的），第2条（用語の定義）からの出題である。同法第1条では，電気工事の作業に従事するものの資格および義務を定め，欠陥による災害の防止を目的としている。

500kW未満の自家用電気工作物がこの法律の自家用電気工作物である。

電気工事とは一般用，自家用電気工作物を設置し，または変更することである。

問4　答（5）

a.は，電気工事士法第3条（電気工事士等）および同施行規則第2条（軽微な作業）からの出題で，「免許のないものが従事できる作業は，第一種電気工事士が従事する作業の補助」である。選択肢は第二種電気工事士のため，不適切である。

b.は，電気工事士法第3条からの出題で，「当該特殊電気工事に係る特種電気工事資格者でなければ工事に従事できない」とあるため，不適切である（**表4－1**参照）。

c.は，電気工事士法第3条および同第4条の2（特種電気工事資格者認定証および認定電気工事従事者認定証）より，適切である。

d.は，電気工事業の業務の適正化に関する法律第2条（定義）より，適切である。

e.は，電気工事業の業務の適正化に関する法律第3条（登録）および第17条の2（自家用電気工事のみに係る電気工事業の開始通知等）からの出題である。一般用および自家用電気工作物の電気工事業を営もうとする者が登録，自家用電気工作物のみの場合は10日前の通知を行う。問題の記述は逆であるため，e.は不適切である。

表4－1は，電気工事士法における電気工作物ごとの電気工事と従事可能な資格保有者の種類である。

表4-1　電気工事と従事可能な資格保有者の種類

電気工作物	工事と従事に必要な資格
一般用電気工作物	電気工事 ・第一種電気工事士 ・第二種電気工事士
自家用電気工作物[※1] （500kW未満の需要設備）	電気工事 ・第一種電気工事士
	経済産業省令で定める簡易電気工事 ・第一種電気工事士 ・認定電気工事従事者
	経済産業省令で定める特殊電気工事[※2] ・特種電気工事資格者

※1：電気工事士法の自家用電気工作物は500kW未満の需要設備のことで，500kW以上の需要設備，発電所，変電所などは含まれない。
※2：特殊電気工事は専門的な知識と技能が必要な特殊な電気工事のことで，自家用電気工作物のネオン工事，非常用予備発電装置工事をいう。

問5　答（4）

電気用品安全法第1条（目的），2条（定義），3条（事業の届出），8条（基準適合義務等）および同施行令第4条（輸出用電気用品の特例）からの出題である。電気用品安全法第1条より（ア）「安全性」，（イ）「自主的な活動」，同第2条より（ウ）「政令」，同第3条より（エ）「の日から30日以内」，同第8条および同施行令第4条より（オ）「輸出するための」とある。

問6　答（5）

電技第1条（用語の定義），解釈第1条（用語の定義），49条（電線路に係る用語の定義）からの出題である。支持物とは，電線または弱電流電線，もしくは光ファイバーケーブルを支持するもの。点検できない隠ぺい場所とは天井ふところ，壁内，コンクリート床内。第1次接近状態とは3m以上，支持物の地上高さ以内。また，第2次接近状態は3m未満である。

問7　答（3）

電技第44条（発変電設備などの損傷による供給支障の防止），解釈第42条（発電機の保護装置）からの出題である。電技第44条により，電気機械器具に異常が生じた場合，自動的に電路から遮断する装置を施設しなければならない。解釈第42条により，発電機を自動的に電路から遮断する装置は，発電機に過電流を生じた場合。10 000kV·A以上の発電機の内部に故障を生じた場合。10 000kWを超える蒸気タービンのスラスト軸受が著しく摩耗，またはその温度が著しく上昇した場合などに施設する。なお，スラスト軸受とは軸方向に働く力を受けることができる軸受である。

問8　答（2）

解釈第175条（粉じんの多い場合の施設）からの出題である。合成樹脂管工事は，可燃性粉じんの多い場所のみ施工可能である。可燃性粉じん，爆燃性粉じんの多い場所の両方に施工可能なものは金属管工事である。

問9　答（3）

高調波と電圧フリッカに関する出題である。高調波，フリッカのいずれもその発生により他の需要家にさまざまな問題が生じる。したがって，発生源となった需要家が確実に対策をする必要がある。

問10　答（2）

問題文の空白に入る文字は，（ア）「絶縁油」，（イ）「遮断器」，（ウ）「直流電流試験」，（エ）「目視，外形測定」，（オ）「酸化亜鉛素子」

である。

B問題

問11　答 (a)-(1)，(b)-(4)

（a）平均需要電力 P_a[kW]は，以下の式で求めることができる。

$$P_a = S_f \times \frac{P_f}{100} \times \frac{D_f}{100} \times \frac{L_f}{100} \text{[kW]} \quad \cdots\cdots ①$$

設備容量 S_f[kV·A]　力率 P_f[%]

需要率 D_f[%]　負荷率 L_f[%]

①式より，各需要家の平均需要電力を計算すると，

$$P_{aA} = 750 \times \frac{80}{100} \times \frac{50}{100} \times \frac{20}{100} = 60\text{[kW]}$$

$$P_{aB} = 300 \times \frac{60}{100} \times \frac{50}{100} \times \frac{40}{100} = 36\text{[kW]}$$

$$P_{aC} = 250 \times \frac{95}{100} \times \frac{40}{100} \times \frac{60}{100} = 57\text{[kW]}$$

したがって，平均需要電力はA需要家が最も大きい。

（b）変電所からみた合成平均需要電力 P_{ao}[kW]は，以下の式で計算できる。

$$P_{ao} = P_{aA} + P_{aB} + P_{aC}$$
$$= 60 + 36 + 57 = 153\text{[kW]}$$

したがって，合成負荷率 L_{fo}[%]は以下で計算できる。ただし，題意より合成最大需要電力 $P_{mo} = 388$[kW]であるから，

$$L_{fo} = \frac{P_{ao}}{P_{mo}} \times 100$$
$$= \frac{153}{388} \times 100$$
$$\fallingdotseq 39.433 \rightarrow 39.4\text{[%]}$$

各需要家の最大需要電力 P_m[kW]を計算すると，

$$P_{mA} = 750 \times \frac{80}{100} \times \frac{50}{100} = 300\text{[kW]}$$

$$P_{mB} = 300 \times \frac{60}{100} \times \frac{50}{100} = 90\text{[kW]}$$

$$P_{mC} = 250 \times \frac{95}{100} \times \frac{40}{100} = 95\text{[kW]}$$

題意より，不等率は以下で求められる。

$$\text{不等率} = \frac{\text{最大需要電力の総和}}{\text{合成最大需要電力}}$$
$$= \frac{300 + 90 + 95}{388} = 1.25$$

したがって，合成負荷率は39.4%，不等率は1.25である。

問12　答 (a)-(4)，(b)-(2)

（a）F_1で1線完全地絡が発生した場合の等価回路は，図12-1のとおりである。

ZCTに流れる電流 I_{g2} は図12-1より，

$$I_{g2} = 3\omega C_2 \frac{V}{\sqrt{3}}$$
$$= 3 \times 2\pi \times 60 \times 0.02 \times 10^{-6} \times \frac{6\,600}{\sqrt{3}}$$
$$\fallingdotseq 0.086192 \rightarrow 0.0862\text{[A]}$$

需要家の外側の F_1 で地絡が発生した場合，需要家内を保護するZCTに需要家内の対地静電容量 C_2 による電流が流れる。

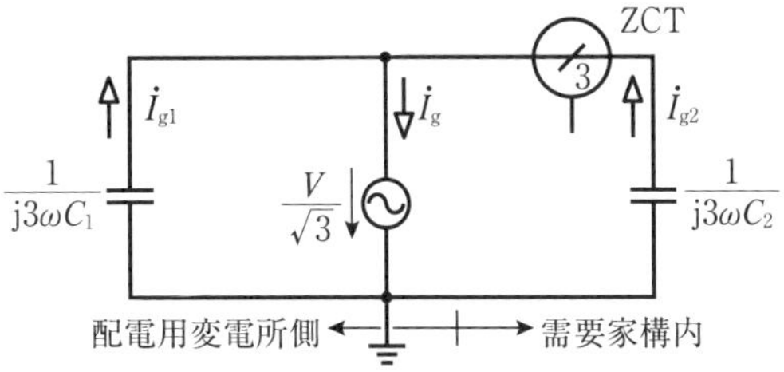

図12-1

（b）（1）誤り。

F_2で1線完全地絡が発生した場合の等価回路は，図12-2のとおりである。ZCTに流れる電流 I_{g1} は図12-2を参考にして

計算する。

$$I_{g1}=3\omega C_1\frac{V}{\sqrt{3}}$$

$$=3\times2\pi\times60\times2.0\times10^{-6}\times\frac{6\,600}{\sqrt{3}}$$

$$\fallingdotseq 8.6192\rightarrow 8.62\,[\mathrm{A}]$$

したがって，ZCT に流れる電流は 8.62A なので，(a)の値よりも大きいため間違いである。

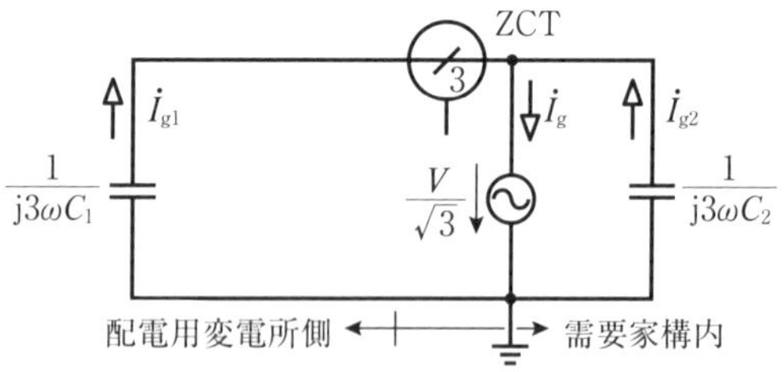

図12-2

（2）正しい。

F_1 の地絡は PAS の左側にあり，需要家の責任範囲外のため，GR を動作させないようにするのは正しい。

（3）誤り。

(a)の F_1 の地絡により，需要家の GR が動作することを「もらい事故」と呼んでいる。もらい事故の原因としては，需要家の対地静電容量(C_2)が大きいことが挙げられる。対策としては，DGR（地絡方向継電器）の採用がある。したがって，GR であれば誤動作のおそれは少ないとの記述は間違いである。

（4）誤り。

GR には，過去に違法改造した移動無線機が原因とされる誤動作を起こした事例がある。無線による誤動作を防止するには，シールド付きケーブルの採用，道路からできるだけ離す，前述の DGR の採用などの対策が必要である。したがって，配線のシールドが不要との記述は間違いである。

（5）誤り。

金属遮へい層を有する高圧ケーブルの場合，遮へい層用接地線の接地箇所は高圧ケーブルの端末部の２箇所(電源，負荷側)のどちらかになる。また，ZCT も２箇所のどちらかになり，組合せによっては遮へい層を流れる地絡電流と動力線に流れる地絡電流で打ち消し合い，地絡を検出できなくなる可能性がある。対策としては，知識・技量を有する第一種電気工事士による施工，電気主任技術者による確認などが必要である。したがって，遮へい層用接地線の ZCT への貫通の有無にかかわらず，地絡は確実に検出されるとの記述は間違いである。詳細は，第一種電気工事士のテキストまたは高圧受電設備規程(JEAC8011)を参照のこと。

問13　答 (a)-(2)，(b)-(3)

（a）題意および解釈第１条(用語の定義)より，最大使用電圧 V_m [V]は以下で計算できる。

$$V_m=6\,600\times\frac{1.15}{1.1}=6\,900\,[\mathrm{V}]$$

解釈第 15 条(高圧または特別高圧の電路の絶縁)より，交流の絶縁耐力試験電圧 V_t[V]は以下で計算できる。

$$V_m=1.5\times V_m$$

$$=1.5\times6\,900=10\,350\,[\mathrm{V}]$$

対象ケーブル３心分の静電容量 C [μF]は，以下で計算できる。

$$C=3\times0.52\times0.2=0.312\,[\mu\mathrm{F}]$$

したがって，ケーブルに流れる電流 I_2[mA]は以下で計算できる。

$I_2 = \omega C V_t$

$= 2\pi \times 50 \times 0.312 \times 10^{-6} \times 10\,350$

$\fallingdotseq 1.0145\,[\mathrm{A}] \rightarrow 1\,010\,[\mathrm{mA}]$

（b）題意より，V_t が加わったときの高圧補償リアクトル１台の電流 I_L［mA］は以下で計算できる。

$$I_L = 253 \times \frac{10\,350}{12\,000} \fallingdotseq 218.21\,[\mathrm{mA}]$$

高圧補償リアクトルを N 台設置したとき，試験用変圧器に流れる電流 I_1 が 400mA 以下であればよいので，以下の式が成り立つ。

$$I_1 = I_2 - (N+1) \cdot I_L < 400$$

$$\rightarrow N+1 > \frac{I_2 - 400}{I_L} = \frac{1014.5 - 400}{218.21}$$

$$\fallingdotseq 2.8161$$

$N > 2.8161 - 1 = 1.8161$

$\rightarrow N$ は最低２台必要

なお，**図 13-1** は試験電圧 V_t を基準とするフェーザ(ベクトル)図である。

ケーブルに流れる電流 I_2 と補償リアクトルに流れる電流 $(N+1)I_L$ は逆方向であり，差分が試験変圧器に流れる電流 I_1 である。(b) は，この I_1 を 400 m A 以下とする高圧補償リアクトルの必要最小台数 N を求めればよい。

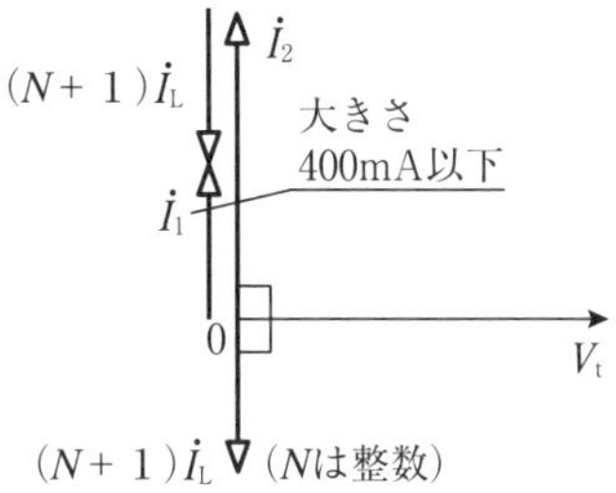

図13-1

理論　模擬問題（2）　難易度表

		出題分野・項目	難易度※1	正解	配点
A問題	問1	静電気・クーロンの法則	★★★	(3)	5
	問2	電磁気・環状ソレノイド	★★★	(5)	5
	問3	静電気・コンデンサの接続	★★★★	(3)	5
	問4	電磁気・インダクタンス	★★★	(1)	5
	問5	直流回路・2電源	★★★	(2)	5
	問6	単相交流・*RL* 直列回路	★★★	(1)	5
	問7	単相交流・*RLC* 直並列回路	★★★★	(4)	5
	問8	過渡現象・*RL* 直並列回路	★★★★	(1)	5
	問9	その他・電気一般	★★★	(2)	5
	問10	電子回路・オペアンプ	★★★★★	(3)	5
	問11	単相交流・ひずみ波	★★★	(1)	5
	問12	電気計測・指示電気計器	★★★	(4)	5
	問13	電子回路・ダイオード(リミッタ回路)	★★★	(1)	5
	問14	電子理論・磁界中の電子	★★★	(2)	5
B問題	問15 (a)	三相交流・Y－△混合	★★	(5)	5
	(b)		★★	(2)	5
	問16 (a)	静電気・クーロンの法則，点電荷による電位	★★★	(5)	5
	(b)		★★	(1)	5
	問17 (a)	三相交流・2電力計法	★★★★	(2)	5※2
	(b)		★★	(4)	5※2
	問18 (a)	電子理論・導体中の電子	★★★★	(2)	5※2
	(b)		★★★	(3)	5※2

※1　★3を標準的な電験三種のレベルとしている（易→普通→難：★1→★3→★5）

※2　問17と問18は選択問題であり，どちらか1題を選択する。

〈自己採点〉

	①	②	③	④	⑤
学習日	/	/	/	/	/
点　数	点	点	点	点	点

理論　解答・解説

A問題

問1　答（3）

クーロンの法則より，A 点，B 点の各電荷によるＰ点の電荷に働く力は反発力となる。これをそれぞれ F_A，F_B とすると，

$$F_A = \frac{1}{4\pi\varepsilon_0} \times \frac{3.0\times10^{-7}\times2.5\times10^{-6}}{2.0^2}$$

$$= 9\times10^9 \times \frac{3.0\times10^{-7}\times2.5\times10^{-6}}{2.0^2}\,[\mathrm{N}]$$

$$F_B = \frac{1}{4\pi\varepsilon_0} \times \frac{3.0\times10^{-7}\times2.5\times10^{-6}}{1.0^2}$$

$$= 9\times10^9 \times \frac{3.0\times10^{-7}\times2.5\times10^{-6}}{1.0^2}\,[\mathrm{N}]$$

よって，図１-１からＰ点の電荷に働く力 F[N] は，F_A と F_B が逆向きであるので，

$$F = F_B - F_A$$

$$= 9\times10^9\times\left(\frac{3.0\times10^{-7}\times2.5\times10^{-6}}{1.0^2} - \frac{3.0\times10^{-7}\times2.5\times10^{-6}}{2.0^2}\right)$$

$$= 9\times10^9\times3.0\times10^{-7}\times2.5\times10^{-6}\left(1-\frac{1}{4}\right)$$

$$\fallingdotseq 5.06\times10^{-3} \to 5.1\times10^{-3}\,[\mathrm{N}]$$

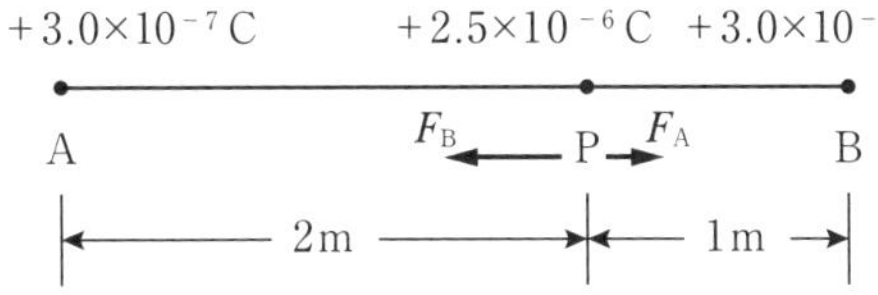

図１-１

問2　答（5）

磁気回路に関するオームの法則から，起磁力を $F=NI$[A]，磁気抵抗を R[H^{-1}]，磁束を ϕ[Wb]とすると（図２-１），

$$\phi = \frac{F}{R}$$

この磁気回路の磁気抵抗 R は，平均磁路長を l[m]，断面積を S[m^2]，比透磁率を μ_s とすると，

$$R = \frac{l}{\mu_0\mu_s S}$$

$$= \frac{0.4}{4\pi\times10^{-7}\times1\,000\times\pi\times(1\times10^{-2})^2}$$

$$= \frac{0.4}{4\pi^2\times10^{-8}}\,[\mathrm{H^{-1}}]$$

ここで，$F=NI=14$ [A]であるから，

$$\phi = \frac{F}{R} = \frac{14\times4\pi^2\times10^{-8}}{0.4}$$

$$\fallingdotseq 1.38\times10^{-5}\,[\mathrm{Wb}]$$

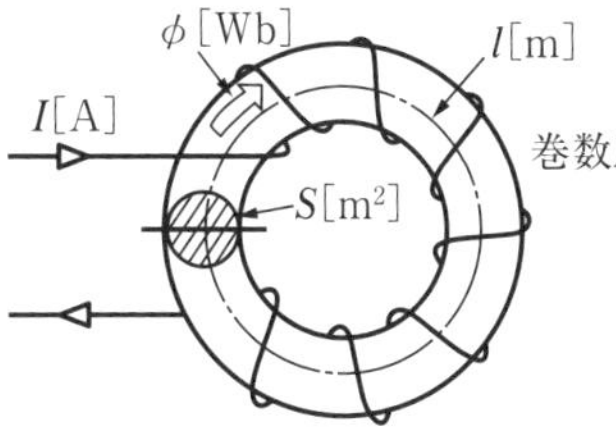

図２-１

問3　答（3）

電極面積 2 m^2，電極間隔 4 cmのコンデンサの静電容量を $C_A=C$[F]とすると，電極面積 4 m^2，電極間隔 2 cmのコンデンサの静電容量 C_B は，面積が２倍，電極間隔が $\frac{1}{2}$ 倍であるので，４倍の $C_B=4C$ となる。

スイッチがＡ側にあるとき，C_A に蓄えられる電荷 Q_A は，

$$Q_A = 500C\,[\mathrm{C}]$$

また，C_B に蓄えられている電荷 Q_B は，

$$Q_B = 250\times4C = 1\,000C\,[\mathrm{C}]$$

スイッチをB側へ切り替えると，電荷は電源と分離されて出入りできないため，総電荷は $Q_A + Q_B$ となる。合成静電容量は並列接続なので $C_A + C_B$ となり，次式が成立する。

$$V(C_A + C_B) = Q_A + Q_B$$
$$= 500C + 1\,000C$$
$$= 1\,500C$$

$$V = \frac{1\,500C}{C_A + C_B} = \frac{1\,500C}{C + 4C} = 300\,[\mathrm{V}]$$

問4　答（1）

コイルAに誘導される電圧 e_A[V]は，コイルAの自己インダクタンスを L_A[H]，コイルAに流れる電流の時間変化を $\dfrac{\Delta i_A}{\Delta t}$ とすると，次式で表される。

$$e_A = L_A \frac{\Delta i_A}{\Delta t}$$

よって，コイルAの自己インダクタンス L_A は，

$$L_A = \frac{e_A}{\dfrac{\Delta i_A}{\Delta t}}$$
$$= \frac{36}{\dfrac{10}{0.05}} = 0.18 = 180\,[\mathrm{mH}]$$

コイルBに誘導される電圧 e_B[V] は，コイルAとコイルBの相互インダクタンスを M[H] とすると，次式で表される。

$$e_B = M \frac{\Delta i_A}{\Delta t}$$

よって，コイルAとコイルBの相互インダクタンス M は，

$$M = \frac{e_B}{\dfrac{\Delta i_A}{\Delta t}}$$
$$= \frac{18}{\dfrac{10}{0.05}} = 0.09 = 90\,[\mathrm{mH}]$$

相互インダクタンス M，自己インダクタンス L_A, L_B には，次式の関係が成立する。

$$M = k\sqrt{L_A L_B}$$

ここで，k は結合係数である。題意より，コイルの漏れ磁束は無視できるので，結合係数は1である。

よって，コイルBの自己インダクタンス L_B[H] は，

$$L_B = \frac{M^2}{L_A}$$
$$= \frac{0.09^2}{0.18} = 0.045 = 45\,[\mathrm{mH}]$$

問5　答（2）

鳳−テブナンの定理を適用する。図5-1からスイッチSを開放した場合，スイッチ両端の開放電圧 V_o を求めると，

$$V_o = IR_2 - V$$

スイッチSを開放した所から回路網をみた抵抗 R_o は，電圧源 V を短絡し，電流源 I を開放して（図5-2），

$$R_o = R_2 + R_3$$

よって，スイッチSを閉じたとき，これに流れる電流 I_S は，鳳−テブナンの定理より，

$$I_S = \frac{V_o}{R_o} = \frac{IR_2 - V}{R_2 + R_3} = \frac{4 \times 5 - 8}{5 + 3}$$
$$= 1.5\,[\mathrm{A}]$$

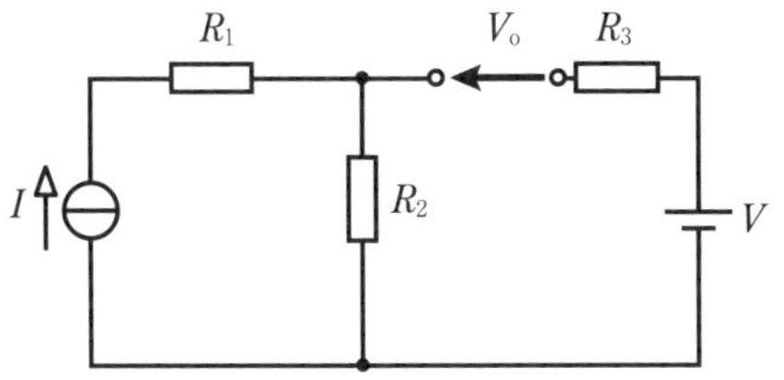

図5－1

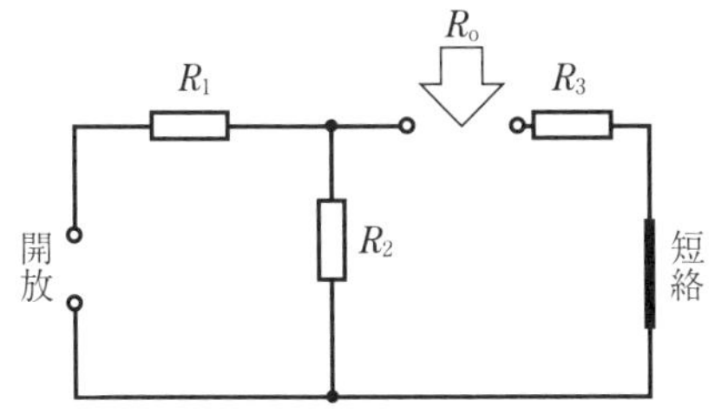

図5－2

問6　答（1）

図6－1に示すように，抵抗R［Ω］と誘導性リアクタンスX［Ω］が直列に接続されているので，合成インピーダンスZは，

$$Z=\sqrt{R^2+X^2}\,[\Omega]$$

となる。

これに電圧V＝200［V］を加えたとき，電流I＝20［A］が流れたので，

$$I=\frac{V}{\sqrt{R^2+X^2}}$$

$$20=\frac{200}{\sqrt{R^2+X^2}}$$

$$\sqrt{R^2+X^2}=10$$

両辺を２乗して，

$$R^2+X^2=100 \quad \cdots\cdots①$$

さらに，15 Ωの誘導性リアクタンスを直列に接続すると，図6－2のようになるので，合成インピーダンスは，

$$Z'=\sqrt{R^2+(X+15)^2}\,[\Omega]$$

となる。

これに電圧V＝200［V］を加えたとき，電流I＝10［A］が流れたので，

$$I=\frac{V}{\sqrt{R^2+(X+15)^2}}$$

$$10=\frac{200}{\sqrt{R^2+(X+15)^2}}$$

$$\sqrt{R^2+(X+15)^2}=20$$

同様に，両辺を２乗して，

$$R^2+(X+15)^2=400 \quad \cdots\cdots②$$

②式－①式より，

$$(X+15)^2-X^2=300$$

$$X^2+30X+225-X^2=300$$

$$30X=75$$

$$X=2.5\,[\Omega]$$

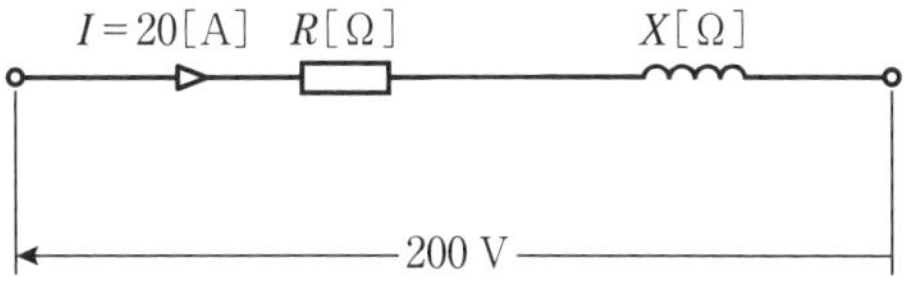

図6－1

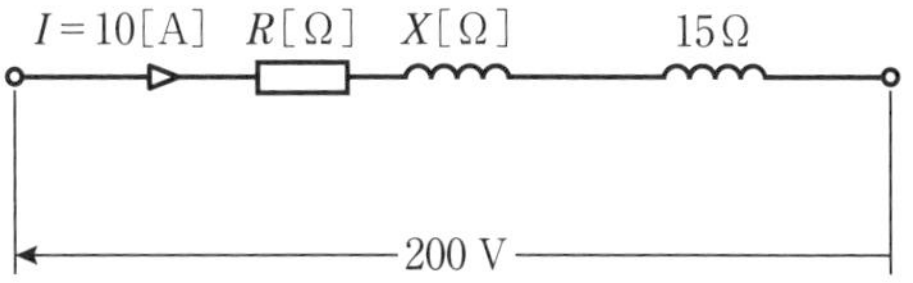

図6－2

問7　答（4）

題意の回路の合成インピーダンス$\dot{Z}$は，RとLの直列回路と，rとCの並列回路が直列接続されたものなので，

$$\dot{Z}=R+j\omega L+\frac{\dfrac{r}{j\omega C}}{r+\dfrac{1}{j\omega C}}$$

$$=R+j\omega L+\frac{r}{1+j\omega Cr}$$

$$=R+j\omega L+\frac{r(1-j\omega Cr)}{(1+j\omega Cr)(1-j\omega Cr)}$$

$$=R+j\omega L+\frac{r(1-j\omega Cr)}{1+(\omega Cr)^2}$$

$$=R+\frac{r}{1+(\omega Cr)^2}+j\left\{\omega L-\frac{\omega Cr^2}{1+(\omega Cr)^2}\right\}$$

ここで，インピーダンスのリアクタンスが零となるためには，上式において虚部が0であればよいので，

$$\omega L-\frac{\omega Cr^2}{1+(\omega Cr)^2}=0$$

したがって，

$$L=\frac{Cr^2}{1+(\omega Cr)^2}$$

問8　答（1）

インダクタンスLを流れる電流は，スイッチSを閉じた瞬間（$t=0$）は開放，十分に時間が経過して安定状態に達したとき（$t=\infty$）は短絡していると考えればよい。

$t=0$におけるA点を流れる電流I_0は，

$$I_0=\frac{E}{R_1+R_2}\,[\mathrm{A}]$$

であり，$t=\infty$におけるA点を流れる電流Iは，

$$I=\frac{E}{R_1+\dfrac{R_2R_3}{R_2+R_3}}\,[\mathrm{A}]$$

となる。

したがって，$\dfrac{I}{I_0}=5$となるには，

$$\frac{E}{R_1+\dfrac{R_2R_3}{R_2+R_3}}=5\times\frac{E}{R_1+R_2}$$

より，R_3について解くと，

$$R_1+R_2=5\times\left(R_1+\frac{R_2R_3}{R_2+R_3}\right)$$

$$=5R_1+5\times\frac{R_2R_3}{R_2+R_3}$$

$$R_2-4R_1=5\times\frac{R_2R_3}{R_2+R_3}$$

$$(R_2-4R_1)(R_2+R_3)=5R_2R_3$$

$$R_2(R_2-4R_1)+R_3(R_2-4R_1)=5R_2R_3$$

$$4R_3(R_1+R_2)=R_2(R_2-4R_1)$$

したがって，

$$R_3=\frac{R_2(R_2-4R_1)}{4(R_1+R_2)}\,[\Omega]$$

問9　答（2）

（1）正しい。

異なる2種類の金属で1つの閉回路を作り，起電力を加えて電流を流すと，接合部で熱の発生・吸収が発生する。この現象をペルチェ効果という。ペルチェはゼーベック効果の逆の現象である。

（2）誤り。

電流が流れている導体や半導体に直角に磁界をかけると，電流と磁界に垂直な方向に電圧を生じる。この現象をホール効果という。

（3）正しい。

電線に高周波電流を流した場合，電流は電線断面に一様に流れず，電線表面に集中して流れるようになり，内部に向かうに従って指数関数的に減少する。この現象を表皮効果という。表皮効果により電線の見かけの断面積は減少するので，直流の場合に比べて電気抵抗は増加する。表皮効果は，周波数50Hzや60Hzでは小さいが，周波数が高くなるほど著しくなる。また，導電率および比透磁率が大きいほど著しくなる。

（4）正しい。

金属に紫外線などの振動数の大きい電磁波を照射したとき，表面から電子が飛び出す現象を光電効果という。飛び出した電子は光電子と呼ばれる。

（5）正しい。

加速した電子を金属などに衝突させると，その表面から二次的に電子が放出され

る現象を二次電子放出といい，電子のもっているエネルギーが物質内の自由電子に与えられるために，一次電子の数倍の数の電子が放出される。また，金属を熱すると，電子がその表面から放出される。これを熱電子放出という。

問10　答（3）

図10-1に示す正相増幅回路において，抵抗 R_S を開放し，抵抗 R_F を短絡すると，その電圧増幅度は，

$$A_v = 1 + \frac{R_F}{R_S} = 1 + \frac{0}{\infty} = 1$$

となる。

この回路はボルテージホロワと呼ばれ，電圧の増幅はしないが，極めて大きい入力インピーダンスと極めて小さい出力インピーダンスを有するので，インピーダンス変換器や2つの回路間の相互干渉を防止する目的で設置される緩衝増幅器(バッファアンプ)として使用される。

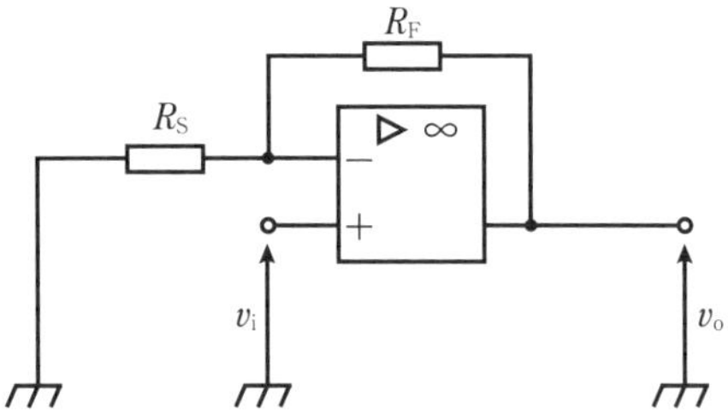

図10-1

問11　答（1）

基本波の実効値電圧は $\frac{100}{\sqrt{2}}$ [V]，実効値電流は $\frac{10}{\sqrt{2}}$ [A]，力率は $\cos(0° - 60°) = \frac{1}{2}$ であるので，基本波による電力 P_1 は，

$$P_1 = \frac{100}{\sqrt{2}} \times \frac{10}{\sqrt{2}} \times \frac{1}{2} = 250\,[\mathrm{W}]$$

また，第3次高調波の実効値電圧は $\frac{50}{\sqrt{2}}$ [V]，実効値電流は $\frac{20}{\sqrt{2}}$ [A]，力率は $\cos(-80° - (-50°)) = \frac{\sqrt{3}}{2}$ であるので，第3次高調波による電力 P_3 は，

$$P_3 = \frac{50}{\sqrt{2}} \times \frac{20}{\sqrt{2}} \times \frac{\sqrt{3}}{2} = 433\,[\mathrm{W}]$$

よって，この電圧 e および電流 i による電力 P は，

$$P = P_1 + P_3 = 250 + 433 = 683\,[\mathrm{W}]$$

問12　答（4）

（1）正しい。

可動コイル形計器は，永久磁石による磁界と，可動コイルに流れる電流による電磁力を利用するもので，直流電流の測定に適している。

（2）正しい。

整流形計器は，可動コイル形計器とブリッジ全波整流回路を組み合わせて，交流を測定できるようにしたものである。可動コイル形計器では平均値を指示するが，整流形計器の目盛は交流を正弦波と仮定して正弦波の実効値で目盛られている。

（3）正しい。

熱電形計器は，熱電対と可動コイル形計器を組み合わせた計器で，熱電対の接点を被測定電流によるジュール熱で加熱し，その温度上昇により熱電対に発生する直流起電力を可動コイル形計器で測定するものである。指示値は実効値で，直流から数十MHz程度までの高周波まで測定ができる。

（4）誤り。

可動鉄片形計器は，磁界中で磁化された

鉄片に働く力を応用しており，商用周波数の交流電流計および交流電圧計として広く普及している。

（5）正しい。

電流力形計器は，固定コイルと可動コイルに作用する電磁力を駆動トルクとするもので，電力計として利用される。

問13　答（1）

題意の図は波形整形回路の１つで，入力電圧の上部と下部をある電圧で切り取るリミッタと呼ばれる。この回路は，入力波形の正のサイクルではダイオード D_1 と電圧 $V_1 = 2$［V］で波形上部を切り取り，負のサイクルではダイオード D_2 と電圧 $V_2 = -4$［V］で波形下部を切り取るので，出力電圧 v_o は $-4 < v_o < 2$ の範囲となる。

- $v_i > 2$[V] のとき，D_1 はオンし，D_2 はオフするので，$v_o = 2$[V] となる。
- $-4 < v_i < 2$ のとき，D_1 と D_2 はオフするので，$v_o = v_i$ となる。
- $v_i < -4$[V] のとき，D_1 はオフし，D_2 はオンするので，$v_o = -4$[V] となる。

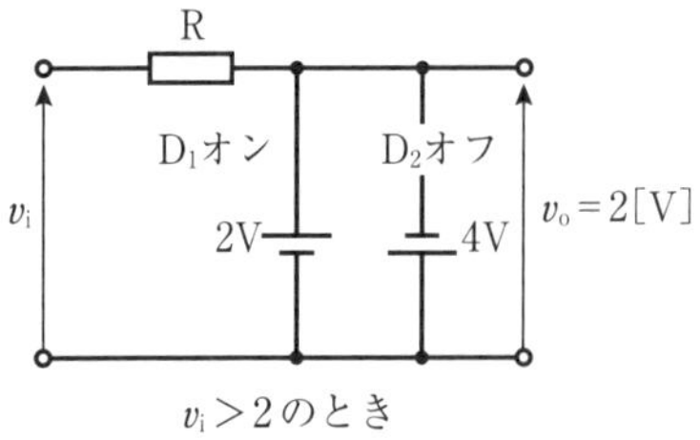

$v_i > 2$ のとき

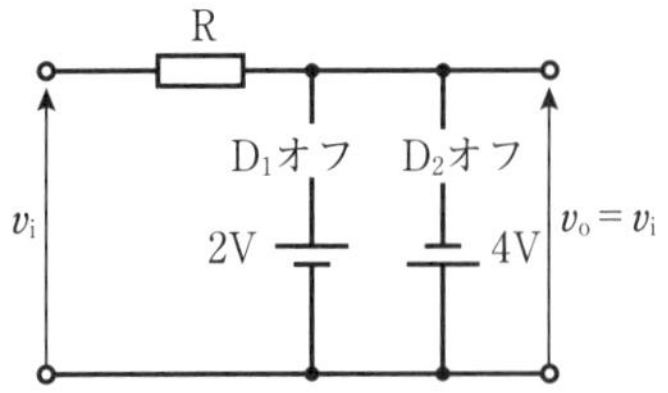

$-4 < v_i < 2$ のとき

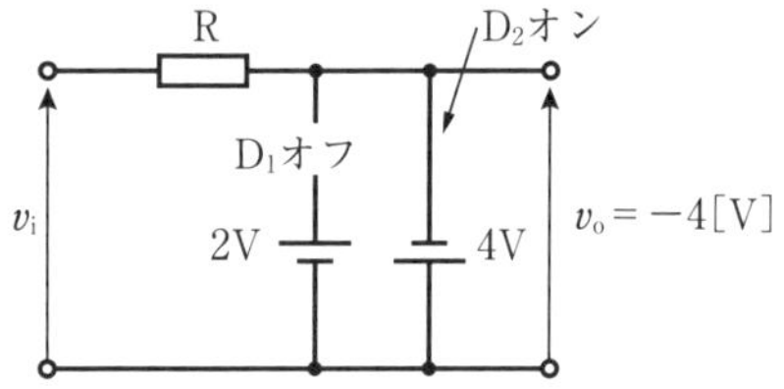

$v_i < -4$ のとき

問14　答（2）

一様な磁場に電子が入ると，ローレンツ力によって進行方向が曲げられ，電子は速度に対して常に直角な向きに一定の力が作用するため等速円運動する。電子の速度を v，磁場の磁束密度を B，円運動の半径を r とするとき，ローレンツ力は次式で表される。

$$F_1 = evB \qquad \cdots\cdots①$$

また，電子が受ける遠心力 F_2 は，

$$F_2 = \frac{mv^2}{r} \qquad \cdots\cdots②$$

であり，①式＝②式からサイクロトロン運動の半径 r は，

$$r = \frac{mv}{eB} \qquad \cdots\cdots③$$

円運動の周期 T は，円周 $2\pi r$ を速度 v で除して，

$$T = \frac{2\pi r}{v} = \frac{2\pi m}{eB} \qquad \cdots\cdots④$$

よって，

（1）正しい。

等速円運動をする電子の加速度の向きは，円の中心である。

（2）誤り。

③式より，電子の進入速度が２倍になれば円運動の半径は２倍になる。

（3）正しい。

④式より，周期は磁束密度だけに依存し，

電子の進入速度vに関係しない。

（4）正しい。

磁界が電子になす仕事は，磁界と電子の運動の向きが直角なので0である。

（5）正しい。

（4）より，電子は磁界から仕事をされないので運動エネルギーは変化しない。

B問題

問15　答 (a)-(5)，(b)-(2)

（a）△結線された54 Ωの抵抗と72 Ωのインダクタンスを△→Y変換すると，

$$\dot{Z}_1=\frac{54+\mathrm{j}72}{3}=18+\mathrm{j}24\,[\Omega]$$

となる。

また，Y結線された18 Ωと24 Ωのコンデンサのインピーダンスを$\dot{Z}_2$とすると，並列合成インピーダンスZは，

$$\dot{Z}=\frac{\dot{Z}_1\dot{Z}_2}{\dot{Z}_1+\dot{Z}_2}$$

$$=\frac{(18+\mathrm{j}24)(18-\mathrm{j}24)}{(18+\mathrm{j}24)+(18-\mathrm{j}24)}$$

$$=\frac{18^2+24^2}{18+18}=25\,[\Omega]$$

（b）図15-1より，線電流Iを求める。

$$I=\frac{E}{Z}=\frac{200}{25}=8\,[\mathrm{A}]$$

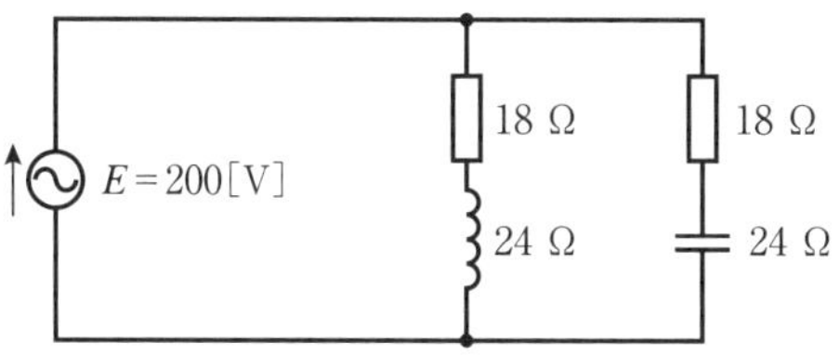

図15-1

問16　答 (a)-(5)，(b)-(1)

（a）頂点Cにおける電界の強さE_C[V/m]を求める。頂点Cに+1Cの電荷を置いたとき，その電荷に働く力がその点における電界の強さであり，力の方向が電界の向きである。したがって，電界の強さはベクトル量である。

図16-1に示すように，AとB各頂点の電荷による頂点Cの電界の強さE_A，E_Bは，距離が3m離れているので，

$$E_A=|\dot{E}_A|=\frac{1\times10^{-6}}{4\pi\varepsilon_0\times3^2}\,[\mathrm{V/m}]$$

$$E_B=|\dot{E}_B|=\frac{1\times10^{-6}}{4\pi\varepsilon_0\times3^2}\,[\mathrm{V/m}]$$

頂点Cにおける電界の強さE_C[V/m]は，E_AとE_Bをベクトル合成して求めると，

$$E_C=E_A\cos30^\circ+E_B\cos30^\circ$$

$$=\frac{1\times10^{-6}}{4\pi\varepsilon_0\times3^2}\left(\frac{\sqrt{3}}{2}+\frac{\sqrt{3}}{2}\right)$$

$$=9\times10^9\times1\times10^{-6}\times\frac{1}{3^2}\times\sqrt{3}$$

$$\fallingdotseq 1\,732\rightarrow1\,700\,[\mathrm{V/m}]$$

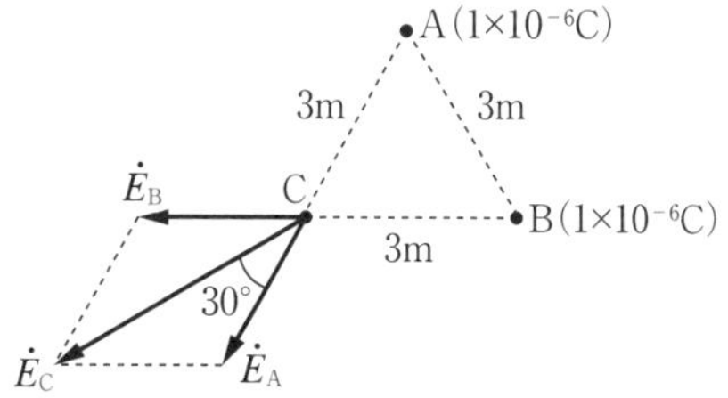

図16-1

（b）電位はスカラー量であるから，頂点Cの電位V_CはAとB各頂点の電荷による電位の代数和で求めることができる。

$$V_C=V_A+V_B$$

$$=\frac{1\times10^{-6}}{4\pi\varepsilon_0\times3}+\frac{1\times10^{-6}}{4\pi\varepsilon_0\times3}$$

$$= 9\times10^{9}\times1\times10^{-6}\times\frac{2}{3}$$

$$= 6\,000\,[\mathrm{V}]$$

問17　答（a）-（2），（b）-（4）

（a）図17-1に示すベクトル図から，電力計W_1の電圧コイルには$\dot{V}_{ac}$が加わり，電流コイルには$\dot{I}_a$が流れ，その位相差は$30°-\phi$であるので，その指示値P_1は次式で表される。

$$P_1 = |\dot{V}_{ac}||\dot{I}_a|\cos(30°-\phi)$$

$$= VI\cos(30°-\phi)\,[\mathrm{W}]$$

また，電力計W_2の電圧コイルには$\dot{V}_{bc}$が加わり，電流コイルには$\dot{I}_b$が流れ，その位相差は$30°+\phi$であるので，その指示値P_2は次式で表される。

$$P_2 = |\dot{V}_{bc}||\dot{I}_b|\cos(30°+\phi)$$

$$= VI\cos(30°+\phi)\,[\mathrm{W}]$$

ここで，P_1+P_2を計算すると，

$$P_1+P_2 = VI\cos(30°-\phi)+VI\cos(30°+\phi)$$

$$= VI\{\cos(30°-\phi)+\cos(30°+\phi)\}$$

$$= VI(\cos30°\cos\phi+\cancel{\sin30°\sin\phi}+\cos30°\cos\phi-\cancel{\sin30°\sin\phi})$$

$$= 2VI\cos30°\cos\phi$$

$$= \sqrt{3}\,VI\cos\phi\,[\mathrm{W}]$$

この式は負荷の三相有効電力を表している。

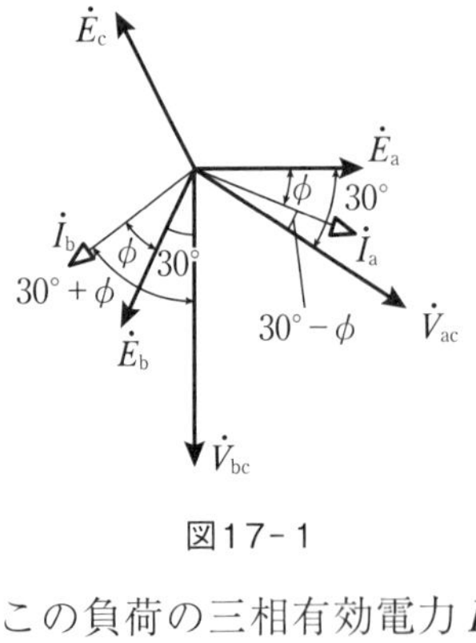

図17-1

（b）この負荷の三相有効電力Pは，電力計W_1とW_2の指示の和から，

$$P = P_1+P_2$$

$$= 11.9+4.7 = 16.6\,[\mathrm{kW}]$$

また，皮相電力Sは電圧形と電流計の指示値から，

$$S = \sqrt{3}\times VI$$

$$= \sqrt{3}\times200\times60$$

$$= 2\,078 \rightarrow 2.08\,[\mathrm{kV\cdot A}]$$

したがって，この負荷の力率$\cos\phi$は，

$$\cos\phi = \frac{P}{S}$$

$$= \frac{16.6}{20.8} \fallingdotseq 0.798 \rightarrow 0.80$$

問18　答（a）-（2），（b）-（3）

（a）銅線に流れる直流電流I[A]は，体積1 m^{3}に含まれる自由電子の個数をn[個]，自由電子の平均移動速度をv[m/s]，自由電子1個の電気量をe[C]とすると，次式で表される。

$$I = envS\,[\mathrm{A}] \qquad \cdots\cdots①$$

①式をvについて解き，単位に注意して題意の数値を代入すると，

$$v = \frac{I}{enS}$$

$$= \frac{17}{1.6\times10^{-19}\times8.5\times10^{28}\times\pi\times\left(\dfrac{3.2\times10^{-3}}{2}\right)^2}$$

$$\fallingdotseq 0.155\times10^{-3}\,[\mathrm{m/s}] \rightarrow 0.16\,[\mathrm{mm/s}]$$

（b）自由電子の平均移動速度v[m/s]は，流れる電流Iに比例し，断面積Sに反比例する。断面積は直径が3.2mm → 1.6mmと$\frac{1}{2}$倍になっているので，電流は2^2倍となる。また，平均移動速度の倍数は17A → 8.5Aと$\frac{1}{2}$倍になっている。

以上から，自由電子の平均移動速度は，（a）の場合の$2^2\times\frac{1}{2}=2$倍となる。

電力　模擬問題（2）　難易度表

		出題分野・項目	難易度※	正解	配点
A問題	問1	水力発電・揚水発電	★★★★	（5）	5
	問2	汽力発電・コンバインドサイクル	★★★	（4）	5
	問3	汽力発電・タービン関係	★★★	（2）	5
	問4	原子力発電・核分裂エネルギー	★★★★	（1）	5
	問5	自然エネルギー・風力発電	★★★	（2）	5
	問6	変電・避雷器	★★★	（4）	5
	問7	変電・変圧器	★★★	（5）	5
	問8	送電・直流送電	★★★	（3）	5
	問9	送電・雷害対策	★★★	（1）	5
	問10	地中送電・故障点標定	★★★	（5）	5
	問11	配電・電圧調整	★★★	（2）	5
	問12	配電・雷害対策	★★★★	（4）	5
	問13	配電・低圧ネットワーク配電方式	★★★	（2）	5
	問14	電気材料・絶縁材料	★★★★	（2）	5
B問題	問15 (a)	汽力発電・石炭（重油）火力	★★	（3）	5
	(b)		★★★	（4）	5
	問16 (a)	配電・電力損失	★★★	（3）	5
	(b)		★★★	（3）	5
	問17 (a)	配線・負荷電流・ループ電流	★★★	（2）	5
	(b)		★★★	（1）	5

※　★3を標準的な電験三種のレベルとしている（易→普通→難：★1→★3→★5）

〈自己採点〉

	①	②	③	④	⑤
学習日	/	/	/	/	/
点　数	点	点	点	点	点

電力　解答・解説

A問題

問1　答（5）

一般的な揚水発電（定速機）は発電電動機に同期機を使用しており，回転数は一定である。このため揚水量も一定であり，夜間などの軽負荷時に負荷が変動しても揚水機で入力調整を行うことはできない。

これに対して，可変速揚水発電は発電電動機の回転速度制御を行うことにより，ポンプ水車の回転速度を変化させ，揚水量を調整することができる。このため，揚水運転時でも系統の需給状況に合わせて，きめ細かな入力電力の調整が可能となる。

問2　答（4）

コンバインドサイクル発電の方式には，排熱回収式，排気再燃式，排気助燃式，加圧流動層燃焼式，給水加熱式がある。排熱回収式は図2-1のように，ガスタービンの排気ガスを排熱回収ボイラに導入し，その熱を回収して蒸気を発生させ，蒸気タービンを駆動する方式である。

コンバインドサイクル発電としては最もシンプルな方式で，熱効率も高いので国内外で数多く導入されている。

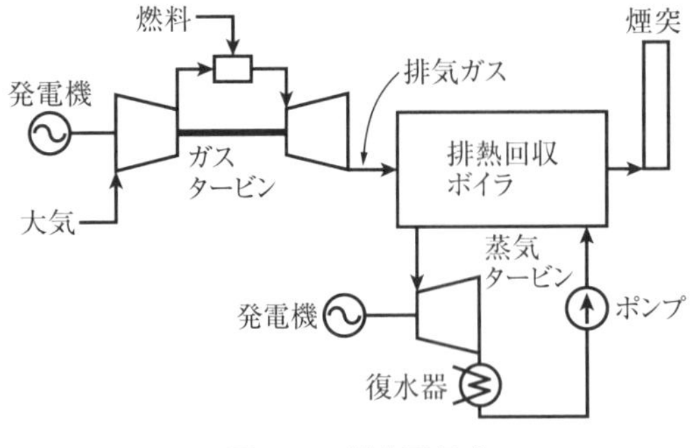

図2-1　排熱回収式

ただし，ガスタービンを使用しているので，外気温が高くなると空気密度が低下し，取り込み空気量（重量）が減少するので出力が低下する。逆に，冬季には出力が増加する。

問3　答（2）

蒸気タービンの調速装置は調速機と調速弁からなり，定格負荷で遮断したときに達する速度上昇を非常調速装置が作動する速度未満にする調整能力を持つ。回転速度の検出と作動方式により，機械式，電気式および油圧式に分けられるが，タービンの大容量化と相まってEH（電気・油圧式）ガバナが主流となっている。いずれの場合も，最終的に調速弁を動かすには非常に大きな力を要するため，油圧によるサーボ機構を利用している。

全負荷から無負荷まで急激な負荷遮断があった場合，タービンは内部残留蒸気エネルギーにより，調速弁が全閉になっても回転速度は上昇を続け，最終的には速度調定率に相当する速度に整定される。速度調定率の整定値は，非常調速装置の作動速度以下で，定格速度の3～5％に整定されている。

万が一，調速装置に不具合が生じて調整弁が閉じなかったり，作動しても調整弁がひっかかって閉じなかったりすると，タービンの回転速度の急速な上昇を引き起こして大事故になることがあるので，これを完全に防止するために定格速度の1.11倍以下で作動する非常調速装置が設けられている。

問4　答（1）

電気出力1 000MWの原子力発電所を利用率70%，発電端効率32%で1年間運転するのに必要なエネルギー Q [J]は，

$$Q = 1\,000\times10^{3}\times0.7\times365\times24\times\frac{1}{0.32}$$

$$\fallingdotseq 1.916\times10^{10}\ [\mathrm{kW\cdot h}]$$

[kW·h]を[J]に変換すると，

$$1\ [\mathrm{kW\cdot h}] = 1\,000\ [\mathrm{W}]\times3\,600\ [\mathrm{s}]$$

$$= 3.6\times10^{6}\ [\mathrm{J}]$$

なので，

$$Q = 1.916\times10^{10}\times3.6\times10^{6}\ [\mathrm{W\cdot s}]$$

$$\fallingdotseq 6.898\times10^{16}\ [\mathrm{J}]$$

燃料1gで発生するエネルギー e は 8.2×10^{10}J，濃縮度は3%なので，年間に必要な燃料の重量 W [t]は，

$$W = \frac{Q}{e}\times\frac{1}{0.03}$$

$$= \frac{6.898\times10^{16}}{8.2\times10^{10}}\times\frac{1}{0.03}$$

$$\fallingdotseq 28.0\times10^{6}\ [\mathrm{g}] = 28.0\ [\mathrm{t}]$$

問5　答（2）

風のもつ運動エネルギー P は，単位時間当たりの空気の質量を m [kg/s]，速度(風速)を V [m/s]とすると，次式で表される。

$$P = \frac{1}{2}mV^{2}\ [\mathrm{J/s}]\ (=[\mathrm{W}])$$

ここで，空気密度を ρ [kg/m^3]，風車の回転面積(ロータ面積)を A [m^2]とすると，

$$m = \rho AV\ [\mathrm{kg/s}]$$

となるので，風車の出力係数 C_p を用いると，風車で得られるエネルギーは次式で表される。

$$P = \frac{1}{2}C_{\mathrm{p}}\rho AV^{3}\ [\mathrm{W}]$$

つまり，風車によって取り出せるエネルギーは風車の回転面積(受風面積)に比例し，風速の3乗に比例することがわかる。

風力発電システムの出力制御としては，

①風速や発電機出力を検知してブレードのピッチ角を変化させ，出力を制御するピッチ制御方式

②ピッチ角を固定し，ブレードの形状による失速現象により出力を制御するストール制御方式

がある。

風車が定格風速を超えると，発電機の定格値を保つように，ピッチ制御により風車のブレードの揚力の増加を抑制した定速運転を行う。風速が風車の運転設計強度に達するカットアウト風速まで増大すると，風車は停止する。

交流発電機としては，誘導発電機と同期発電機が採用されている。誘導発電機は，出力変動によって電圧が変動するという問題があるが，構造が簡単で低コストであるため一般的に採用されている。一方，同期発電機は，電圧制御が可能であるため系統への影響が少なく，単独運転も可能というメリットがある。このため，大規模風力発電設備では，コストは高いが同期発電機を採用することが多い。

風速に応じて風車は最大出力点で運転する必要があり，風速に見合った発電機の回転速度に変えなければならない。このため，発電機の磁束(電圧／周波数に比例)を

一定にして回転速度を変えるVVVF（可変電圧可変周波数）装置を必要とする。これは，発電機の出力をコンバータで一度直流に順変換し，さらにインバータで系統周波数の交流に逆変換して系統に接続するもので，DCリンク方式と呼ばれる。

問6　答（4）

避雷器は，雷サージや開閉サージなどによる過電圧の波高値がある値を超えたとき，放電により過電圧を制限して電気設備の絶縁を保護し，放電が終了して電圧が通常の値に戻った後は，電力系統から避雷器に流れようとする電流（続流）を短時間に遮断して原状に自復する機能が要求される。また，保護効果を高めるために，保護対象機器に極力接近して設置する必要がある。

避雷器が放電しているときに，避雷器と大地との両端に残留するインパルス電圧を制限電圧といい，避雷器が放電を開始する電圧は放電開始電圧という。

したがって，制限電圧は避雷器が放電を開始する電圧ではないため（4）が誤りである。

問7　答（5）

火力発電所の主変圧器の結線は，次の理由から一次（発電機）側と二次（系統）側をΔ−Y結線にしている。

①発電機電圧は，技術的，経済的に高電圧にできないため変圧器を用いて昇圧しており，変圧比が大きくとれるΔ−Y結線が適している。

②変圧器で発生する第3次高調波電流を一次（発電機）側で循環させることができる。

③二次側のY結線にて，中性点を系統側に合わせた接地方式とすることができる。

④一次側は発電機の中性点で接地することができる。

一方，送電用変電所の主変圧器の結線は，次の理由からY−Y結線が採用される。Y−Y結線は，変圧器の励磁電流中に含まれる第3次高調波電流を循環させるような回路ができず，中性点を通じて大地に流れ，異常電圧や誘導障害を引き起こすことがある。このため，三次巻線としてΔ巻線を設置し，所内電源等へ電力を供給するか，その必要のない場合は，三次巻線を変圧器内に内蔵し，安定巻線としている。

①一次側系統と二次側系統の位相を合わせるためには，Y−Y結線が適している。

②三次巻線としてΔ巻線を設置し，所内電源への供給や調相設備の接続を行うとともに，第3次高調波電流を循環させることができる。

③送電用変電所は，送電系統を保護する責務があり，その1つとして地絡保護を行わなければならない。そのため，中性点が引き出せるY−Y結線が適している。

問8　答（3）

交流の場合，実効値の$\sqrt{2}$倍が最大値である。このため，交流は最大値の$\dfrac{1}{\sqrt{2}} \fallingdotseq 0.707$倍の電圧で使用することになる。

一方，直流は実効値と最大値が等しいので，常時最大電圧で使用できる。したがって，同じ対地電圧であれば，直流のほうが絶縁を低くできるので絶縁上有利となる。

問9　答（1）

①架空地線は送電線の上部に設置し，電線を遮へいして直撃雷を防止する。架空地線で雷撃を受けとめ，これを鉄塔に導き，雷撃電流を大地に逃がす。

②落雷時の鉄塔の電位上昇を抑え，逆フラッシオーバの発生を防止するためには鉄塔の塔脚接地抵抗値をできるだけ低くする。このために埋設地線や連接接地を採用する。

③逆フラッシオーバが発生した場合，アークでがいしが破壊されることがある。これを防止するためにアークホーンを設置する。また，アークによって電線の溶断や損傷が生じるおそれがあるので，電線を太くしたり，支持点箇所の電線にアーマロッドを取り付けて電線を補強する。

問10　答（5）

ケーブルの長さを L［m］，検流計の指示が0の目盛りを a とすると，ブリッジ回路は図10-1のようになる。

ブリッジの平衡条件から，

$$(1\,000-a)x=a\,(2L-x)$$

$$1\,000x-ax=2aL-ax$$

$$1\,000x=2aL$$

$$x=\frac{2aL}{1\,000}\,[\mathrm{m}]$$

となる。

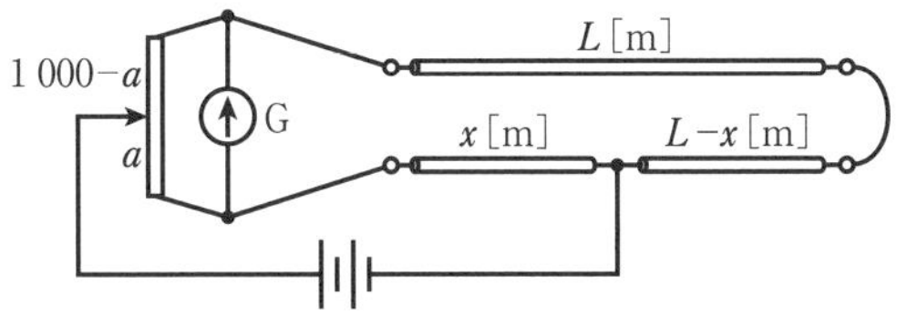

図10-1　ブリッジ回路

この式に数値を代入して，

$$x=\frac{2\times430\times1\,800}{1\,000}=1\,548\,[\mathrm{m}]$$

問11　答（2）

配電線では，変電所の出口から線路末端までの需要家に供給する電圧を常に一定に維持することは困難であるため，電気事業法施行規則第38条「電圧および周波数の値」では，電気を供する場所の電圧を次の範囲内に維持すべきことが定められている。

標準電圧 100V＝101±６V

標準電圧 200V＝202±20V

このため，配電用変電所では，負荷時タップ切換変圧器または負荷時電圧調整器によって，高圧配電線の送出電圧を合理的に調整する。調整は高圧側の母線電圧を一括して調整する方式と，高圧配電線ごとに調整する方式がある。また，送出電圧を保持するための制御方式には，あらかじめ時刻別の送出電圧を決めておき，タイムリレーで切り換えるタイムスケジュール方式，電圧継電器に系統内の一定点までの線路インピーダンスに比例したインピーダンスを挿入してその点の電圧を一定に保つLDC（線路電圧降下補償器）方式および両者の併用方式がある。

太陽光発電などの分散型電源が接続された系統では，需要家構内の消費電力より発電電力が大きい場合，需要家から系統側へ電力が供給される逆潮流が生じ，部分的に系統の電圧を上昇させることがあるので注意する必要がある。

高圧配電線路のこう長が長く，電圧降下

が大きいために，柱上変圧器のタップ調整のみで電圧を限度内に保持することが困難な場合は，高圧配電線路の途中に昇圧器，電力用コンデンサ，静止形無効電力補償装置などの調整装置を設置する。

①昇圧器

固定式と自動式があるが，電圧調整には三相の自動電圧調整器が一般的である。これに使われる線路自動電圧調整器は，単巻変圧器に多段式の切換タップを設け，LDC方式で負荷に応じて自動的にタップを切り換えて電圧調整を行うものが多い。

②開閉器付電力用コンデンサ

電力用コンデンサを線路に並列に入れると力率が改善されて電圧降下が減少する。軽負荷時にはフェランチ効果によって需要家の電圧が高くなりすぎる傾向があるので，開閉器を取り付けて電力用コンデンサを自動的に線路から開放するようにしている。

③静止形無効電力補償装置（SVC）

コンデンサとリアクトルを並列接続し，リアクトルに流れる電流をサイリスタで位相制御して無効電力を連続調整する方式やサイリスタスイッチでコンデンサバンクを切り換えて無効電力を調整する方式などがある。いずれの方式も，高速で無効電力を調整することにより電圧調整を行う。STATCOMは自励式SVCとも呼ばれ，直流側にコンデンサを接続した自励式変換器で交流系統へ無効電力を供給して線路の電圧調整を行う。

高圧電線路に直列コンデンサを挿入すると線路の合成リアクタンスは減少するので電圧降下も減少し，負荷に即応して電圧調整が可能であり，フリッカなどの電圧変動防止対策上からも有効である。

しかし，配電線路の短絡事故時にコンデンサに過大な電流が流れて過電圧が生じたり，軽負荷時に共振現象を生じるなどの弊害があることから特殊な場合を除き，用いられていない。

問12　答（4）

1．フラッシオーバ防止対策

高圧架空配電線に侵入する雷は，線路に直接落雷する直撃雷と，線路周辺での落雷あるいは雷雲間での放電による空間の急激な電界の変化によって線路に誘起される誘導雷とに分けることができる。配電線では直撃雷による雷害事故の頻度が少ない上に，万が一落雷した場合には線路機器の絶縁強度をはるかに超える異常電圧となるため，直撃雷に対する保護が困難である。

したがって，従来から配電線の雷害対策は，線路を構成するがいしや機器の絶縁耐力が低いことから，誘導雷を主対象として行われてきている。

（1）架空地線

架空地線は，雷直撃時の逆フラッシオーバの防止と誘導雷の抑制に効果のある耐雷施設である。

（2）避雷器

配電線における避雷器は，直撃雷による逆フラッシオーバ防止を主目的とするのではなく，線路に現れる誘導雷サージに対して，機器やがいしなどの絶縁協調を保つために使用し，線路保護と機器保護を目的としている。

①直撃雷に対しては，雷電流を架空地線の

接地を通して大地に流入させて事故防止を図る。そのため，接地間隔が短く，かつ，各接地点の接地抵抗が小さいほど架空地線の効果が期待できる。

②誘導雷電圧に対しては，架空地線の接地点から流れ出す電流が導体との結合作用により相互誘導電圧を生じさせ，それが誘導雷電圧を低減させるため，架空地線と導体の間隔や接地抵抗値の低減が重要である。つまり，電線との結合率を極力大きくする必要がある。

2．フラッシオーバ後の続流アーク防止

高圧架空配電線の絶縁被覆化に伴い，雷サージ閃絡《せんらく》時の続流アークによる電線の溶断事故がクローズアップされるようになってきた。そこで，前述の耐雷対策のほかに次のような対策がとられている。

(1)格差絶縁方式

変圧器周辺の絶縁レベルを本線部分より低くし，本線部分におけるフラッシオーバ事故を軽減するものである。高圧本線部分の絶縁レベルを格上げすることによりフラッシオーバ箇所が変圧器周辺に集中するが，続流をPCヒューズで遮断することにより配電線事故となるのを防止している。

(2)アークホーン式(放電クランプ)

高圧がいし頂部に閃絡金具を取り付け，この金具とがいしベース金具間(あるいは腕金間)で雷サージによる閃絡およびこれに伴うAC続流の放電を行わせ，高圧がいしの破損および電線の溶断を防止する。

(3)酸化亜鉛素子付きアークホーン

アークホーンの接地側に酸化亜鉛素子を取り付けたものである。雷サージのような高電圧領域では，酸化亜鉛素子が容易に電流を通過させる反面，通常の電圧のような低電圧領域では電流を阻止する働きを持つ。これによりAC続流を遮断して断線を防止するとともに，がいしの破損も防止することができる。

問13 答 (2)

2～4回線の高圧配電線に接続された変圧器の低圧側を幹線でネットワークに接続する方式をネットワーク方式といい，地中線とするのが一般的である。

ネットワーク方式には高圧ネットワーク方式と低圧ネットワーク方式がある。我が国で採用されている低圧ネットワーク方式にはレギュラーネットワーク方式とスポットネットワーク方式があり，レギュラーネットワーク方式は，商店街や繁華街などの負荷密度の高い需要家に供給する場合，スポットネットワーク方式は，大規模な工場やビルなどの高密度の大容量負荷1箇所に供給する場合に採用される。

スポットネットワーク方式は，供給電圧が22kVまたは33kVである複数の配電線(通常3回線)から分岐線をいずれもT分岐で引き込み，それぞれ受電用断路器を経てネットワーク変圧器に接続する。各低圧側はプロテクタ遮断器を経て並列に接続し，ネットワーク母線を構成する。ネットワーク変圧器から電源側の系統事故を変圧器の低圧側に施設したネットワークプロテクタにより検出して保護するため，受電用遮断器やその保護装置の省略が可能であり，設置スペースの縮小と経費の節減ができるメリットがある。

したがって，(2)の「レギュラーネット

ワーク方式は，大工場や高層ビル等の１箇所に集中した負荷（大口需要家）に供給する方式である」が誤りで，本方式はスポットネットワーク方式である。

問14　答（2）

強電界が生じている絶縁物表面が塵埃《じんあい》や湿気，塩分などで汚損されると，絶縁抵抗が低下して漏れ電流が流れるようになる。その際に発生する局部的な放電によって材料の表面が熱劣化（炭化）して導電路（トラック）を形成し，絶縁性を失う。これがトラッキング現象であり，有機物の場合は顕著に発生する。

高圧機器では，電力ケーブルの端末部分やキュービクル内のプラスチック製電線支持物などで発生するため，レジン（樹脂）系などの材料では添加剤（無機物の充てん材）を加え，耐トラッキング性の向上を図っている。

B問題

問15　答（a）−（3），（b）−（4）

（a）重油の消費量を B [kg]，重油の発熱量を H [kJ/kg] とすると，消費した重油の総発熱量 Q は，次のように求められる。

$$Q = BH$$
$$= 4.65 \times 10^3 \times 10^3 \times 44\,000$$
$$= 2.046 \times 10^{11}\ [\mathrm{kJ}]$$

電力量[kW·h]と熱量[kJ]の関係は，

$$1\ [\mathrm{kW \cdot h}] = 3\,600\ [\mathrm{kJ}]$$

であるから，発電電力量を W_G とすると，発電端熱効率 η_P は次のように求められる。

$$\eta_P = \frac{\text{発電電力量(熱量換算値)}}{\text{消費した重油の総発熱量}}$$
$$= \frac{3\,600 W_G}{Q}$$
$$= \frac{3\,600 \times 22\,500 \times 10^3}{2.046 \times 10^{11}}$$
$$\fallingdotseq 0.396 = 39.6\ [\%]$$

（b）発電所の最大出力を P_G [kW] とすると，最大出力で24時間運転したときの発電電力量 W は，次のように求められる。

$$W = 24 \times P_G \times 10^3$$
$$= 24 \times 300 \times 10^3$$
$$= 7.2 \times 10^6\ [\mathrm{kW \cdot h}]$$

最大出力で24時間運転したときの重油消費量を B_{24} [kg] とすると，24時間にボイラに供給される重油の総発熱量 Q_{24} は，次式で表される。

$$Q_{24} = B_{24} H\ [\mathrm{kJ}]$$

発電端熱効率 η_P は次式で表されるから，

$$\eta_P = \frac{\text{発電電力量(熱量換算値)}}{\text{ボイラに供給した重油の総発熱量}}$$
$$= \frac{3\,600 W}{Q_{24}}$$
$$= \frac{3\,600 W}{B_{24} H} \qquad \cdots\cdots ①$$

最大出力で24時間運転したときの重油消費量 B_{24} は，①式を変形すると次のように求められる。

$$B_{24} = \frac{3\,600 W}{H \eta_P}$$
$$= \frac{3\,600 \times 7.2 \times 10^6}{44\,000 \times 0.400}\ [\mathrm{kg}]$$

二酸化炭素は燃料中の炭素が燃焼した場合に発生し，題意よりその化学反応式は次のとおりである。

$$C + O_2 \rightarrow CO_2$$

この化学反応式より，炭素C1分子1 kmol，質量（分子量に[kg]の単位をつけたもの）12kgが燃焼すると，二酸化炭素CO_2は1分子1 kmol，質量44（$=12+2\times16$）kgが発生する。

題意より，重油の化学成分は炭素85.0%であるから，1 kgの重油中の炭素が燃焼したとき発生する二酸化炭素の量m [kg/kg]は次のように求められる。

$$m = 0.850 \times \frac{44}{12}$$

$$= \frac{37.4}{12}\ [\mathrm{kg/kg}]$$

したがって，24時間に発生する二酸化炭素の重量M[t]は，次のように求められる。

$$M = B_{24}\, m$$

$$= \frac{3\,600 \times 7.2 \times 10^6}{44\,000 \times 0.400} \times \frac{37.4}{12}$$

$$= 4.59 \times 10^6\ [\mathrm{kg}]$$

$$= 4.59 \times 10^3\ [\mathrm{t}]$$

問16　答 (a)−(3)，(b)−(3)

（a）電力損失率pは電力損失と受電電力との比なので，

$$p = \frac{3I^2 R}{P}$$

となる。ここで，負荷電流I [A]は，

$$I = \frac{P}{\sqrt{3}\, V_r \cos\theta}\ [\mathrm{A}]$$

なので電力損失率pは，

$$p = \frac{3I^2 R}{P}$$

$$= \frac{3\left(\dfrac{P}{\sqrt{3}\, V_r \cos\theta}\right)^2 R}{P}$$

$$= \frac{PR}{(V_r \cos\theta)^2}$$

この式を変形すると有効電力P [W]は，

$$P = \frac{p(V_r \cos\theta)^2}{R}\ [\mathrm{W}]$$

数値を代入し，電力損失率4%のときの有効電力を求めると，

$$P = \frac{0.04 \times 6\,300^2 \times 0.8^2}{0.5}$$

$$\fallingdotseq 2\,032 \times 10^3\ [\mathrm{W}]$$

$$= 2\,032\ [\mathrm{kW}]$$

（b）最大負荷$P = 2\,032$ [kW]のときの遅れ無効電力Q_L [kvar]は，

$$Q_L = \frac{P}{\cos\theta} \sin\theta$$

$$= \frac{2\,032}{0.8} \times \sqrt{1-0.8^2}$$

$$= 1\,524\ [\mathrm{kvar}]$$

この負荷と並列にコンデンサ$Q_C = 1\,200$ [kvar]を接続すると，受電端の無効電力Q [kvar]は，

$$Q = Q_L - Q_C$$

$$= 1\,524 - 1\,200$$

$$= 324\ [\mathrm{kvar}]$$

このときの力率$\cos\theta'$は，

$$\cos\theta' = \frac{P}{\sqrt{P^2 + Q^2}}$$

$$= \frac{2\,032}{\sqrt{2\,032^2 + 324^2}}$$

$$\fallingdotseq 0.9875$$

電力損失率pの式に数値を代入して，

$$p = \frac{PR}{(V_r \cos\theta')^2}$$

$$= \frac{2\,032 \times 10^3 \times 0.5}{(6\,300 \times 0.9875)^2}$$

$$\fallingdotseq 0.0263 = 2.63\ [\%]$$

問 17　答 (a)－(2)，(b)－(1)

各負荷の力率はすべて 100％であり，また，線路のインピーダンスは抵抗分だけ考えるため，直流回路と同じように考えることができる。

（a）供給点 K から負荷点 L に向かって流れる電流 I と各区間の電流分布が定められているため，図 17－1 に示すように，ループを一巡したときの各区間の電圧降下の合計を求めて，それを零とおいて電流 I を求める。つまり，キルヒホッフの第二法則を適用すると，次のように求められる。

$$r_{KL}I+r_{LN}(I-40)-r_{MN}(50-I)-r_{KM}(100-I)=0$$

$$0.1I+0.05\times(I-40)-0.1\times(50-I)-0.05\times(100-I)=0$$

$$(0.1+0.05+0.1+0.05)I$$

$$=0.05\times40+0.1\times50+0.05\times100$$

$$0.3I=2+5+5=12$$

$$I=\frac{12}{0.3}=40\,[\mathrm{A}]$$

（b）単相 2 線式の電圧降下は 1 線当たりの電圧降下の 2 倍となるから，負荷点 N の電圧 V_N は次のように求められる。

K → L → N のルートで計算する。

$$V_N=V_K-2\{r_{KL}I+r_{LN}(I-40)\}$$

$$=105-2\{0.1\times40+0.05\,(40-40)\}$$

$$=105-2\times4=97\,[\mathrm{V}]$$

K → M → N のルートで計算する。

$$V_N=V_K-2\{r_{KM}(100-I)+r_{MN}(50-I)\}$$

$$=105-2\{0.05\,(100-40)+0.1\,(50-40)\}$$

$$=105-8=97\,[\mathrm{V}]$$

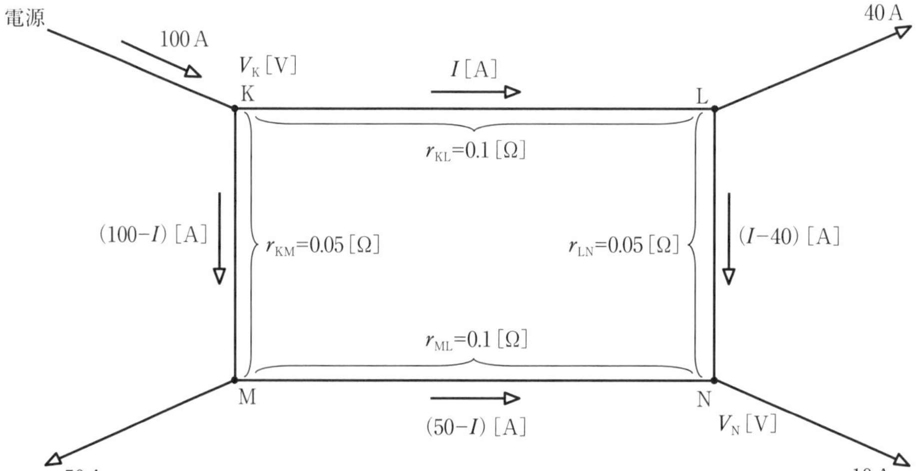

図17－1

機械　模擬問題(2)　難易度表

		出題分野・項目	難易度※1	正解	配点
A問題	問1	直流機・電動機の特性	★★★	(3)	5
	問2	直流機・回生運転	★★★★★	(4)	5
	問3	誘導機・出力	★★★★	(3)	5
	問4	同期機・並行運転	★★★★	(2)	5
	問5	変圧器・磁束	★★★	(4)	5
	問6	パワーエレクトロニクス・単相サイリスタ整流回路	★★★★	(4)	5
	問7	照明・輝度	★★★	(2)	5
	問8	照明・照明設計	★★★★	(3)	5
	問9	電熱・ヒートポンプ	★★★★	(1)	5
	問10	電熱・一般	★★★★	(3)	5
	問11	電気化学・二次電池	★★★★	(3)	5
	問12	電気化学・燃料電池	★★★	(4)	5
	問13	自動制御・伝達関数	★★★	(2)	5
	問14	自動制御・ベクトル軌跡	★★★★	(3)	5
B問題	問15 (a)	誘導機・トルクと滑り，電圧の関係	★★★★	(2)	5
	(b)		★★★★	(3)	5
	問16 (a)	変圧器・単相変圧器	★★	(4)	5
	(b)		★★	(3)	5
	問17 (a)	パワーエレクトロニクス・インバータ	★★★★★	(3)	5※2
	(b)		★★★★★	(4)	5※2
	問18 (a)	電動機応用・エレベータ	★★★	(2)	5※2
	(b)		★★★	(4)	5※2

※1　★3を標準的な電験三種のレベルとしている（易→普通→難：★1→★3→★5）

※2　問17と問18は選択問題であり，どちらか1題を選択する。

〈自己採点〉

	①	②	③	④	⑤
学習日	/	/	/	/	/
点　数	点	点	点	点	点

機械　解答・解説

A問題

問1　答 (3)

磁界中で導体を動かすと，導体に起電力が発生する(フレミングの右手の法則)。これは発電機の原理である。一方，電動機を運転した場合，発電機と同様，回転速度に比例した起電力 $E=k\phi N$ [V]が発生する。この起電力は外部から加える直流電圧と逆向きになり，逆起電力と呼ばれる。

問2　答 (4)

(1) 巻上機で運転した場合(電動機)

電機子電流I_{a1}[A]は，

$$I_{a1}=\frac{7.5\times10^3}{100}-1=74\ [\mathrm{A}]$$

誘導起電力E_1[V]は，

$$E_1=V-I_{a1}r_a$$
$$=100-74\times0.3=77.8\ [\mathrm{V}]$$

(2) 誘導起電力

電動機として運転した場合と発電機として運転した場合の誘導起電力を，それぞれE_1[V]およびE_2[V]とする。また，KおよびK'を定数とすると，

$$E_1=K\phi_1N_1=K'I_{f1}N_1=77.8\ [\mathrm{V}]$$
$$E_2=K\phi_2N_2=K'I_{f2}N_2\ [\mathrm{V}]$$

したがって，

$$\frac{E_2}{E_1}=\frac{K'I_{f2}N_2}{K'I_{f1}N_1}=\frac{I_{f2}\times1600}{1\times1800}=\frac{E_2}{77.8}$$

この式からE_2[V]は，

$$E_2=77.8\times\frac{1600}{1800}\times I_{f2}$$
$$\fallingdotseq69.2I_{f2}\ [\mathrm{V}] \quad\cdots\cdots\cdots①$$

(3) 回生制動で運転の場合(発電機)

発電機として運転しているときの状況は，図2-1のようになる。

図2-1より，誘導起電力E_2[V]は，

$$E_2=V+r_aI_{a2}$$
$$=100+0.3(10+I_{f2})\ [\mathrm{V}] \quad\cdots\cdots\cdots②$$

①式と②式は等しいので，

$$100+0.3(10+I_{f2})=69.2I_{f2}$$

$$I_{f2}=\frac{100+3}{69.2-0.3}\fallingdotseq1.5\ [\mathrm{A}]$$

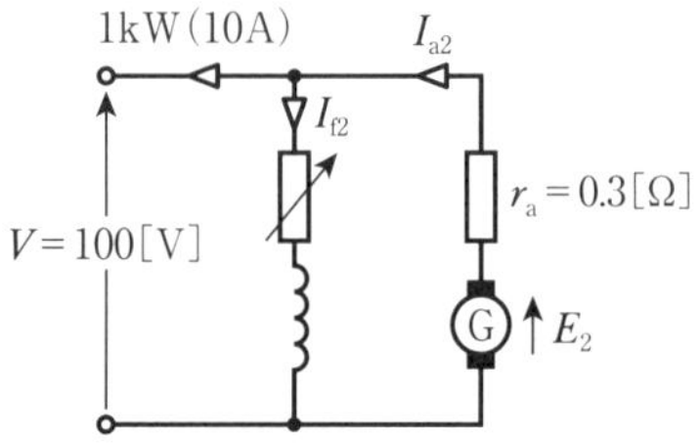

図2-1

問3　答 (3)

同期速度 N_s [min^{-1}] は，

$$N_s=\frac{120f}{p}$$
$$=\frac{120\times50}{4}=1500\ [\mathrm{min^{-1}}]$$

定格回転速度のときの滑り s_1 は，

$$s_1=\frac{N_s-N_1}{N_s}$$
$$=\frac{1500-1425}{1500}=0.05$$

このときのトルク T_1 [N·m]は，

$$T_1 = \frac{P_1}{2\pi \dfrac{N_1}{60}}$$

$$= \frac{40\times 10^3}{2\pi \dfrac{1\,425}{60}} \fallingdotseq 268.1\,[\mathrm{N\cdot m}]$$

回転速度 $1\,440\ \mathrm{min}^{-1}$ のときの滑り s_2 は,

$$s_2 = \frac{N_\mathrm{s} - N_2}{N_\mathrm{s}}$$

$$= \frac{1\,500 - 1\,440}{1\,500} = 0.04$$

トルクと滑りは比例するので，このときのトルク $T_2\,[\mathrm{N\cdot m}]$ は,

$$T_2 = T_1 \times \frac{s_2}{s_1}$$

$$= 268.1 \times \frac{0.04}{0.05}$$

$$\fallingdotseq 214.5\,[\mathrm{N\cdot m}]$$

したがって，出力 $P_2\,[\mathrm{kW}]$ は,

$$P_2 = 2\pi \frac{N_2}{60} T_2$$

$$= 2\pi \times \frac{1\,440}{60} \times 214.5$$

$$\fallingdotseq 32\,346\,[\mathrm{W}] \rightarrow 32.3\,[\mathrm{kW}]$$

問4　答（2）

同期発電機の系統並列条件は，系統側電圧と同期機側電圧の大きさ，周波数，位相角の３つを一致させることである。

（1）電圧の大きさ

界磁磁束の量を調整して行う。自動電圧調整装置(AVR)からの出力信号により，同期速度で回転する界磁巻線の電流を増減し，それにより磁束量を調整して電機子巻線の内部誘導起電力を制御する。

（2）周波数および位相角

同期機を駆動する水車，または蒸気タービンの入力エネルギーの大きさを調整して行う。入力エネルギーが大きければ，回転速度は大きくなるので周波数は高くなり，位相角はより進み側に変化する。入力エネルギーの調整は，調速機(ガバナ)からの出力信号により，ガイドベーンまたは蒸気加減弁の開度を自動調整して行っている。

問5　答（4）

変圧器内部の主磁束は，一次と二次のエネルギー変換に作用する。漏れ磁束は，一次と二次のエネルギー変換に作用しない。主磁束によって起電力が誘導されるように，漏れ磁束によっても巻線中に起電力が誘導されるので，電気回路上，リアクタンスとして作用する。

問6　答（4）

単相半波整流回路において，$\alpha > \phi$ の場合，直流側負荷電流が０となる位相角 $\beta < \phi$ となり，負荷電流の流れる位相角 $\theta_1 < \pi$ となる。

単相全波整流回路において，$\alpha < \phi$ の場合，図6-1に示すように，直流側負荷電流は連続して流れることになる。$\alpha > \phi$ の場合，直流側負荷電流は断続することになる。

なお，通常負荷のインダクタンスはあまり大きくないので，十分な大きさのリアクタンス成分を直列に挿入し，電流が連続する条件を作ることが多い。

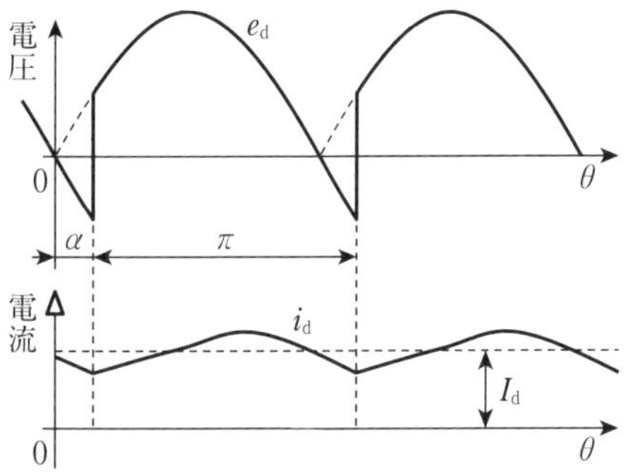

図6-1

問7　答（2）

点光源の全光束 F［lm］は，

$$F = 4\pi I = 4\pi \times 120 = 480\pi\ [\mathrm{lm}]$$

グローブからの透過光束 F' は，

$$F' = \tau F = 0.7 \times 480\pi = 336\pi\ [\mathrm{lm}]$$

グローブ表面の光束発散度 M［lm/m^2］は，

$$M = \frac{F'}{S}$$

$$= \frac{336\pi}{4\pi \times 0.15^2} \fallingdotseq 3\,733\ [\mathrm{lm/m^2}]$$

輝度 L［cd/m^2］は，

$$L = \frac{M}{\pi}$$

$$= \frac{3\,733}{\pi} \fallingdotseq 1188 \rightarrow 1190\ [\mathrm{cd/m^2}]$$

となる。

問8　答（3）

照明率とは，光源から出た光のうち，作業面に到達する光がどのくらいかを示す割合である。この照明率は，照明装置の地上高や放射する光の立体角，反射率などにより変わるが，問題ではすでに照明率が0.65と与えられている。したがって，この場合の有効な放射光束を求めるには照明率のみ考慮すればよい。

なお，照明装置1灯が分担する面積は10［m］×20［m］となる（実際には，この照明装置の光束の一部は他の領域にも照射するが，逆に他の照明装置の光束もこちらの領域に照射されるので，同じ照明装置を等間隔で多数施設した場合は，それぞれ相殺されると考える）。

したがって，平均照度 E［lx］は次式で求められる。

$$E = \frac{FUM}{S}\ [\mathrm{lx}]$$

F：照明装置1灯分の光束［lm］

U：照明率　M：保守率　S：照明の面積［m^2］

1灯当たりに必要な光束 F［lm］は，

$$F = \frac{ES}{UM}$$

$$= \frac{50 \times 10 \times 20}{0.65 \times 0.7} \fallingdotseq 22\,000\ [\mathrm{lm}]$$

問9　答（1）

15℃の水を90℃の温水にするのに必要な熱エネルギー W_h［kJ］は，次式で求められる。

$$W_h = cm\theta$$

$$= 4.18 \times 0.5 \times 1\,000 \times (90 - 15)$$

$$= 156\,750\ [\mathrm{kJ}]$$

比熱：c［kJ/(kg·K)］　質量：m［kg］　温度差：θ［K］

ヒートポンプで消費した電力量（熱エネルギー）W_e［kJ］は，電力を P［kW］，時間を T［h］とすると，次式で求められる。

$$W_e = PT \times 3\,600$$

$$= 1.5 \times 7.5 \times 3\,600$$

$$= 40\,500\ [\mathrm{kJ}]$$

したがって，成績係数（COP）は，

$$\mathrm{COP}=\frac{W_\mathrm{h}}{W_\mathrm{e}}$$

$$=\frac{156\,750}{40\,500}\fallingdotseq 3.87$$

問10　答（3）

（1）誤り。

誘導加熱は，交番磁界中に置かれた導電性被加熱材内を，電磁誘導作用により発生する渦電流のジュール効果によって加熱するものである。表皮効果は，周波数が高いほど大きくなるので，表面加熱を目的とする場合は高い周波数，均一加熱を目的とする場合は低い周波数を選定する。

なお，電流密度が表面の 0.368 倍に減少した点までの深さが，電流浸透深さである。

（2）誤り。

誘電加熱は，誘電体に高周波を加えたときに生ずる誘電体損失を利用して加熱するものであり，被加熱物は誘電体（絶縁体）である。このため，木材，プラスチック，繊維などの加熱に適している。発熱量は，周波数，誘電率，誘電正接に比例し，加える電圧の２乗に比例する。

したがって，必要な部分を選択して加熱できるとしたのは誤りである。

（3）正しい。

（4）誤り。

アークは大気中の放電によって電離した気体中での導電現象で，低電圧，大電流が流れる。アーク柱の気体温度は 4 000 ～ 6 000K の高温になる。アークは負特性をもつので，アークを安定に保つために，回路中にアークと直列にリアクトルを設置する。

（5）誤り。

熱電温度計は熱電対を使用した温度測定方式である。熱電対は２種類の異なる金属導体の両端を接続して閉回路を作り，両端の温度差により発生する熱起電力を利用して温度を測定するものである。測温体を使用するのは，抵抗温度計である。

問11　答（3）

自己放電とは，電池がもっている電気エネルギーが電池内部で消耗する現象をいう。またメモリ効果とは，浅い放電で充電を繰り返すと放電電圧が低下し，容量や持続時間が見かけ上少なくなる現象をいう。

ニッケル水素電池はニッケルカドミウム電池を改良したもので，正極にオキシ水酸化ニッケル，負極に水素吸蔵合金を用いて，それぞれの電極を薄いシート状にしたものを用いる。また，電解液は KOH などを用いる。

ニッケル水素電池のエネルギー密度は，ニッケルカドミウム電池のおよそ２倍である。図 11-1 に二次電池のエネルギー密度の比較を示す。

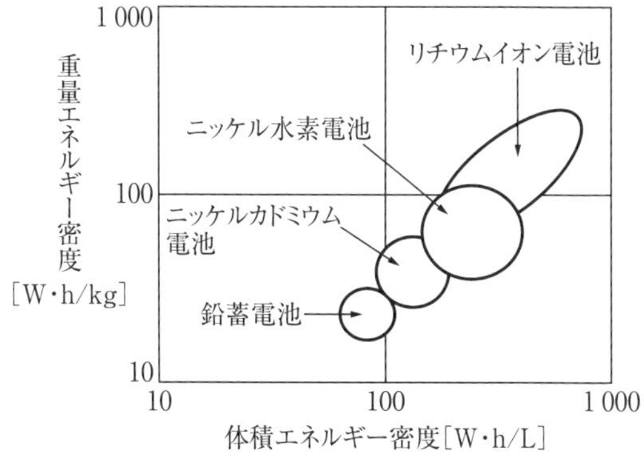

図11-1

問12　答（4）

電気化学に関するファラデーの法則を使用する。本問の場合，発電装置の入力は燃料の水素であるため，変換効率は水素の消費量に関係し，次式が成立する。

$$w\times\eta=\frac{1}{26.8}\times\frac{m}{n}\times I\times T \qquad \cdots\cdots ①$$

w：水素の使用量[g]　η：変換効率　m：水素の原子量

n：水素の原子価　I：電流[A]　T：時間[h]

したがって，電気量 IT [A·h] は，

$$IT=\frac{26.8\times n\times w\times\eta}{m}$$

$$=\frac{26.8\times 1\times 10\times 10^3\times 0.8}{1}$$

$$\fallingdotseq 214\,000\ [\mathrm{A\cdot h}]\rightarrow 214\ [\mathrm{kA\cdot h}]$$

なお，問題文でファラデー定数が 96 500 C/mol と与えられているが，1 [h]=3 600 [s]，1 [C]=1 [A·s]= $\frac{1}{3\,600}$ [A·h] であるから，

$$96\,500\ [\mathrm{C/mol}]=\frac{96\,500}{3\,600}\ [\mathrm{A\cdot h/mol}]$$

$$\fallingdotseq 26.8\ [\mathrm{A\cdot h/mol}]$$

となり，①式の 26.8 が算出される。

問13　答（2）

入力界磁電圧 e_f，出力電圧 e_0 のラプラス変換 $E_f(s)$，$E_0(s)$ として，伝達関数 $G(s)$ を求める。

題意の図の左側の回路にキルヒホッフの電圧則を用いると，

$$E_f(s)=R_f I_f(s)+sL_f I_f(s)$$

$$=I_f(s)(R_f+sL_f)$$

であるから，

$$I_f(s)=\frac{E_f(s)}{R_f+sL_f} \qquad \cdots\cdots ①$$

同様に，題意の図の右側の回路にキルヒホッフの電圧則を用いると，

$$E_0(s)=k_e I_f(s) \qquad \cdots\cdots ②$$

②式に①式を代入すると，

$$E_0(s)=\frac{k_e E_f(s)}{R_f+sL_f}$$

したがって，伝達関数 $G(s)$ は，

$$G(s)=\frac{E_0(\mathrm{s})}{E_f(\mathrm{s})}=\frac{k_e}{R_f+sL_f}=\frac{k_e}{R_f+L_f s}$$

問14　答（3）

負の虚軸を横切る点とは，直交座標の中で真下の方向に描かれるので，実部（横軸分）の大きさは 0 である。

題意の式の分母を，実部と虚部に分けた式に変形する。

$$G(\mathrm{j}\omega)=\frac{4}{(\mathrm{j}\omega)^2+1.6\times(\mathrm{j}\omega)+4}$$

$$=\frac{4}{-\omega^2+\mathrm{j}1.6\omega+4}$$

$$=\frac{4}{(4-\omega^2)+\mathrm{j}1.6\omega}$$

この式で実部が 0 になるので，

$$4-\omega^2=0$$

$$\omega=\pm\sqrt{4}=\pm 2$$

角周波数は正の値なので，

$$\omega=2\ [\mathrm{rad/s}]$$

となる。

このときの $|G(\mathrm{j}\omega)|$ は，

$$|G(\mathrm{j}\omega)|=\frac{4}{1.6\times 2}=1.25$$

したがって，ゲイン G_{dB} [dB] は，

$$G_{dB}=20\log_{10}|G(\mathrm{j}\omega)|$$

$$=20\log_{10}1.25$$

$$=20\log_{10}\frac{5}{2^2}$$

$$=20(\log_{10}5-2\log_{10}2)$$
$$=20\times(0.699-2\times0.301)$$
$$\fallingdotseq 1.94\,[\mathrm{dB}]$$

B問題

問 15 答 (a)−(2), (b)−(3)

（a）誘導電動機の二次入力を P_2 [W]，同期角速度を ω_s [rad/s] とすると，この電動機のトルク T [N·m] は $T=\dfrac{P_2}{\omega_s}$ となる。二次入力 P_2 [W] は，図 15−1 の簡易等価回路により，

$$P_2=3\left\{\frac{V_1}{\sqrt{\left(r_1+\dfrac{r_2'}{s}\right)^2+(x_1+x_2')^2}}\right\}^2\times\frac{r_2'}{s}$$

$$=\frac{3V_1^2\dfrac{r_2'}{s}}{\left(r_1+\dfrac{r_2'}{s}\right)^2+(x_1+x_2')^2}\ [\mathrm{W}]$$

この P_2 において，$s\fallingdotseq 0$ とすると

$$\frac{r_2'}{s}\gg r_1,\ \frac{r_2'}{s}\gg(x_1+x_2')$$

なので，

$$P_2\fallingdotseq\frac{3V^2\dfrac{r_2'}{s}}{\left(\dfrac{r_2'}{s}\right)^2}=\frac{3V^2 s}{r_2'}\ [\mathrm{W}]$$

で表される。

したがって，トルク T は，

$$T=\frac{1}{\omega_s}\times\frac{3V^2 s}{r_2'}=kV^2 s \qquad \cdots\cdots①$$

で表される。

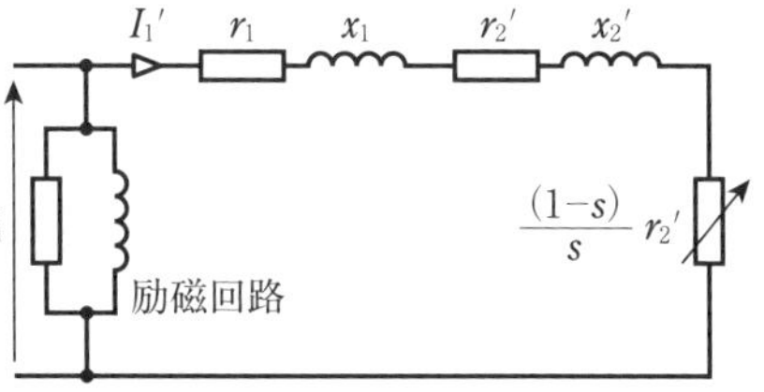

図15−1

（b）①式において，電源電圧を V' に変えたときのトルクを T'，滑りを s' とすると，題意より負荷トルクは不変なので，$T=T'$ であるから，

$$\frac{T'}{T}=\frac{kV'^2 s'}{kV^2 s}=1$$

$$s'=\left(\frac{V}{V'}\right)^2 s$$

で表される。

問 16 答 (a)−(4), (b)−(3)

（a）鉄損を p_i [W]，二次電流が 500A のときの銅損を p_c [W] とすると，全損失は，

$$p_i+p_c=1\,640\,[\mathrm{W}] \qquad \cdots\cdots①$$

二次電流が 300A のときの銅損 p_c' は，銅損が二次電流の 2 乗に比例することから，

$$p_c'=p_c\times\left(\frac{300}{500}\right)^2=0.36p_c$$

したがって，このときの全損失は，

$$p_i+p_c'=p_i+0.36p_c$$
$$=1\,000\,[\mathrm{W}] \qquad \cdots\cdots②$$

①，②式より，p_c を消去すると，

$$p_i+0.36\times(1\,640-p_i)=1\,000$$
$$0.64p_i=1\,000-0.36\times1\,640=409.6$$
$$p_i=\frac{409.6}{0.64}=640\ [\mathrm{W}]$$

（b）効率が最大になるのは，鉄損と銅損の値が等しいときである。そのときの二次電流を I_2''，銅損を $p_c''=640$ [W] とすると，二次電流が 500A のときの銅損は，

$$p_c=1\,640-640=1\,000\,[\mathrm{W}]$$

であるから，

$$p_c''=1\,000\times\left(\frac{I_2''}{500}\right)^2=640$$

$$I_2''=500\times\sqrt{\frac{640}{1\,000}}=400\ [\mathrm{A}]$$

問 17　答 (a)−(3)，(b)−(4)

（a）題意の負荷電流を表す式

$$i(t)=-I_{\mathrm{P}}\,\mathrm{e}^{-\frac{t}{\tau}}+\frac{E_{\mathrm{d}}}{R}\left(1-\mathrm{e}^{-\frac{t}{\tau}}\right)\qquad\cdots\cdots①$$

において，題意より $\frac{E_{\mathrm{d}}}{R}=2I_{\mathrm{P}}$，$t=T'$ とすれば，

$$i=-I_{\mathrm{P}}\,\mathrm{e}^{-\frac{T'}{\tau}}+2I_{\mathrm{P}}\left(1-\mathrm{e}^{-\frac{T'}{\tau}}\right)=0$$

$$2I_{\mathrm{P}}=3I_{\mathrm{P}}\,\mathrm{e}^{-\frac{T'}{\tau}}$$

$$\frac{2}{3}=\mathrm{e}^{-\frac{T'}{\tau}}$$

$$\ln\frac{2}{3}=-\frac{T'}{\tau}$$

$$T'=-\tau\ln\frac{2}{3}$$

$$=-\tau(\ln 2-\ln 3)$$

$$=-\tau(0.693-1.098)=0.405\tau$$

（b）①式において，$t=\tau$ とすれば，

$$i=-I_{\mathrm{P}}\,\mathrm{e}^{-\frac{\tau}{\tau}}+2I_{\mathrm{P}}\left(1-\mathrm{e}^{-\frac{\tau}{\tau}}\right)$$

$$=2I_{\mathrm{P}}-3I_{\mathrm{P}}\,\mathrm{e}^{-1}$$

$$=2I_{\mathrm{P}}-\frac{3I_{\mathrm{P}}}{2.718}\fallingdotseq 0.896I_{\mathrm{P}}$$

問 18　答 (a)−(2)，(b)−(4)

（a）上下運動をするエレベータの積載荷重，かご，つり合いおもりの３つを合計した運動体の運動エネルギー E_1 [kJ]は，それぞれの質量[t]を m_1，m_2，m_3，速度を v [m/s]とすると，次式で求められる。

$$E_1=\frac{1}{2}\times(m_1+m_2+m_3)\times v^2$$

$$=\frac{1}{2}\times(1.6+1.4+2.2)\times\left(\frac{480}{60}\right)^2$$

$$=166.4\ [\mathrm{kJ}]$$

次に，回転運動をする電動機の回転子の運動エネルギー E_{m} [kJ]は，慣性モーメントを J [kg·m²]とすると，

$$E_{\mathrm{m}}=\frac{1}{2}J\omega^2$$

$$=\frac{1}{2}\times 5\times\left(2\pi\times\frac{1\,000}{60}\right)^2$$

$$\fallingdotseq 27\,400\ [\mathrm{J}]\ \rightarrow\ 27.4\ [\mathrm{kJ}]$$

したがって，運動物体が保有しているすべての運動エネルギー E [kJ]は，

$$E=E_1+E_{\mathrm{m}}$$

$$=166.4+27.4$$

$$\fallingdotseq 194\ [\mathrm{kJ}]$$

（b）回転速度が 1 000 min^{-1} のときのかごの速度が 480 m/min なので，850 min^{-1} のときの速度 v [m/min]は，

$$v=480\times\frac{850}{1\,000}=408\ [\mathrm{m/min}]$$

エレベータの積載荷重，かご，つり合いおもりの質量をそれぞれ m_1 [kg]，m_2 [kg]，m_3 [kg]とすると，エレベータの巻上荷重は M [kg]は，

$$M=m_1+m_2-m_3$$

$$=1\,600+1\,400-2\,200$$

$$=800\ [\mathrm{kg}]$$

巻上速度を v [m/min]，重力加速度を g [m/s²]，効率を η とすると電動機出力 P [W]は次式で求められる。

$$P=\frac{gMv}{60\eta}$$

$$=\frac{9.8\times 800\times 408}{60\times 0.9}$$

$$\fallingdotseq 59\,236\ [\mathrm{W}]\ \rightarrow\ 59.2\ [\mathrm{kW}]$$

法規　模擬問題（2）　難易度表

		出題分野・項目	難易度※	正解	配点
A問題	問1	法・1条	★★★	(2)	6
	問2	法・26, 43条，同法施行令・1条，同法施工規則・38条，電気関係報告規則・3条，電技・22条	★★	(5)	6
	問3	法・2条，同法施行規則・1条，電気関係報告規則・1条	★★★★	(3)	6
	問4	法・42, 43条，電気関係報告規則・4条の2，電技・18条	★★★★	(3)	6
	問5	法・38条，同法施行規則・48条	★★★	(1)	6
	問6	電技解釈・37条	★★★	(5)	6
	問7	電技解釈・17, 29条	★★	(4)	6
	問8	電気施設管理・受電設備	★★	(1)	6
	問9	風力電技・4，5条	★★★	(2)	6
	問10	電気施設管理・需要率，負荷率，不等率	★★	(1)	6
B問題	問11　(a)	電技解釈・17条	★★★	(4)	6
	(b)		★★★	(1)	7
	問12　(a)	電気施設管理・電圧降下，進相コンデンサ	★★	(4)	6
	(b)		★★	(1)	7
	問13　(a)	施設管理・揚水発電所	★★★★	(3)	7
	(b)		★★★	(5)	7

※　★3を標準的な電験三種のレベルとしている（易→普通→難：★1→★3→★5）

※　法は「電気事業法」，電技は「電気設備技術基準」，解釈は「電気設備技術基準の解釈」を表す

〈自己採点〉

	①	②	③	④	⑤
学習日	/	/	/	/	/
点　数	点	点	点	点	点

法規　解答・解説

A問題

以下の解説で，法は「電気事業法」，電技は「電気設備技術基準」，解釈は「電気設備技術基準の解釈」を表すものとする。

問1　答（2）

法第１条（目的）からの出題である。「電気事業の運営を適正かつ合理的ならしめることによって，電気の使用者の利益を保護し，および電気事業の健全な発達を図る」とする「事業規制」と「電気工作物の工事，維持および運用を規制することによって，公共の安全を確保し，および環境の保全を図る」とする「保安規制」が目的である。

問2　答（5）

電技第22条（低圧電線路の絶縁性能）では，「1/1 000」ではなく「1/2 000」と定められている。

問3　答（3）

法第２条（定義）より，a）は正しい。

同条第十八号より，「電気工作物から除かれるものは，船舶，車両または航空機に設置されるもの，その他政令で定めるもの」とあり，b. は間違い。

同法施行規則第１条（定義）第２項第一号より，変電所は「電圧10万V以上の電気を変成するため」とあり，7 kVを超えるとしたc. は間違い。電気関係報告規則第１条（定義）第２項第五号より，d. は正しい。

同条第２項第十三号より，高濃度は「使用されている絶縁油に含まれるポリ塩化ビフェニルの重量の割合が0.5%を超える」とあり，e. は間違い。なお，解釈第32条（ポリ塩化ビフェニル使用電気機械器具及び電線の施設禁止）より，ポリ塩化ビフェニルを含有する絶縁油は，問題文にある0.00005%を超えるものであり，「高濃度」ではない。

問4　答（3）

（１）不適切。

高圧地絡継電器の整定値は電力会社との協議により決定されるため，勝手に変更はできない。また，変更したことで電力会社の地絡保護が困難となり，波及事故の原因とされた場合，電技第18条（供給支障の防止）に違反する可能性がある。

（２）不適切。

電気主任技術者は法第43条（主任技術者）第４項より「事業用電気工作物の工事，維持および運用に関する保安の監督の職務を誠実に行わなければならない」とあり，電気工作物の危険を放置することは同条に違反する可能性がある。また，絶縁カバーのない状態は，電技第４条（電気設備における感電，火災等の防止）に違反している可能性がある。

（３）適切。

電気関係報告規則第４条の２（ポリ塩化ビフェニル含有電気工作物に関する届出）より，判明した後に遅滞なく届出を行えばよいため，判明前の未報告は問題ない。

（4）不適切。

高圧ケーブルの端末における施工が不完全な場合，短絡事故または地絡検出ができない等の不具合になる可能性が高い。したがって，（2）で説明したように「工事に関する保安の監督を誠実に行わなければならない」に違反する可能性がある。電気工事士法は一般電気工作物および最大電力500kW未満の自家用電気工作物の電気工事に対して，有資格者の施工を義務付け，国が直接保安の確保に関与している。一方，700kW（500kW以上）の自家用電気工作物は施工に関しては，資格（第一種電気工事士等），技量（メーカーの行う技能講習等）および経験を電気主任技術者が確認し，保安の確保を行う義務がある。

（5）不適切。

法第42条（保安規程）より，保安規程の作成，変更，届出は自家用電気工作物の設置者が行う。一方，同法第43条（主任技術者）を解釈する「主任技術者制度の解釈および運用（内規）」に，「設置者は保安を確保するにあたり，主任技術者の意見を尊重する」とある。したがって，電気主任技術者として保安の確保に関する意見を述べない場合，法律違反となる可能性がある。

問5　答（1）

法施行規則第48条（一般用電気工作物の範囲）第4項からの出題で，同法第38条第2項の「小出力発電設備」に関する出題である。

問6　答（5）

解釈第37条（避雷器等の施設）からの出題である。避雷器を設置する目的は，雷電圧を低減し，送配電線路に接続する重要機器を絶縁破壊等の被害から守ることである。各条文に共通する「架空」電線路が正答へ導く鍵となる。施設箇所については図6-1を参照。

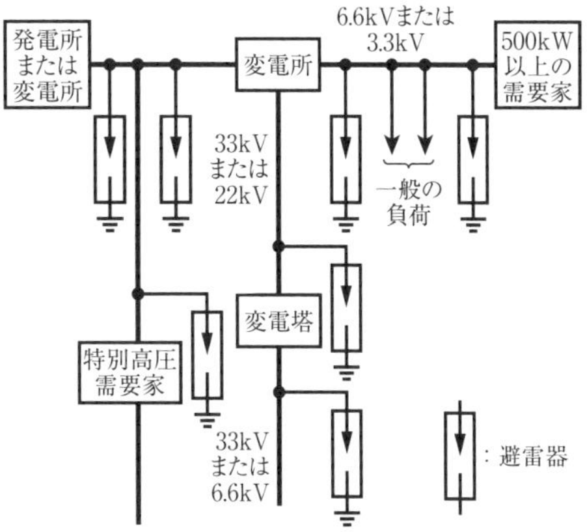

図6-1　避雷器の施設が義務づけられている箇所

問7　答（4）

解釈第17条（接地工事の種類および施設方法），第29条（機械器具の金属製外箱等の接地）に関する出題である。

問8　答（1）

JIS C 4620の「キュービクル式高圧受電設備」に関する出題である。CB形，PF・S形の装置を表8-1に，機器構成を図8-1に示す。

同設備による高圧受電にあたっては，電

表8-1　キュービクルの形式

形式	主遮断装置	短絡・地絡等保護装置	設備容量[kV・A]
CB形	遮断器	過電流継電器 地絡継電器	4 000以下
PF・S形	高圧交流 負荷開閉器	電力（限流）ヒューズ 地絡継電器	300以下

力供給側の電力会社と需要家との動作協調（保護協調）をとることが重要で，契約電力値をベースにした過電流タップ値や動作時間ならびにB種接地抵抗値などが対象になる。これらの値が適切に協調されないと波及事故が拡大するおそれがある。

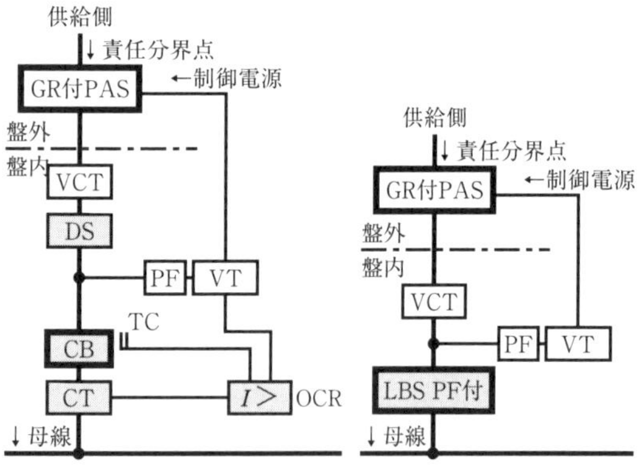

（a）CB形　（b）PF・S形

共通		CB形のみ		PS･S形のみ
PAS	Pole Air Switch	DS	断路器	LBS PF付：高圧交流負荷開閉器電力ヒューズ付
GR	地絡継電器	CB	遮断器	
VCT	電力需給用計器用変成器	CT	変流器	
VT	計器用変圧器	OCR	過電流継電器	
PF	電力ヒューズ	TC	引外しコイル	

図8-1

問9　答（2）

問題文の空白に入る文字・数字は，発電用風力設備に関する技術基準を定める省令第4条より，（ア）「最大速度」，（イ）「植物」，同第5条より，（ウ）「著しく上昇した」，（エ）「自動的」，（オ）「20」である。

問10　答（1）

一般に高負荷率の需要の負荷曲線は，平均負荷に対して著しく変動することは少なく平坦な形となる。一方，夏や冬などにおける需要の高まりは，低負荷率となり逆の結果となる。

通常，負荷率の高い負荷の需要率は，負荷率の低い負荷の需要率より大きくなる。

不等率の特徴は常に1より大きく，この値が大きいほど一定の供給設備で大きな負荷設備への電力供給が可能となる。

B問題

問11　答（a）－（4），（b）－（1）

（a）題意から，

$$V=\frac{6.6}{1.1}=6.0\,[\mathrm{kV}]$$

$$L=15\,[\mathrm{km}]\times 3\text{条}\times 2\text{回線}=90\,[\mathrm{km}]$$

$$L'=7\,[\mathrm{km}]\times 1\text{条}\times 3\text{回線}=21\,[\mathrm{km}]$$

これらを題意の式の右辺へ代入する。また，解釈第17条第2項より，計算結果は小数点以下を切り上げとある。

$$I=1+\frac{\frac{6}{3}\times 90-100}{150}+\frac{\frac{6}{3}\times 21-1}{2}$$

$$=1+0.53+20.5=22.03\fallingdotseq 23\,[\mathrm{A}]$$

（b）求める接地抵抗値を R_B とすると，この場合の対地電圧上昇値は600Vであるから，解釈第17条（接地工事の種類及び施設方法）より，

$$R_B\leqq\frac{600}{I}=\frac{600}{23}\fallingdotseq 26.09\rightarrow 26\,[\Omega]$$

問12　答（a）－（4），（b）－（1）

図12-1（a），（b）から，

$$P=\sqrt{3}\,V_r I\cos\theta\,[\mathrm{W}]$$

$$\rightarrow I=\frac{P}{\sqrt{3}\,V_r\cos\theta}\,[\mathrm{A}]$$

V_r：受電端電圧［V］　I：線路電流［A］

$\cos\theta$：負荷力率　P：受電電力［W］

(a) 変電所引出口の電圧 V_s [V]は,

$$V_s = V_r + \sqrt{3}\, I(R\cos\theta + X\sin\theta)$$

$$= V_r + \frac{\sqrt{3}\, V_r I(\cos\theta)R + \sqrt{3}\, V_r I(\sin\theta)X}{V_r}$$

$P=\sqrt{3}\, V_r I\cos\theta$, $Q=\sqrt{3}\, V_r I\sin\theta$とすると,

$$V_s = V_r + \frac{PR+QX}{V_r} = V_r + P\frac{\left(R+\dfrac{Q}{P}X\right)}{V_r}$$

$\dfrac{Q}{P}=\dfrac{\sin\theta}{\cos\theta}=\tan\theta$であるから,

$$V_s = V_r + P\frac{(R+X\tan\theta)}{V_r}$$

$$=6\,000+\frac{1\,000\times(1.5+2.5\times0.75)}{6}$$

$$\fallingdotseq 6\,563\ [\mathrm{V}]$$

(b) 図12-2から，求めるコンデンサの容量を Q_C [kvar]とすると,

$$\tan\theta_C = \frac{\sin\theta_C}{\cos\theta_C} = \frac{\sqrt{1-0.95^2}}{0.95} \fallingdotseq 0.329$$

だから,

$$Q_C = P(\tan\theta - \tan\theta_C)$$

$$=1\,000\times(0.75-0.329)$$

$$=1\,000\times0.421=421\ [\mathrm{kvar}]$$

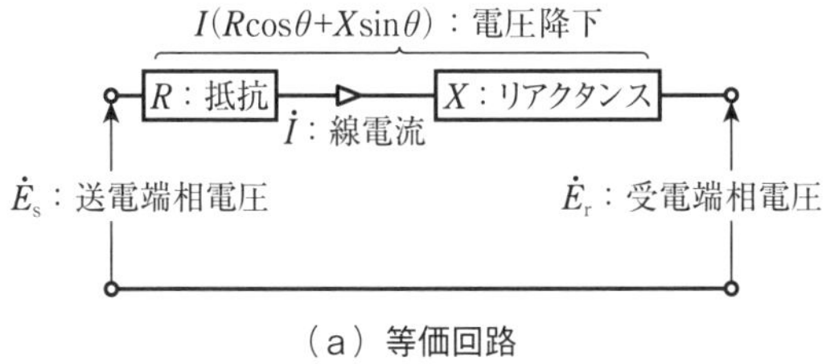

(a) 等価回路

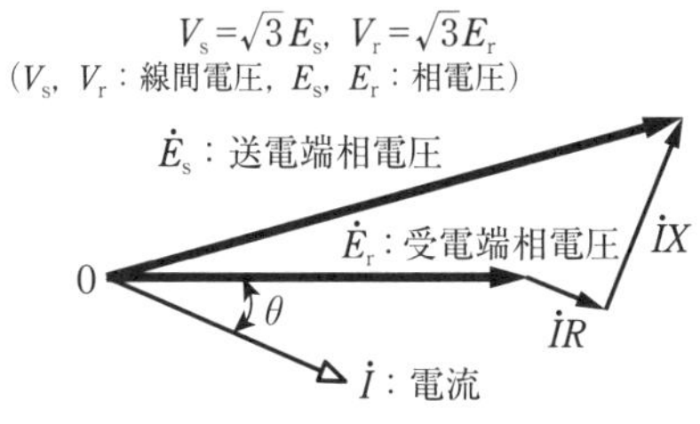

(b) ベクトル図

図12-1 受電端電圧と送電端電圧

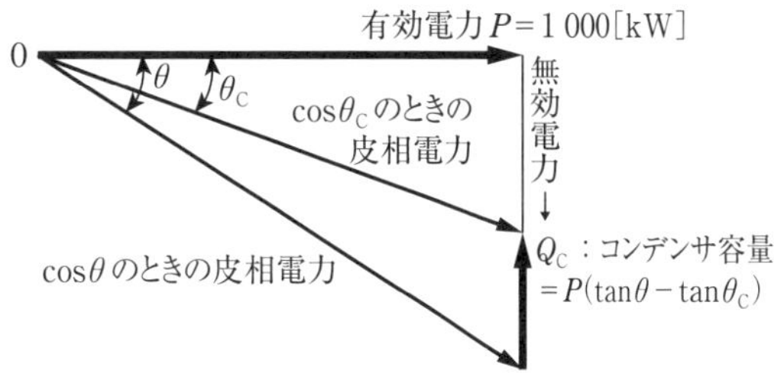

図12-2 コンデンサ容量算出のためのベクトル図

問13 答 (a)−(3), (b)−(5)

(a) 図13-1は，題意の図(時間−流量(出力)曲線)に，水の調整池への流入分(V_1)と流出分(V_2)を明記したものである。留意点は，題意より流量と出力は比例していることと，調整池を満水で運用していることである。題意の図の未知数は2つだが，未知数が1つとなるように斜線の網掛け部分(V_1)を考えると,

$$V_1=30\times(8-0)\times3\,600+(30-20)\times(13-12)\times3\,600+30\times(24-T_x)\times3\,600=1\,440\,000\ [\mathrm{m^3}]$$

上式を変形して T_x を求める。

$$24-T_x=\frac{1\,440\,000-30\times8\times3\,600-10\times3\,600}{30\times3\,600}$$

$$=5$$

$$T_x=24-5=19$$

よって，発電を停止する時刻は19時となる。

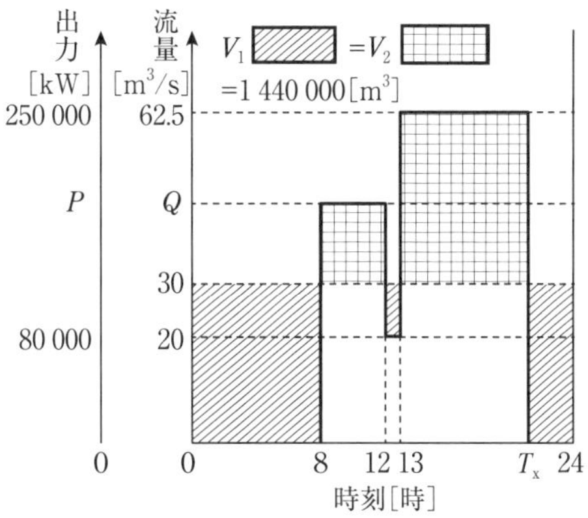

図13-1

（b）図13−2は，自然流量が Q_x [m³/s]に低下した場合の時間−流量（出力）曲線に，水の調整池への流入分（V_1'）と流出分（V_2'）を明記したものである。本問では，題意の有効貯水量以下となるため，流入分＝流出分により Q_x を求める。

$$V_1' = Q_x \times (8-0) \times 3\,600 + Q_x \times (24-12) \times 3\,600$$

$$= Q_x \times 20 \times 3\,600$$

$$V_2' = (62.5 - Q_x) \times (12-8) \times 3\,600$$

$$= 62.5 \times 4 \times 3\,600 - Q_x \times 4 \times 3\,600$$

$V_1' = V_2'$ より，最低限必要な河川流量 Q_x は以下で計算できる。

$$Q_x \times 20 \times 3\,600 = 62.5 \times 4 \times 3\,600 - Q_x \times 4 \times 3\,600$$

$$Q_x = \frac{62.5 \times 4}{24} \fallingdotseq 10.417\,[\mathrm{m^3/s}]$$

よって，選択肢のなかで10.417よりも大きい（5）が答となる。

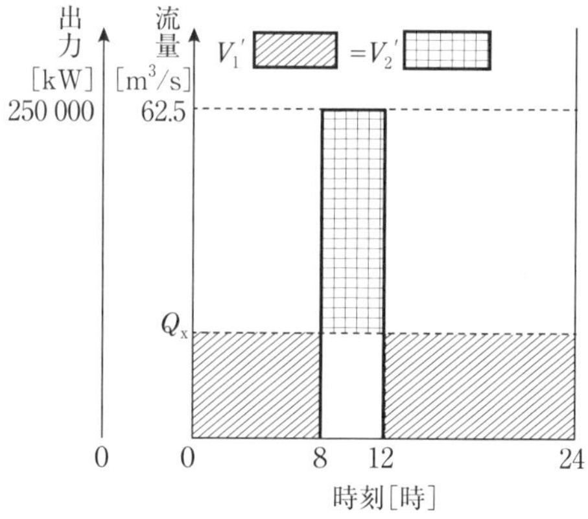

図13−2

理論　模擬問題(3)　難易度表

		出題分野・項目	難易度※1	正解	配点
A問題	問1	静電気・平行板コンデンサ	★★★★★	(2)	5
	問2	静電気・コンデンサの接続	★★★★	(4)	5
	問3	電磁気・インダクタンス	★★★	(5)	5
	問4	電磁気・誘導起電力	★★★★	(5)	5
	問5	直流回路・抵抗直並列回路	★★★	(3)	5
	問6	単相交流・*RL* 直並列回路	★★★★	(2)	5
	問7	単相交流・*RLC* 直並列回路	★★★★★	(4)	5
	問8	単相交流・*RL* 直並列回路	★★★	(1)	5
	問9	電気計測・熱電形電流計	★★★	(2)	5
	問10	交流回路・ひずみ波	★★★★	(3)	5
	問11	過渡現象・*RC* 直列回路	★★	(4)	5
	問12	その他・電気一般	★★	(5)	5
	問13	電子回路・オペアンプ	★★★★	(2)	5
	問14	電子理論・磁界中の電子	★★	(1)	5
B問題	問15　(a)	三相交流・Y－△混合	★★	(4)	5
	(b)		★★★	(5)	5
	問16　(a)	電子回路・トランジスタ増幅回路	★★	(2)	5
	(b)		★★★	(4)	5
	問17　(a)	単相交流・*RLC* 直並列回路	★★★★★	(3)	5※2
	(b)		★★★	(5)	5※2
	問18　(a)	直流回路・多電源，最大消費電力	★★	(5)	5※2
	(b)		★★★	(2)	5※2

※1　★3を標準的な電験三種のレベルとしている（易→普通→難：★1→★3→★5）

※2　問17と問18は選択問題であり，どちらか1題を選択する。

〈自己採点〉

	①	②	③	④	⑤
学習日	/	/	/	/	/
点　数	点	点	点	点	点

理論　解答・解説

A問題

問1　答（2）

面積が $S\,[\mathrm{m}^2]$，電極間隔が $d\,[\mathrm{m}]$ であるから，電極間に何も挿入しないときの平行板コンデンサの静電容量 $C_0\,[\mathrm{F}]$ は，次式で表される。

$$C_0=\varepsilon_0\frac{S}{d}$$

このとき，電圧 $V_0\,[\mathrm{V}]$ で充電したので蓄えられている電荷 $Q_0\,[\mathrm{C}]$ は，

$$Q_0=C_0V_0$$

次に電極面積と等しく，厚さ $a\,[\mathrm{m}]$ の誘電率 $\varepsilon\,[\mathrm{F/m}]$ の誘電体を挿入したとき，平行板コンデンサの静電容量 $C\,[\mathrm{F}]$ は，図1-1のように電極間隔が $d-a\,[\mathrm{m}]$ である真空コンデンサ C_1 と電極間隔が $a\,[\mathrm{m}]$，誘電率が $\varepsilon\,[\mathrm{F/m}]$ であるコンデンサ $C_2\,[\mathrm{F}]$ の直列接続と考えられるので，次式が成立する。

$$\frac{1}{C}=\frac{1}{C_1}+\frac{1}{C_2}$$

$$=\frac{1}{\varepsilon_0\dfrac{S}{d-a}}+\frac{1}{\varepsilon\dfrac{S}{a}}$$

$$=\left(\frac{d-a}{\varepsilon_0}+\frac{a}{\varepsilon}\right)\cdot\frac{1}{S}$$

電荷 $Q_0\,[\mathrm{C}]$ は不変であるので，誘電体挿入後の電圧を $V\,[\mathrm{V}]$ とすると次式が成立する。

$$Q_0=C_0V_0=CV$$

よって，

$$V=\frac{C_0}{C}V_0$$

$$=\varepsilon_0\frac{S}{d}\cdot\left(\frac{d-a}{\varepsilon_0}+\frac{a}{\varepsilon}\right)\cdot\frac{1}{S}V_0$$

$$=\left\{1-\frac{a(\varepsilon-\varepsilon_0)}{d\varepsilon}\right\}V_0$$

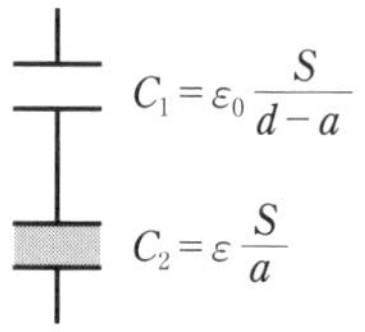

図1-1

問2　答（4）

スイッチを閉じる前に，静電容量 $C_1\,[\mathrm{F}]$ のコンデンサの静電エネルギー $W_1\,[\mathrm{J}]$ は，

$$W_1=\frac{{Q_1}^2}{2C_1}=\frac{(40\times10^{-6})^2}{2\times800\times10^{-6}}$$

$$=1\times10^{-6}\,[\mathrm{J}]$$

である。スイッチSを閉じたときの静電エネルギー $W_2\,[\mathrm{J}]$ は，C_1 と C_2 のコンデンサの合成静電容量が (C_1+C_2) となっているが，電荷 Q_1 は変化しないので，

$$W_2=\frac{{Q_1}^2}{2(C_1+C_2)}$$

$$=\frac{(40\times10^{-6})^2}{2\times(800+400)\times10^{-6}}$$

$$\fallingdotseq6.67\times10^{-7}\,[\mathrm{J}]$$

スイッチ開閉前後の静電エネルギーの変化が，抵抗 R で消費された電気エネルギーとなるので，

$$W_1-W_2=1\times10^{-6}-6.67\times10^{-7}$$

$$=3.33\times10^{-7}\rightarrow3.3\times10^{-7}\,[\mathrm{J}]$$

なお，抵抗 R で消費される電気エネルギーは R の値には関係しない。

問3　答（5）

環状鉄心に N 回巻かれたコイルの自己インダクタンス L［H］は，鉄心の断面積を S［m²］，透磁率を μ［H/m］，鉄心の長さを l［m］とすると，次式で表される。

$$L=\frac{\mu S N^2}{l}\,[\mathrm{H}]$$

すなわち，コイルの自己インダクタンスは，巻数 N の２乗に比例するので，

$$\frac{L_2}{L_1}=\left(\frac{N_2}{N_1}\right)^2 \rightarrow N_2=N_1\sqrt{\frac{L_2}{L_1}}$$

$$=200\times\sqrt{\frac{40}{160}}=100$$

また，相互インダクタンス M［H］は結合係数を k とすると，

$$M=k\sqrt{L_1 L_2}$$

$$=0.8\times\sqrt{160\times 40}=64\,[\mathrm{mH}]$$

問4　答（5）

磁束密度と導体棒の移動方向は直交しているので，導体棒に誘導される起電力 E［V］は，

$$E=vBl\,[\mathrm{V}]$$

この起電力 E［V］によって抵抗 R_1 と R_2 には，図4-1に示す向きに次式で表される電流 I_1，I_2 が流れる。

$$I_1=\frac{E}{R_1}\,[\mathrm{A}]$$

$$I_2=\frac{E}{R_2}\,[\mathrm{A}]$$

したがって，導体棒に流れる電流 I は，

$$I=I_1+I_2=\frac{E}{R_1}+\frac{E}{R_2}$$

$$=vBl\left(\frac{1}{R_1}+\frac{1}{R_2}\right)[\mathrm{A}]$$

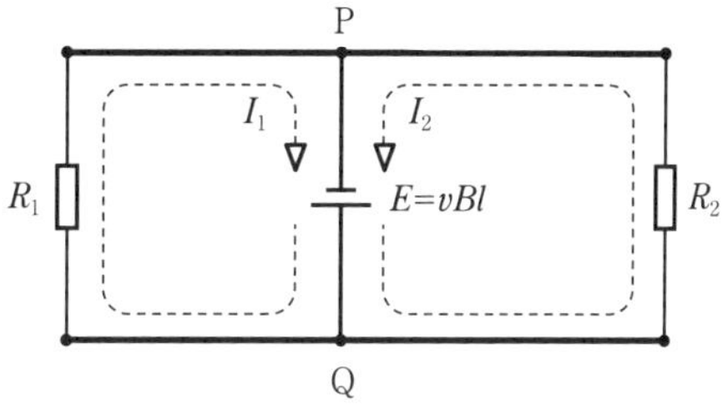

図4-1

問5　答（3）

題意の図の4Ω，2Ω，1Ωの抵抗部分を，図5-1のように R_1，R_2，R_3の抵抗をY接続に変換する。すると，

$$R_1=\frac{2\times 4}{4+2+1}=\frac{8}{7}\,[\Omega]$$

$$R_2=\frac{2\times 1}{4+2+1}=\frac{2}{7}\,[\Omega]$$

$$R_3=\frac{4\times 1}{4+2+1}=\frac{4}{7}\,[\Omega]$$

となる。

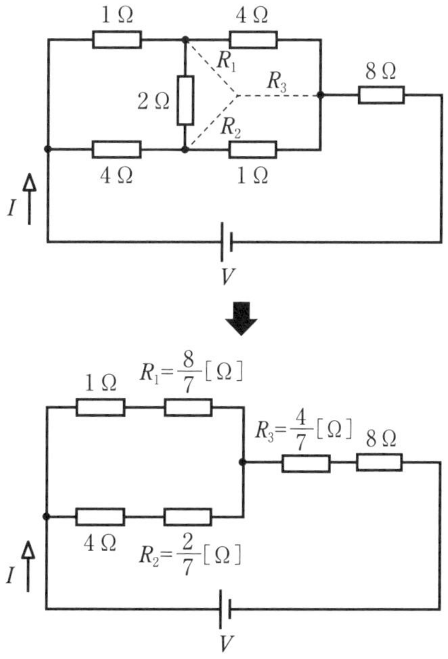

図5-1

この回路の合成抵抗 R は，

$$R=\frac{(1+R_1)\times(4+R_2)}{(1+R_1)+(4+R_2)}+R_3+8$$

$$=\frac{\left(1+\frac{8}{7}\right)\times\left(4+\frac{2}{7}\right)}{\left(1+\frac{8}{7}\right)+\left(4+\frac{2}{7}\right)}+\frac{4}{7}+8$$

$$=\frac{\frac{15}{7}\times\frac{30}{7}}{\frac{15}{7}+\frac{30}{7}}+\frac{4}{7}+8$$

$$=\frac{\frac{450}{7\times7}}{\frac{45}{7}}+\frac{4}{7}+8$$

$$=\frac{10}{7}+\frac{4}{7}+8=10\,[\Omega]$$

したがって，流れる電流電流 I [A]は，

$$I=\frac{V}{R}=\frac{120}{10}=12\,[\mathrm{A}]$$

問6　答（2）

図6-1に示すように，網掛けした8 Ωの抵抗は，抵抗値が2倍の16 Ωの抵抗を2個並列に接続した回路に置き換えることができる。

よって，図6-2に示すような上下対称の並列回路となる。このうち，破線で示す上側の合成インピーダンス $\dot{Z}$ [Ω]の値は，

$$\dot{Z}=\frac{8\times(8+16)}{8+(8+16)}+\mathrm{j}8=\frac{8\times24}{8+24}+\mathrm{j}8$$

$$=6+\mathrm{j}8\,[\Omega]$$

したがって，端子a-b間の合成インピーダンス $\dot{Z}_{ab}$ [Ω]は，

$$\dot{Z}_{ab}=\frac{\dot{Z}}{2}=3+\mathrm{j}4\,[\Omega]$$

$$|\dot{Z}_{ab}|=\sqrt{3^2+4^2}=5\,[\Omega]$$

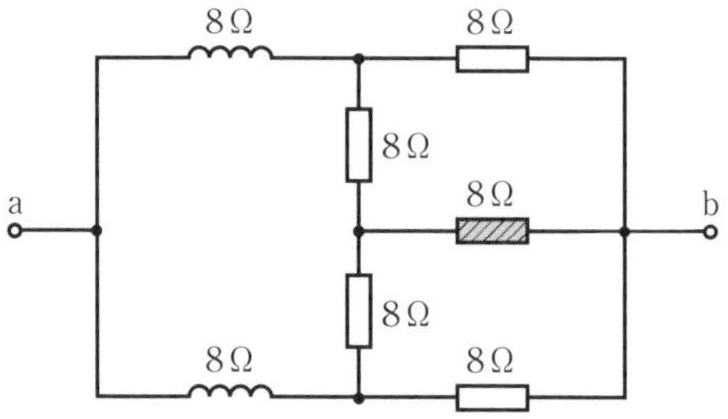

図6-1

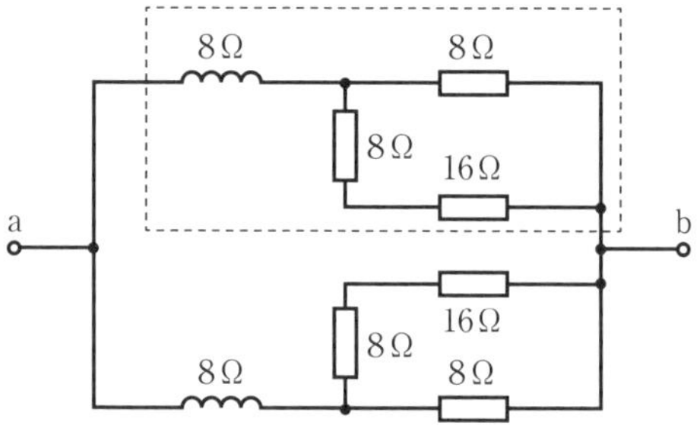

図6-2

問7　答（4）

題意の回路において，電源の角周波数を ω [rad/s]とすると，電源からみた合成アドミタンス $\dot{Y}$ [S]は，

$$\dot{Y}=\mathrm{j}\omega C+\frac{1}{R+\mathrm{j}\omega L}$$

回路を流れる電流 $\dot{I}$ [A]は，

$$\dot{I}=\dot{Y}\dot{V}$$

$$=\left(\mathrm{j}\omega C+\frac{1}{R+\mathrm{j}\omega L}\right)\dot{V}$$

$$=\left\{\frac{R}{R^2+\omega^2L^2}+\mathrm{j}\omega\left(C-\frac{L}{R^2+\omega^2L^2}\right)\right\}\dot{V} \qquad \cdots\cdots①$$

ここで，静電容量 C [F]を変化させて電流 $\dot{I}$ を最小にするには，①式の虚部を0とすればよいので，

$$C=\frac{L}{R^2+\omega^2L^2}\,[\mathrm{F}] \qquad \cdots\cdots②$$

よって，②式を①式へ代入すると電流の

最小値 $\dot{I}_{\mathrm{min}}$ は,

$$\dot{I}_{\mathrm{min}}=\frac{R}{R^2+\omega^2L^2}\dot{V}=\frac{CR}{L}\dot{V}\ [\mathrm{A}]$$

問8　答（1）

端子 a-b 間の電圧 $\dot{V}_{\mathrm{ab}}$［V］は，図8－1のように電流 $\dot{I}_1$，$\dot{I}_2$ を定めると，

$$\begin{aligned}\dot{V}_{\mathrm{ab}}&=\mathrm{j}8\times\dot{I}_1-\mathrm{j}6\times\dot{I}_2\\&=\mathrm{j}8\times\frac{\dot{V}}{6+\mathrm{j}8}-\mathrm{j}6\times\frac{\dot{V}}{8+\mathrm{j}6}\\&=\left(\mathrm{j}8\times\frac{6-\mathrm{j}8}{6^2+8^2}-\mathrm{j}6\times\frac{8-\mathrm{j}6}{8^2+6^2}\right)\times\dot{V}\\&=\left(\mathrm{j}8\times\frac{6-\mathrm{j}8}{100}-\mathrm{j}6\times\frac{8-\mathrm{j}6}{100}\right)\times\dot{V}\\&=\frac{28}{100}\dot{V}=56\end{aligned}$$

より，

$$|\dot{V}|=\frac{100\times56}{28}=200\ [\mathrm{V}]$$

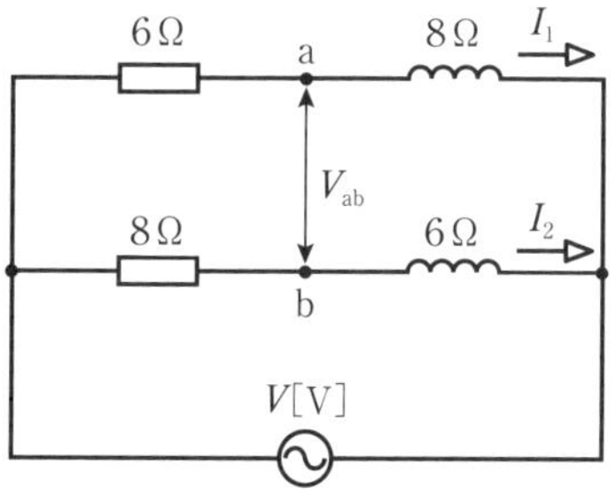

図8－1

問9　答（2）

題意の図の方形波電流の最大値を I_{m}［mA］，周期を T［ms］とすると，実効値電流 I は，

$$I=\sqrt{\frac{\text{各期間の値の2乗×時間の合計}}{\text{1周期の時間}}}\ [\mathrm{mA}]$$

$$=\sqrt{\frac{I_{\mathrm{m}}{}^2\times50+0^2\times50}{100}}=\frac{I_{\mathrm{m}}}{\sqrt{2}}\ [\mathrm{mA}]$$

また，平均値電流 I_{a} は，

$$I_{\mathrm{a}}=\frac{I_{\mathrm{m}}}{2}\ [\mathrm{mA}]$$

ここで，熱電形電流計は実効値を指示し，可動コイル電流計は平均値を指示するので，

$$\frac{I_{\mathrm{m}}}{\sqrt{2}}=8\ [\mathrm{mA}]$$

$$I_{\mathrm{m}}=8\sqrt{2}\ [\mathrm{mA}]$$

よって，可動コイル形電流計で測定した場合，その指示値 I_{x} は，

$$\begin{aligned}I_{\mathrm{x}}&=\frac{I_{\mathrm{m}}}{2}\\&=\frac{8\sqrt{2}}{2}=4\sqrt{2}\fallingdotseq5.66\to5.7\ [\mathrm{mA}]\end{aligned}$$

問10　答（3）

電圧の実効値 E［V］は，

$$E=\frac{E_{\mathrm{m}}}{\sqrt{2}}\ [\mathrm{V}]$$

電流の実効値 I［A］は，

$$\begin{aligned}I&=\sqrt{\left(\frac{I_{\mathrm{m}}}{\sqrt{2}}\right)^2+\left(\frac{I_{\mathrm{m}}/\sqrt{2}}{\sqrt{2}}\right)^2}\\&=\sqrt{\frac{1}{2}+\frac{1}{4}}I_{\mathrm{m}}=\frac{\sqrt{3}}{2}I_{\mathrm{m}}\ [\mathrm{A}]\end{aligned}$$

よって，皮相電力 S は，

$$\begin{aligned}S&=EI\\&=\frac{E_{\mathrm{m}}}{\sqrt{2}}\times\frac{\sqrt{3}}{2}I_{\mathrm{m}}=\frac{\sqrt{3}}{2\sqrt{2}}E_{\mathrm{m}}I_{\mathrm{m}}\ [\mathrm{V\cdot A}]\end{aligned}$$

また，有効電力 P は，基本波電圧と基本波電流によるものだけで，第3次高調波によるものは零なので，

$$P=\frac{E_{\mathrm{m}}}{\sqrt{2}}\times\frac{I_{\mathrm{m}}}{\sqrt{2}}=\frac{E_{\mathrm{m}}I_{\mathrm{m}}}{2}\ [\mathrm{W}]$$

したがって，等価力率 $\cos\theta$ は，

$$\cos\theta = \frac{P}{S}$$

$$= \frac{\dfrac{E_m I_m}{2}}{\dfrac{\sqrt{3}}{2\sqrt{2}} E_m I_m}$$

$$= \frac{\sqrt{2}}{\sqrt{3}} \fallingdotseq 0.816 \rightarrow 0.82$$

問 11　答（4）

抵抗 R と静電容量 C のコンデンサを直列に接続した回路の電流 i とコンデンサの端子電圧 v_C は，それぞれ次式で表される。

$$i = \frac{V}{R} e^{-\frac{1}{\tau}t}$$

$$v_C = V\left(1 - e^{-\frac{1}{\tau}t}\right)$$

ここで，時定数は $\tau = RC$ で表される。この式より，$t=0$ のとき，回路を流れる電流は $i=E/R$ であり，コンデンサの端子電圧は $v_C=0$ である。また，定常状態 $t\rightarrow\infty$ のとき，$i=0$ となり，コンデンサの端子電圧は $v_C=V$（電源電圧）となる。

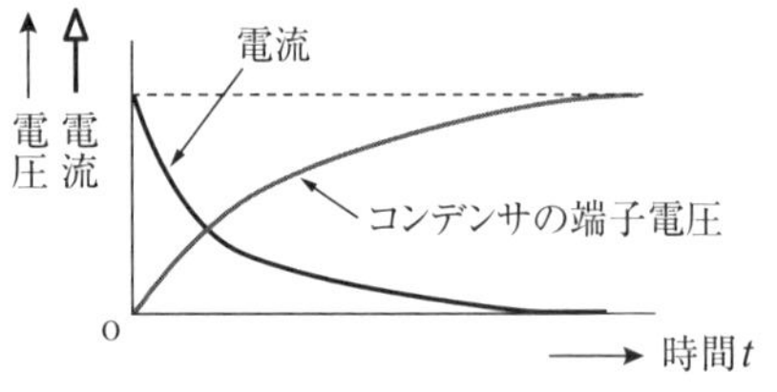

図11-1

問 12　答（5）

（1）正しい。

磁界は，1 Wb の磁極に作用する力[N]で定義されるので，単位は[N/Wb]となる。これを変形すると，

$$\left[\frac{N}{Wb}\right] = \left[\frac{N \cdot m}{Wb \cdot m}\right] = \left[\frac{J}{V \cdot s \cdot m}\right]$$

$$= \left[\frac{V \cdot A \cdot s}{V \cdot s \cdot m}\right] = \left[\frac{A}{m}\right]$$

（2）正しい。

電界は，1 C の電荷に作用する力[N]で定義されるので，単位は[N/C]となる。これを変形すると，

$$\left[\frac{N}{C}\right] = \left[\frac{N \cdot m}{C \cdot m}\right] = \left[\frac{J}{A \cdot s \cdot m}\right]$$

$$= \left[\frac{V \cdot A \cdot s}{A \cdot s \cdot m}\right] = \left[\frac{V}{m}\right]$$

（3）正しい。

磁束密度 B [T]の磁界中と直角に置かれた長さ l [m]の導体棒に I [A]の電流を流したときに作用する力は，$F=IBl$ [N]で表されるので，磁束密度の単位は[N/(A·m)]となる。これを変形すると，

$$\left[\frac{N}{A \cdot m}\right] = \left[\frac{N \cdot m}{A \cdot m^2}\right] = \left[\frac{J}{A \cdot m^2}\right] = \left[\frac{V \cdot A \cdot s}{A \cdot m^2}\right]$$

$$= \left[\frac{V \cdot s}{m^2}\right] = \left[\frac{Wb}{m^2}\right] = [T]$$

（4）正しい。

1 A の電流が 1 秒間に運ぶ電気量が 1 C である。よって，電流の単位[A]は[C/s]に等しい。

（5）誤り。

磁気抵抗 R_m は，磁束を ϕ [Wb]，起磁力を F [A]とすると，次式で表される。

$$R_m = \frac{F}{\phi}$$

よって，磁気抵抗の単位は[A/Wb]となる。一方，磁気抵抗は透磁率を μ [H/m]，断面積を S [m^2]，磁路長を l [m]とすると，次式で表すこともできる。

$$R_m = \frac{l}{\mu S}$$

よって，磁気抵抗の単位は，

$$\frac{[\mathrm{m}]}{\left[\dfrac{\mathrm{H}}{\mathrm{m}}\right]\times[\mathrm{m}^2]}=\left[\frac{1}{\mathrm{H}}\right]=[\mathrm{H}^{-1}]=\left[\frac{\mathrm{A}}{\mathrm{Wb}}\right]$$

問 13 答（2）

題意の回路は，入力電圧を加えて出力する加算回路である。図 13-1 に加算回路の一般的な回路を示す。入力の＋，－端子が仮想短絡していることから次式が成立する。

$$I_1=\frac{V_1}{R_1},\qquad I_2=\frac{V_2}{R_2},\qquad I_3=\frac{V_3}{R_3}$$

また，演算増幅器の入力インピーダンスは無限大なので，キルヒホッフの法則から，

$$I_1+I_2+I_3=I$$

が成立する。よって，出力電圧 V_o は，

$$V_o=-RI=-R(I_1+I_2+I_3)$$
$$=-\left(\frac{R}{R_1}V_1+\frac{R}{R_2}V_2+\frac{R}{R_3}V_3\right)$$

ここで，$R_1=R_2=R_3=R$ とすると，出力電圧 V_o は，

$$V_o=-(V_1+V_2+V_3)$$

これに題意の数値，$V_1=3.0$ [V]，$V_2=2.0$ [V]，$V_3=-4.0$ [V]（逆極性）を代入すると，

$$V_o=-(3.0+2.0-4.0)=-1.0\ [\mathrm{V}]$$

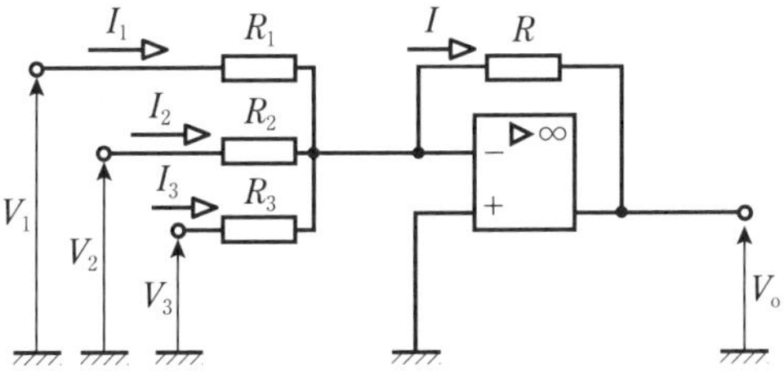

図13-1

問 14 答（1）

図 14-1 に示すように，磁界中の電子はローレンツ力を受けて円運動を行う。

ローレンツ力 F_1 は，次式で表される。

$$F_1=ev_0B \qquad \cdots\cdots①$$

また，電子が受ける遠心力 F_2 は，

$$F_2=\frac{mv^2}{r} \qquad \cdots\cdots②$$

①式＝②式とすると円運動の半径 r は，

$$r=\frac{mv}{eB}$$

電子が電極 B に到達するために加えるべき磁束密度 B は $r>d$ となればよいので，

$$r=\frac{mv}{eB}>d$$

から，

$$B<\frac{mv_0}{ed}$$

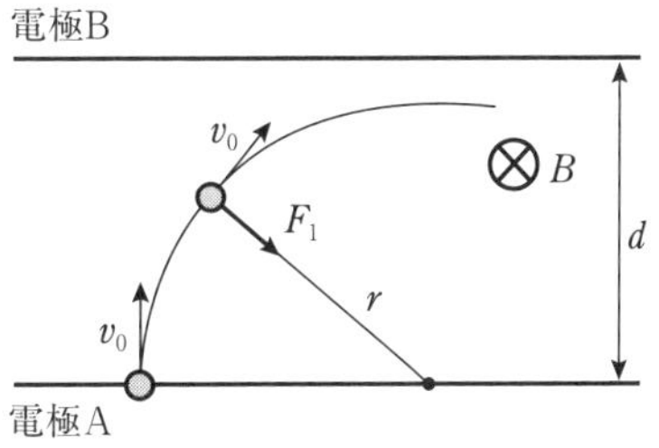

図14-1

B 問題

問 15 答（a）－（4），（b）－（5）

（a）図 15-1 のように，△結線の抵抗 R をＹ結線に等価変換すると，

$$\frac{R\times R}{R+R+R}=\frac{R}{3}\ [\Omega]$$

となるので，1 相当たりの抵抗は，

$$\frac{R}{3}+R=\frac{4}{3}R\ [\Omega]$$

となる。したがって，全消費電力 P は，

$$P=3\times\left(\frac{E}{4R/3}\right)^2\times\frac{4R}{3}=\frac{9E^2}{4R}\ [\mathrm{W}]$$

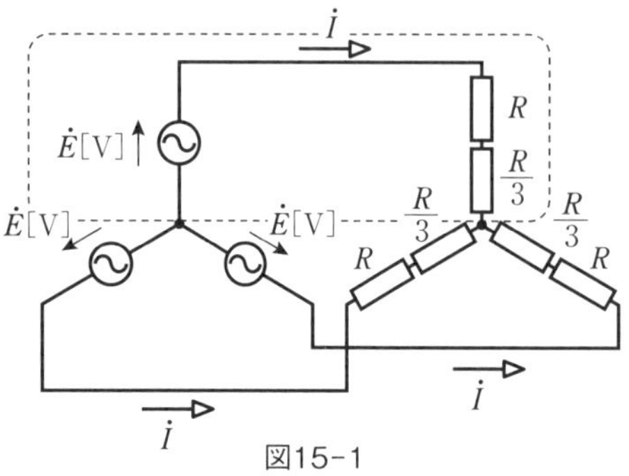

図15-1

（b）図15-2のように，（a）で求めた1相当たりの抵抗$\frac{R}{3}$を$\frac{R}{3}-\mathrm{j}\frac{X}{3}$に置き換え，電源電流$\dot{I}'$を求める。容量性リアクタンス部分はΔ接続なので，電流$|\dot{I}'|$の$\frac{1}{\sqrt{3}}$倍が求める電流である。

$$\dot{I}'=\frac{\dot{E}}{\frac{4R}{3}-\mathrm{j}\frac{X}{3}}=\frac{3\dot{E}}{4R-\mathrm{j}X}$$

$$|\dot{I}'|=\frac{3E}{\sqrt{(4R)^2+X^2}}$$

$$\frac{1}{\sqrt{3}}|\dot{I}'|=\frac{1}{\sqrt{3}}\times\frac{3E}{\sqrt{(4R)^2+X^2}}$$

$$=\frac{\sqrt{3}\,E}{\sqrt{16R^2+X^2}}\ [\mathrm{A}]$$

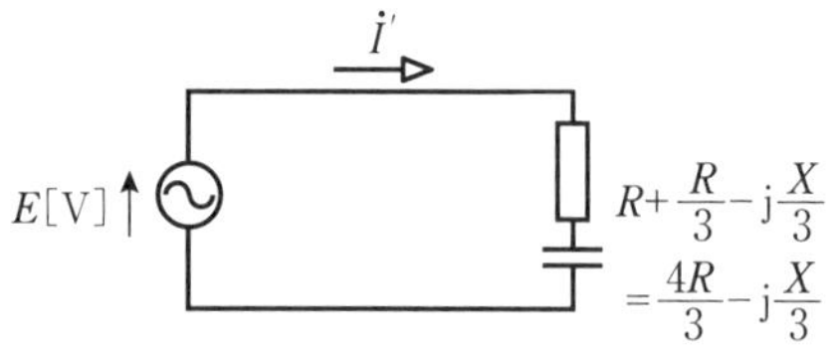

図15-2

問16　答（a）−（2），（b）−（4）

（a）題意の回路(図1)を交流回路として考えるとき，直流電源V_{DD}は内部インピーダンスが0であるので短絡して考える。題意より，コンデンサC_1，C_2，C_3のインピーダンスは十分小さいので，図16-1のような等価回路に描き換えることができる。この等価回路からR_1およびR_2を求めると，R_1はR_AとR_Bが並列接続され，また，R_2はR_CとR_Lが並列に接続されているので，

$$R_1=\frac{R_A R_B}{R_A+R_B}=\frac{120\times 30}{120+30}\fallingdotseq 24\ [\mathrm{k\Omega}]$$

$$R_2=\frac{R_C R_L}{R_C+R_L}=\frac{20\times 30}{20+30}=12\ [\mathrm{k\Omega}]$$

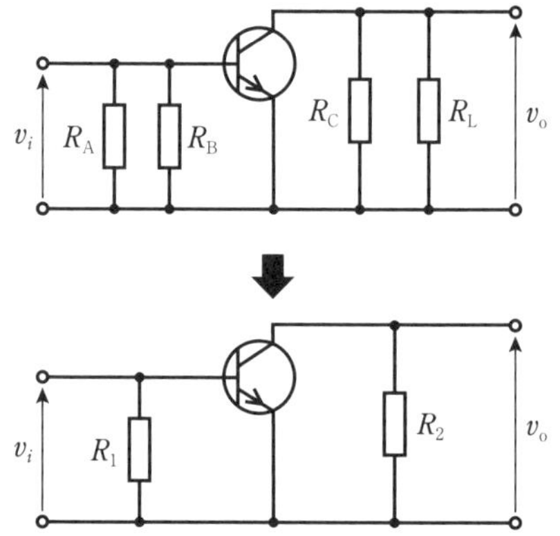

図16-1

（b）図16-2の等価回路から，この増幅回路の出力電圧v_oは，

$$v_o=-R_2 i_c=-R_2 h_{fe} i_b=-R_2 h_{fe}\frac{v_i}{h_{ie}}$$

から，電圧増幅度G_vは，

$$G_v=\left|\frac{v_o}{v_i}\right|=\frac{R_2 h_{fe}}{h_{ie}}=\frac{12\times 10^3\times 150}{8\times 10^3}=225$$

これをデシベル(利得)で表すと，電圧利得gは，

$$g=20\log_{10}225$$
$$=20\ \{\log_{10}(3^2\times 5^2)\}$$
$$=20(2\log_{10}3+2\log_{10}5)$$
$$=20\ (2\times 0.477+2\times 0.699)$$
$$=47.04\rightarrow 47\ [\mathrm{dB}]$$

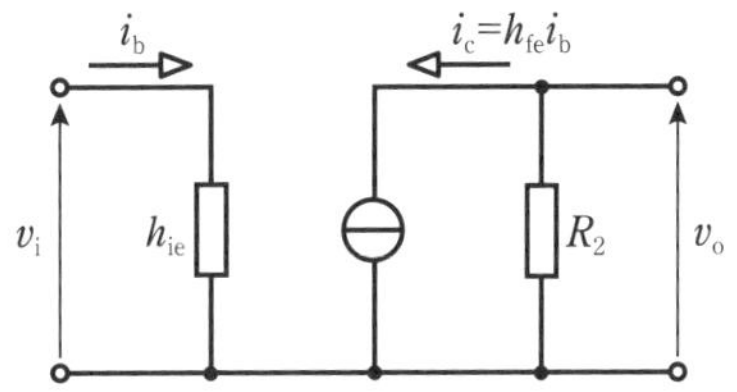

図16-2

問 17　答（a）－(3)，（b）－(5)

（a）電源電圧 $\dot{E}=20+\mathrm{j}20$ [V]と，電源電流 $\dot{I}=\mathrm{j}4$ [A]から，この回路網のインピーダンス $\dot{Z}$ は，

$$\dot{Z}=\frac{\dot{E}}{\dot{I}}=\frac{20+\mathrm{j}20}{\mathrm{j}4}=5-\mathrm{j}5\,[\Omega]$$

「回路網」は，抵抗 R とリアクタンス X の並列回路で表されるので，次式が成立する。

$$\frac{R\times \mathrm{j}X}{R+\mathrm{j}X}=5-\mathrm{j}5$$

これより，

$$\mathrm{j}RX=(5-\mathrm{j}5)(R+\mathrm{j}X)$$
$$=(5R+5X)+\mathrm{j}(5X-5R)$$

上式において，左辺の実部＝右辺の実部，左辺の虚部＝右辺の虚部であるから，この式の実部より，

$$X=-R \qquad \cdots\cdots①$$

また，虚部より，

$$RX=5X-5R \qquad \cdots\cdots②$$

を得る。

①式を②式へ代入すると，

$$-R^2=-10R$$
$$\therefore\quad R=10[\Omega],\ X=-10[\Omega]$$

（b）$\dot{Z}=5-\mathrm{j}5[\Omega]$ の回路は容量性である。これを遅れ力率 0.8 にするために必要な誘導性リアクタンスを $X_L[\Omega]$ とすれば，次式が成立しなければならない。

$$\frac{5}{\sqrt{5^2+(X_L-5)^2}}=0.8$$

$$(X_L-5)^2=\left(\frac{5}{0.8}\right)^2-5^2=14.0625$$

$$X_L=\sqrt{14.0625}+5=8.75 \rightarrow 8.8\,[\Omega]$$

問 18　答（a）－(5)，（b）－(2)

（a）図 18-1 に示すように，起電力 E [V]の電池を，直列に 4 個接続しているので，全体の電圧は $4E$ [V]となる。また，合成抵抗は 3 組並列に接続されているので，$4r/3$[Ω]となる。よって，可変抵抗 R[Ω]に流れる電流 I [A]は，

$$I=\frac{4E}{R+\dfrac{4r}{3}}=\frac{12E}{3R+4r}$$

可変抵抗 R[Ω]で消費する電力 P[W]は，

$$P=I^2R=\left(\frac{12E}{3R+4r}\right)^2R=\frac{144RE^2}{(3R+4r)^2}$$

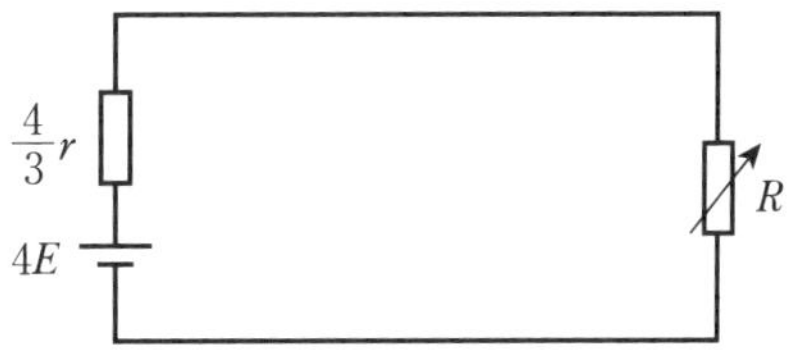

図18-1

（b）可変抵抗 R [Ω]で消費する電力を最大にするためには，電源側の内部抵抗と負荷 R の抵抗値が等しくなる必要がある。すなわち，$R=4r/3$ [Ω]となるとき，消費電力は最大となる。よって，最大電力 P_m [W]は，

$$P_m=\left(\frac{4E}{\dfrac{4}{3}r+\dfrac{4}{3}r}\right)^2\times\frac{4r}{3}$$

$$=\left(\frac{3E}{2r}\right)^2\times\frac{4r}{3}=\frac{3E^2}{r}$$

電力　模擬問題(3)　難易度表

		出題分野・項目	難易度※	正解	配点
A問題	問1	水力発電・水車関係（キャビテーション）	★★★	(2)	5
	問2	汽力発電・環境対策	★★★	(4)	5
	問3	汽力発電・タービン発電機（励磁制御装置）	★★★★★	(5)	5
	問4	原子力発電・PWR と BWR	★★★	(2)	5
	問5	自然エネルギー・各種発電	★★★	(1)	5
	問6	変電・変圧器（保護継電器）	★★★	(3)	5
	問7	変電・変圧器（励磁突入電流）	★★★★★	(3)	5
	問8	送配電・中性点接地方式	★★	(4)	5
	問9	送電・電線の振動	★★★	(5)	5
	問10	地中送電・充電容量	★★	(5)	5
	問11	地中送電・過電圧	★★★	(1)	5
	問12	配電・スポットネットワーク方式	★★★	(3)	5
	問13	配電・過電圧	★★	(4)	5
	問14	電気材料・鉄心材料	★★★	(1)	5
B問題	問15　(a)	汽力発電・復水器	★★★	(4)	5
	(b)		★★★	(2)	5
	問16　(a)	水力発電・気力発電（速度調定率）	★★★	(5)	5
	(b)		★★★	(1)	5
	問17　(a)	送電・百分率インピーダンス	★★★	(2)	5
	(b)		★★★	(5)	5

※　★3を標準的な電験三種のレベルとしている（易→普通→難：★1→★3→★5）

〈自己採点〉

	①	②	③	④	⑤
学習日	/	/	/	/	/
点　数	点	点	点	点	点

電力　解答・解説

A問題

問1　答（2）

キャビテーションとは，流水中のある点の圧力が，そのときの水温の飽和蒸気圧以下に低下することにより，その部分の水が沸騰して水蒸気の泡ができ，これが壊れる際に水車などの金属面に壊食や振動を起こす現象である。

1．キャビテーションによる障害

（1）流水に接するランナやバケットなどの金属部分に壊食(侵食)を生じ，キャビテーション壊食が進行する。

（2）水車の効率，出力，揚程の低下，水量の減少などが起こる。

（3）吸出し管入口における水圧の変動が著しくなる。

（4）水車が振動や騒音を発生する。

2．キャビテーションの防止法

（1）水車の比速度が大きいほど発生しやすいため，回転速度の選定にあたっては，水車およびポンプ水車の比速度を過大にしない。

（2）吸出し管の吸出し高さをあまり高くしない。

（3）ランナやバケット表面を水流ができるだけ平滑になるような形状にする。

（4）過度の部分負荷，または過負荷運転を避ける。

問2　答（4）

窒素酸化物の発生メカニズムと発生抑制方法を表2-1に示す。

燃焼方法の改善による窒素酸化物の低減には限界がある。そのため，発生後の排出削減対策として排煙脱硝装置が設置されている。排煙脱硝装置は，アンモニア接触還元法が主流となっており，節炭器出口の排ガスにアンモニアガスを注入して，約300～400℃の温度条件で触媒を用いて反応させ，窒素酸化物を無害な窒素と水蒸気に還元分解するものである。

表2-1　窒素酸化物の発生メカニズムと発生抑制方法

発生メカニズム	抑制方法
燃焼用空気に含まれている窒素が酸素と化合して発生 （燃焼温度が高いほど，また過剰空気が多いほど発生量は多くなる）	• 燃焼温度の低減 • 高温域での燃焼ガスの滞留時間の短縮
	• 酸素濃度の低下による燃焼速度の低減
燃料中に含まれる窒素が酸化して発生	• 低窒素燃料の採用

問3　答（5）

タービン発電機の励磁装置に設置されている自動電圧調整装置(AVR)は，定常運転時に発電機端子電圧を一定に保持するとともに，負荷遮断や系統事故などの電圧急変時に，速やかに電圧を復元する機能をもっている。

AVRには，発電機の進相運転時において固定子端部の過熱を制限する不足励磁制限装置(UEL)や，発電機の過励磁による界磁巻線の温度上昇を抑制するための過励磁制限装置(OEL)が付加されている。これらにより，発電機は可能出力曲線内で運転するように制御される。

近年では半導体技術の進歩に伴い，サイ

リスタを用いたサイリスタ励磁方式が広く使用されている。このサイリスタ励磁方式や高速応の交流励磁方式を用いることにより，応答速度に優れ，かつ電圧上昇率の高い超速応励磁が可能となった。速応性に優れた励磁装置は，系統事故が発生した場合に，発電機の励磁を強めることによって発電機内部の誘起電圧を高め，過渡安定度を向上させることができる。

超速応励磁方式は，過渡安定度対策としては有効であるが，過渡事象の収束後に残る系統動揺に対する減衰を弱める傾向がある。このため，過渡事象収束後の系統動揺を速やかに減衰させるものとして系統安定化装置（PSS）が設置される。

PSSは，発電機出力変化，発電機回転速度変化，発電機周波数変化のいずれかを補助信号として，これを自動電圧調整装置の出力信号に加えることによって制動効果を増し，電力系統の動揺を速やかに抑制する。

問4　答（2）

我が国の商業発電用原子炉のほとんどは，軽水炉と呼ばれる形式であり，それには加圧水型と沸騰水型の２種類がある。両形式ともウラン235の割合を３～５％に高めた低濃縮ウランを燃料に使用していること，ならびに軽水が冷却材と減速材を兼ねていることが共通している。

両形式の相違点としては，加圧水型は炉水を約15MPa（約320℃）に加圧（沸騰水型の約２倍）することにより，沸騰させずに熱水を保ちつつ，ポンプにより循環させて蒸気発生器に導き，熱交換により二次系の水を加熱して発生した蒸気を湿分分離してタービンに送り込む。沸騰水型は原子炉内で炉水を再循環させながら沸騰させ，発生した約７MPa（約280℃）の蒸気を湿分分離して直接タービンへ送り込む。

原子炉の出力制御方法は，制御棒を炉心内に挿入または炉心外へ引き抜くことのほかに，沸騰水型では再循環ポンプで再循環流量を調整して炉心流量を増減することにより行う。加圧水型では，ホウ酸水または純水の充てん，イオン交換樹脂でホウ素の吸着・放出させてホウ素濃度を増減することにより行う。

制御棒駆動装置は，沸騰水型では炉心底部に設置され，底部から制御棒が挿入されるが，加圧水型では炉心上部に設置され，上部から制御棒が挿入される。

問5　答（1）

太陽電池の種類は，シリコン系，化合物系，有機系に大別される。

シリコン系には，原子やイオンが周期的に規則正しく並んでいる状態の結晶系シリコンと，原子やイオンが周期的に正しく並んでいない状態の非結晶系（アモルファス系ともいう）がある。結晶には，単結晶，多結晶，微結晶がある。単結晶シリコン太陽電池は，最も古くから使われている太陽電池で，変換効率が最も高く，住宅用の太陽光発電モジュールのなかには変換効率が20％程度に達成しているものもあるが，シリコンの使用量が多いため高価である。

太陽光発電は，夜間は発電できず，発電が気象条件（日照）に左右されるため，発生電力の変動が大きく，我が国では平均すると，その設備利用率は10～15％程度である。

風力発電は，風車によって風力エネルギーを回転エネルギーに変換し，その回転エネルギーを発電機によって電気エネルギーに変換して利用するものである。

風のもつ運動エネルギーPは，単位時間当たりの空気の質量をm［kg/s］，速度（風速）をV［m/s］とすると次式で表される。

$$P=\frac{1}{2}mV^2\ [\mathrm{J/s}]\ (=[\mathrm{W}])$$

ここで，空気密度をρ［kg/m^3］，風車の回転面積（ロータ面積）をA［m^2］とすると，

$$m=\rho AV\ [\mathrm{kg/s}]$$

となるので，風車の出力係数C_{p}を用いると，風車で得られるエネルギーは次式で表される。

$$P=\frac{1}{2}C_{\mathrm{p}}\rho AV^3\ [\mathrm{W}]$$

つまり，風のエネルギーは風速の３乗に比例し，風力発電の出力も風速の３乗に比例する。

太陽光発電や風力発電は，自然条件によって受動的に発電が行われているため出力変動が激しく，短周期から長周期まで大きな変動が重畳しており，予想が非常に難しい。短周期の出力変動は，広い地域にわたって出力を合計すれば変動率が小さくなるという「ならし効果（平滑化効果）」によって小さくなるが，長周期の出力変動については変動幅が大きく，平滑化は困難である。

地熱発電は，地下のマグマ等の熱によって加熱されて熱水あるいは蒸気となった地下水から高温・高圧の蒸気を取り出し，その蒸気でタービンを回して発電を行う方法である。自然条件による大きな出力変動はみられないため，設備利用率は太陽光発電や風力発電に比べて高い。

問6　答（3）

1．電気的保護継電器

次に示す電気的保護継電器において，変圧器の短絡故障については比率差動継電器が主保護となり，過電流継電器が後備保護となる。

（a）比率差動継電器

通常状態において，変圧器の一次，二次側のCTによって生じる電流は抑制コイルのみに流れ，動作コイルには流れない。抑制コイルは，一次，二次CTの特性差によって生じる差動電流によって継電器が誤動作しないように設けられたコイルである。

変圧器内部で短絡，地絡の故障が生じると，動作コイルに電流が流れ，比率差動継電器が動作し，変圧器故障の警報を発するとともに，電源側の遮断器を開放する。

（b）過電流継電器

一般に変圧器の一次側に取り付けられる。整定値以上の電流が流れると，事故が発生したものと判断し，警報を発するとともに遮断器を開放する。ただし，負荷側の事故で動作するおそれがあるため，負荷側の保護継電器との時間協調が必要である。

2．機械的保護継電器

ブッフホルツ継電器

変圧器本体とコンサベータ間の配管に設置され，変圧器の内部故障に伴い発生するガスまたは油流を検出する。つまり，軽微な故障では継電器の上部にガスがたまり，浮子の接点がONとなり軽故障警報を発する。また，大きな故障では油流によって別

の浮子が押し下げられて接点がONし，重故障警報を発する。

このほかに，衝撃圧力継電器や温度継電器などがある。

問7　答（3）

停止中の変圧器に電圧を印加すると，鉄心内の磁束は，投入前の鉄心に残留する磁束を初期値として印加電圧の積分値に応じて変化する。このため，投入後しばらくの間，鉄心内の磁束は定常状態と異なり，残留磁束と投入位相に応じてシフトされた状態で推移するため，飽和磁束密度を超える状態が生じ，過渡的に大きな電流が流入する。この電流を励磁突入電流といい，その波高値は定格負荷電流の５倍を超えることもある。

変圧器に電圧を印加するとき，鉄心内に残留磁束があり，それが印加電圧による磁束の変化と同一方向の場合は，残留磁束の位置から磁束が立ち上がって両者が加算されることになり，さらに大きな磁束が流れようとする。そのため，鉄心が磁気飽和する時間も長くなり，励磁突入電流はより一層大きなものとなる。

磁束は，時間の経過とともに電源と変圧器回路の時定数L/Rにより次第に減衰していくが，Lには変圧器の励磁インダクタンスが含まれており，これが非線形であるため時定数は一定とはならない。鉄心の磁気飽和が著しい最初の数サイクルは，Lが小さいため励磁突入電流の減衰は大きいが，その後は緩やかに減衰し，定常状態になる。電圧位相が180°で印加された場合は，反対極性で同様の現象が現れる。定常状態になるまでの時間は，変圧器の容量が大きいほど長く，小容量で数秒，大容量では５～10秒程度，数十万kV·Aの超大容量級では１～２分程度継続する場合もある。

鉄心が磁気飽和し，励磁突入電流が発生すると，著しく半波に偏った波形となる。この波形から想定すると，第２次高調波などの偶数次高調波が多く含まれていることがわかる。

変圧器比率差動リレーは，変圧器の一次，二次側の電流に一定の差が生じた場合に変圧器の内部故障と判定して動作する継電器であり，電圧を印加した巻線側だけに大きな励磁突入電流が流れるため，不必要動作(誤動作)するおそれがある。この対策として，励磁突入電流に多く含まれる第２次高調波を抑制力とすることで不必要動作を防ぐ，第２次高調波抑制機能付き比率差動リレーが採用される。

変圧器の励磁突入電流が残留磁束と印加電圧の位相に影響することから，変圧器を停止したときの残留電圧を測定または演算し，その残留磁束に対して励磁突入電流が発生しない(または発生がごく小さい)印加電圧の位相をあらかじめ算出し，タイミングを見計らって遮断器を投入する，投入位相制御を行うことで励磁突入電流を抑制することができる。

問8　答（4）

直接接地方式は，１線地絡時の健全相の対地電圧上昇が最も小さく，線路や機器の絶縁レベルの低減，地絡継電器の確実な動作などの利点がある。一方で，１線地絡電流が最も大きく，地絡事故時の電磁誘導障害が大きいという欠点があるため，超高圧以上の線路に採用される。

問9　答（5）

1．微風振動

鋼心アルミより線（ACSR）のように比較的軽い電線が，電線と直角方向に毎秒数m程度の微風を一様に受けると，電線の背後に空気の渦（カルマン渦）が生じて電線に鉛直方向の周期的な力が働く。この周波数が電線の固有振動数の一つと一致すると，電線が定常的に上下に振動を起こすことがある。これを微風振動といい，この振動が長い年月継続すると電線が疲労劣化し，クランプ取付部の電線支持点付近で電線を構成する素線が切れたり断線したりすることがある。

微風振動は，平地で長径間，直径が大きい割に重量の軽い電線，電線の張力の大きい場所，さらに，早朝や日没時に発生しやすい。

2．コロナ振動

電線下部で垂下状態にある水滴表面はとがっているため尖端効果が生じ，コロナ放電が発生しやすくなる。コロナ放電が起こるような強い電界になると，電界により電子を失い，正に帯電した水の微粒子は，同じ極性にある電線を蹴って電線から射出する。このとき，電線は水滴の反動力を受けて，この力の周波数の一つが電線の固有振動数と一致して共振したときに発生する振動をコロナ振動という。降雨量が5mm/h以上で，無風時に発生しやすい。

3．ギャロッピング

電線の断面に対して非対称な形に氷雪が付着して肥大化した電線に，強い水平の風が当たると揚力が発生し，着氷雪の位置によっては自励振動を生じて，電線が上下に振動する現象をギャロッピングという。この電線振動は上下方向の動きが顕著で，同じ周期で電線の捻回《ねんかい》を伴っていることが多い。

電線断面に非対称な形で氷雪付着が生じる傾向は，スペーサのために電線が回転できない複導体や多導体方式のほうが単導体方式より強い。したがって，複導体や多導体方式の場合に発生することが多く，また，電線断面積の大きい電線路で発生しやすい。

4．サブスパン振動

多導体の1相内のスペーサとスペーサの間隔をサブスパンといい，支持点付近を15～40m，径間中央部では60～80mとする不等間隔で挿入されている。このようなスペーサを支点とするサブスパン内で起こる振動をサブスパン振動という。風の変動や乱れとサブスパン内の電線の固有振動数が一致すると，スペーサ間で自励振動が発生する。

問10　答（5）

図10-1（a）に示すように，ケーブル1線当たりの静電容量がC［F］のケーブルに線間電圧V［V］の交流電圧を印加すると，コンデンサを通して充電電流I_Cが流れる。

三相3線式地中電線路の充電電流I_Cは，図10-1（b）に示すように，1相だけ取り出して考えると，次のように求めることができる。

ケーブル1線当たりの静電容量，つまり

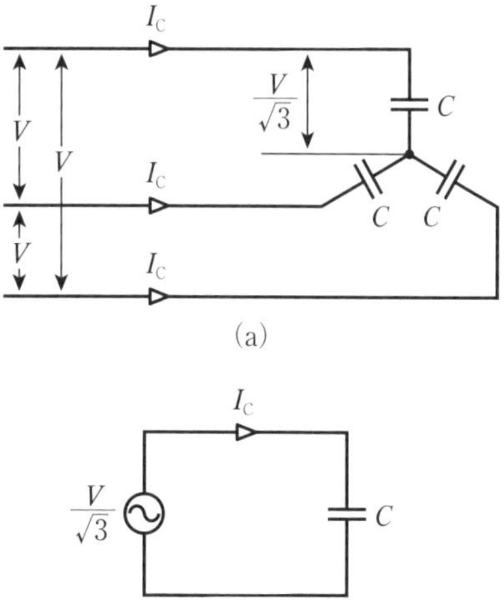

(a)

(b)

図10-1

1相当たりの静電容量 C は,

$$C=0.45\ [\mu\mathrm{F/km}]\times 4\ [\mathrm{km}]=1.8\ [\mu\mathrm{F}]$$

周波数を f [Hz] とすると，三相3線式地中電線路の充電電流 I_C は,

$$I_C=\frac{\dfrac{V}{\sqrt{3}}}{\dfrac{1}{2\pi fC}}=\frac{2\pi fCV}{\sqrt{3}}\ [\mathrm{A}]$$

したがって，無負荷充電容量 P_C は，次のように求められる。

$$\begin{aligned}P_C&=\sqrt{3}\,VI_C\\&=\sqrt{3}\,V\frac{2\pi fCV}{\sqrt{3}}\\&=2\pi fCV^2\\&=2\pi\times 60\times 1.8\times 10^{-6}\times(22\times 10^3)^2\\&\fallingdotseq 328\times 10^3\ [\mathrm{var}]\rightarrow 328\ [\mathrm{kvar}]\end{aligned}$$

問11　答（1）

送電線に進み位相の電流が流れると，送電端電圧より受電端電圧が上昇する現象が発生する。これをフェランチ効果という。一般に長距離大容量架空送電線で軽負荷時にみられる現象だが，超高圧地中送電系統では系統のもつ静電容量が大きいため，比較的短い距離でも発生する。

無負荷の送電線には充電電流が流れているが，この充電電流は90°位相が進んでいるため，遮断すると線路側に電源側電圧の波高値に相当する残留電圧が生じる。このため，次の半サイクル後に開閉器の極間にかかる電圧は，電源側電圧の2倍に相当する大きさとなる。この極間の電圧の大きさが極間の絶縁耐力を超えると，再点弧を生じて異常電圧を発生する。これを開閉サージ(開閉異常電圧)という。送電線路の絶縁設計にあたっては，この開閉サージによって絶縁破壊されないように，絶縁強度を決めなければならない。

問12　答（3）

スポットネットワーク方式のネットワーク変圧器容量は，130%，8時間の過負荷運転が可能なものが用いられる。しかし，3回線構成の場合，1回線で事故が発生したときに健全な設備から無停電で電力を供給するためには，3回線分の最大電力を2回線で分割すればよいので，回線設備容量を最大供給負荷の1.5倍で設計しておけばよい。

スポットネットワーク方式の保護装置としては，高圧側が停電しているとき，ほかの高圧回線からの逆流を防止するためにネットワークプロテクタが使用される。ネットワークプロテクタは，自動再閉路特性および閉路制御の機能を，最も簡単な構造で満足させるようにした一種の遮断装置で，遮断器，ヒューズおよび保護リレーから構成され，次の3つの機能をもっている。

ネットワークプロテクタの機能

①逆電力(逆電流)遮断特性

ネットワーク配電線の停止または事故時にネットワーク母線より線路へ電力が逆流する場合に，ネットワークプロテクタに遮断指令を出す。無負荷でも動作できるようにネットワーク変圧器を二次側から充電したときの励磁電流でも動作する特性となっている。

②差電圧(過電圧)投入特性

１回線または２回線で受電中に，さらに残りの受電線路のいずれかが充電されると，線路への逆電力供給にならない(変圧器からネットワーク側に向かって電流が流れる)ことを確認したうえで，プロテクタ遮断器に投入指令を出す。

③無電圧投入特性

ネットワーク母線が充電されていない状態で，受電回線のいずれかが充電されると，当該遮断器を投入する。

問13　㊎（4）

高圧配電線路に発生する異常電圧は，内雷(内部異常電圧)と外雷(外部異常電圧)に大別される。

内雷は，遮断器や開閉器を開閉することによって発生する開閉サージや１線地絡時に健全相に生じる異常電圧などである。

外雷は，自然雷により発生する異常電圧である。

問14　㊎（1）

ヒステリシス損は，スタインメッツの実験式で与えられ，周波数と磁束密度の２乗に比例し，鉄板の厚さに無関係である。

渦電流損は，磁束変化によって鉄心内に誘起した電圧により渦電流が流れ，鉄板の抵抗によってジュール損失が生ずる現象である。渦電流損は板厚，周波数，磁束密度それぞれの２乗に比例し，電気抵抗率に反比例する。鉄心の抵抗率が小さいと鉄心中に渦電流が流れやすくなり，渦電流損が多くなる。渦電流損を軽減するために，変圧器の鉄心は厚さ 0.3〜0.35mm の薄いケイ素鋼板を積み重ねて，成層間を絶縁した成層鉄心を用いることにより抵抗率が大きくなり，板面を貫く方向に渦電流が流れるのを防止している。

方向性ケイ素鋼板は，冷間圧延と熱処理(焼きなまし)によって鋼板中の結晶の磁化容易軸を圧延方向にそろえるようにしたもので，長い帯状に作られる。冷間圧延を行うため，ケイ素量は３〜3.5％としている。無方向性ケイ素鋼板と比較して鉄損が少なく透磁率が高いが，方向性がはっきりしているため回転磁界が必要となる発電機などには不向きで，主に電力用変圧器の鉄心材料として広く採用されている。

アモルファス磁性材料は，強磁性体の鉄などに非晶質化を容易とする元素のホウ素などを加え，溶融後に 10^5〜10^6 K/s の速さで急冷して作られる非晶質磁性材料である。アモルファス磁性材料には，次のような特長がある。

- 鉄損が小さい
- 電気抵抗率が高い
- 保磁力が小さい
- 高透磁率(外部から加えた磁界に対して効率よく大きな磁気誘導を生じる)である

- 飽和磁束密度が小さい
- 高硬度である
- 耐食性が高い

B問題

問15　答 (a)－(4)，(b)－(2)

（a）熱消費率は，1 kW·h の電力量を得るために必要な熱量[kJ]のことである。タービンの熱消費率 J_T [kJ/(kW·h)]は，1 kW·h のタービン出力(電力量)を得るために必要な熱量を表し，1時間当たりにタービンに送られた蒸気の熱量を Q_i [kJ/h]，1時間当たりのタービン出力(電力量)を P_T [kW·h/h](＝[kW])とすると，次式で表される。

$$J_T = \frac{Q_i}{P_T} \text{[kJ/(kW·h)]}$$

Q_i [kJ/h]は，次のように求められる。

$$Q_i = J_T P_T \text{ [kJ/h]} \qquad \cdots\cdots\cdots ①$$

熱量が Q_i [kJ/h]の蒸気をタービンに送ったとき，P_T [kW]のタービン出力が得られたことから，その差が復水器で冷却水が持ち去った熱量 Q_o [kJ/h]であり，電力量[kW·h]と熱量[kJ]との間には 1 [kW]＝3 600 [kJ/h]の関係があることから，次式で表される。

$$Q_o = Q_i - 3\,600 P_T \text{ [kJ/h]} \qquad \cdots\cdots\cdots ②$$

したがって，②式に①式を代入すると，1時間当たりに復水器の冷却水が持ち去る熱量 Q_o は，次のように求められる。

$$Q_o = J_T P_T - 3\,600 P_T = (J_T - 3\,600) P_T$$
$$= (8\,000 - 3\,600) \times 900 \times 10^3$$
$$= 3.96 \times 10^9 \text{ [kJ/h]}$$

（b）海水の比熱容量を c [kJ/(kg·K)]，海水の密度を ρ [kg/m³]，冷却水の流量を W [m³/s]，冷却水の温度上昇を ΔT [K]とすると，復水器で海水に放出される熱量，つまり復水器で冷却水が持ち去る熱量 q [kJ/h]は次式で表される。

$$q = c\rho W \Delta T \times 3\,600$$

したがって，復水器冷却水の温度上昇 ΔT は，次のように求められる。

$$\Delta T = \frac{q}{3\,600 c\rho W}$$
$$= \frac{3.96 \times 10^9}{3\,600 \times 4.0 \times 1.1 \times 10^3 \times 37.5}$$
$$\fallingdotseq 6.67 \to 6.7 \text{ [K]}$$

問16　答 (a)－(5)，(b)－(1)

（a）速度調定率 R は，

$$R = \frac{\dfrac{n_2 - n_1}{n_n}}{\dfrac{P_1 - P_2}{P_n}} \qquad \cdots\cdots\cdots ①$$

P_1：初期出力[MW]　n_1：出力 P_1 時の回転速度[min⁻¹]
P_2：変化後の出力[MW]　n_2：出力 P_2 時の回転速度[min⁻¹]
P_n：定格出力[MW]　n_n：定格回転速度[min⁻¹]

周波数は回転速度に比例するので，図16-1に示すように，速度調定率の公式①の回転速度 n を周波数 f に置き換え，タービン発電機の添え字をT，水車発電機の添え字をSとすると，タービン発電機の速度調定率 R_T は，

$$R_T = \frac{\dfrac{f_2 - f_1}{f_n}}{\dfrac{P_{1T} - P_{2T}}{P_{nT}}} = \frac{\dfrac{f_2 - 50}{50}}{\dfrac{500 - 300}{500}} = 0.05$$

したがって，負荷急変後の系統周波数 f_2 は，

$$f_2 = 0.05 \times \left(\frac{500 - 300}{500} \right) \times 50 + 50$$

$$= 51.0\ [\mathrm{Hz}]$$

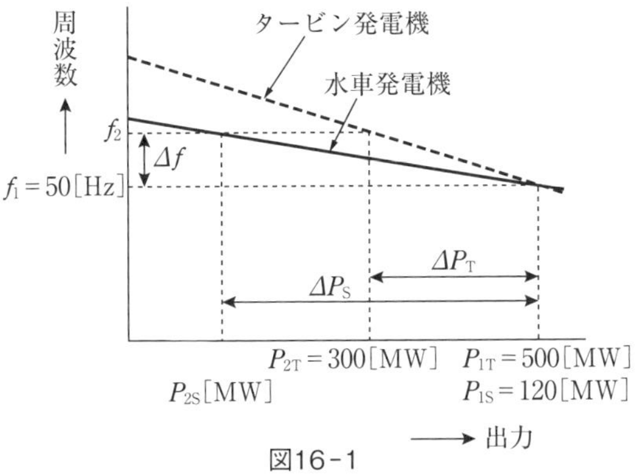

図16-1

（b）周波数は両発電機とも同じなので，水車発電機の速度調定率 R_S は，

$$R_S = \frac{\dfrac{f_2 - f_1}{f_n}}{\dfrac{P_{1S} - P_{2S}}{P_{nS}}}$$

$$= \frac{\dfrac{51 - 50}{50}}{\dfrac{150 \times 0.8 - P_{2S}}{150}}$$

$$= 0.03$$

よって，水車発電機の出力 P_{2S} は，

$$P_{2S} = 150 \times 0.8 - \left(\frac{51 - 50}{50 \times 0.03} \times 150 \right)$$

$$= 20\ [\mathrm{MW}]$$

問17　㊀（a）－（2），（b）－（5）

（a）すべての％インピーダンス値を，100 000 kV·A を基準容量とした値に換算する。

$$\%Z_A = 12 \times \frac{100\,000}{50\,000} = 24\ [\%]$$

$$\%Z_{l1} = 15 \times \frac{100\,000}{25\,000} = 60\ [\%]$$

$$\%Z_{l2} = 10 \times \frac{100\,000}{25\,000} = 40\ [\%]$$

$$\%Z_B = 28.8 \times \frac{100\,000}{60\,000} = 48\ [\%]$$

図 17-1 に示すように，遮断器の設置場所から電源側をみた合成％インピーダンス $\%Z_0$ は，左側のA系統と右側のB系統に分けて，それぞれを並列接続したものになる。

A系統の合成％インピーダンス $\%Z_{A0}$ は，

$$\%Z_{A0} = \%Z_A + \frac{\%Z_{l1}\ \%Z_{l2}}{\%Z_{l1} + \%Z_{l2}}$$

$$= 24 + \frac{60 \times 40}{60 + 40} = 48\ [\%]$$

となるから，$\%Z_0$ は次のように求められる。

$$\%Z_0 = \frac{\%Z_{A0}\ \%Z_B}{\%Z_{A0} + \%Z_B} = \frac{48 \times 48}{48 + 48} = 24\ [\%]$$

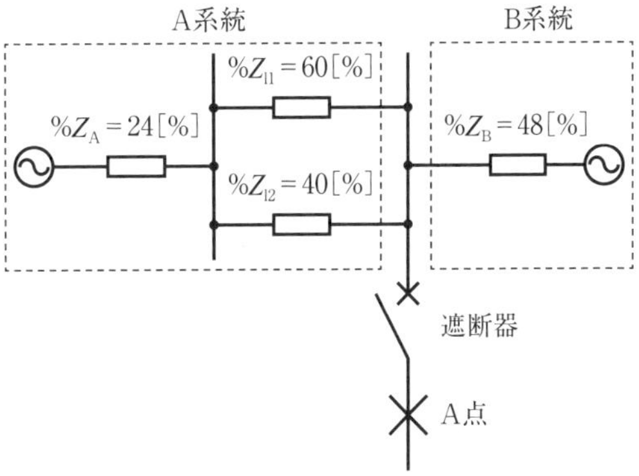

図17-1

（b）基準電流を I_B [A]，事故点Aの基準線間電圧を V_B [V]，基準容量を P_B [kV·A]とすると，三相短絡電流 I_s は次のように求められる。

$$I_s = \frac{100}{\%Z} I_B = \frac{100}{\%Z} \cdot \frac{P_B}{\sqrt{3}\, V_B}$$

$$= \frac{100}{24} \times \frac{100\,000 \times 10^3}{\sqrt{3} \times 66 \times 10^3} \fallingdotseq 3\,640\ [\mathrm{A}]$$

機械　模擬問題(3)　難易度表

		出題分野・項目	難易度※1	正解	配点
	問1	直流機・一般	★★★	(1)	5
	問2	誘導機・インバータ駆動	★★★★★	(1)	5
	問3	同期機・電動機の出力，トルク	★★	(4)	5
	問4	同期機・端子電圧	★★★★	(5)	5
	問5	同期機・出力，トルク	★★★★	(2)	5
	問6	変圧器・試験	★★	(2)	5
A問題	問7	変圧器・並行運転	★★★★★	(4)	5
	問8	パワーエレクトロニクス・単相サイリスタ整流回路	★★★★	(3)	5
	問9	パワーエレクトロニクス・インバータ	★★★	(5)	5
	問10	照明・照度	★★★★	(4)	5
	問11	電熱・電熱加熱	★★★★	(4)	5
	問12	電気化学・リチウムイオン電池	★★★	(4)	5
	問13	自動制御・伝達関数	★★★	(2)	5
	問14	自動制御・シーケンス制御	★★★	(2)	5
	問15 (a)	パワーエレクトロニクス・三相サイリスタ整流回路	★★★	(4)	5
	(b)		★★★★	(3)	5
	問16 (a)	誘導機・トルク	★★★★★	(3)	5
B問題	(b)		★★★★★	(2)	5
	問17 (a)	電熱・電気炉	★★	(3)	5※2
	(b)		★★★	(3)	5※2
	問18 (a)	自動制御・一次遅れ要素	★★★★	(1)	5※2
	(b)		★★★	(3)	5※2

※1　★3を標準的な電験三種のレベルとしている（易→普通→難：★1→★3→★5）

※2　問17と問18は選択問題であり，どちらか1題を選択する。

〈自己採点〉

	①	②	③	④	⑤
学習日	/	/	/	/	/
点　数	点	点	点	点	点

機械 解答・解説

A問題

問1 答 (1)

1回路当たりのコイル辺数は，$\dfrac{100}{4}=25$ なので，電機子電圧は，$2[\mathrm{V}]\times 25=50[\mathrm{V}]$ となる。電機子電流の最大値は，$4[\mathrm{A}]\times 4=16[\mathrm{A}]$ である。重ね巻では，並列回路数は磁極数と等しいので4である。

重ね巻は並列巻とも呼ばれ，均圧結線（均圧環）が必要であり，低電圧・大電流に適している。

問2 答 (1)

(1) 負荷トルク

題意より，負荷トルクは回転速度の2乗に比例する。したがって，定格時と50％トルク時のトルクと回転速度をそれぞれT_1，N_1，T_2，N_2とすると，次式が成立する。

$$\frac{T_2}{T_1}=\left(\frac{N_2}{N_1}\right)^2$$

$$\frac{N_2}{N_1}=\sqrt{\frac{T_2}{T_1}}$$

$$N_2=N_1\sqrt{\frac{T_2}{T_1}}=1692\times\sqrt{0.5}$$

$$\fallingdotseq 1196.4\,[\mathrm{min^{-1}}]$$

(2) 滑り周波数

滑り周波数は，誘導電動機の二次回路の周波数であり，定格周波数をf，滑りをsとするとsf [Hz]で表される。

ここで，同期速度を$N_s[\mathrm{min^{-1}}]$，回転速度を$N[\mathrm{min^{-1}}]$とすると，滑り周波数 sf [Hz]は，

$$sf=f\frac{N_s-N}{N_s}$$

$$=\frac{f}{N_s}\times(N_s-N)$$

$$=\frac{f}{\dfrac{120f}{p}}\times(N_s-N)$$

$$=\frac{p}{120}\times(N_s-N)\,[\mathrm{Hz}] \quad \cdots\cdots\cdots ①$$

①式から，滑り周波数は同期速度と回転速度の差に比例することになる。

(3) 出力トルク

定格運転時の同期速度$N_{s1}[\mathrm{min^{-1}}]$は，

$$N_{s1}=\frac{120f_1}{p}=\frac{120\times 60}{4}=1800\,[\mathrm{min^{-1}}]$$

電動機軸の出力トルクは滑り周波数に比例するとなっているので，①式より，

$$\frac{T_2}{T_1}=\frac{N_{s2}-N_2}{N_{s1}-N_1}=\frac{N_{s2}-1196.4}{1800-1692}=0.5$$

したがって，50％トルク時の同期速度$N_{s2}[\mathrm{min^{-1}}]$は，

$$N_{s2}=0.5(1800-1692)+1196.4$$

$$=1250.4\,[\mathrm{min^{-1}}]$$

インバータの出力周波数f_2[Hz]は，

$$N_{s2}=\frac{120f_2}{p}$$

より，

$$f_2=N_{s2}\frac{p}{120}$$

$$=1250.4\times\frac{4}{120}$$

$$=41.68\rightarrow 41.7\,[\mathrm{Hz}]$$

問3　答（4）

同期速度 N_s は次式で求められる。ただし，f［Hz］は周波数，p は極数である。

$$N_s=\frac{120f}{p}=\frac{120\times 60}{6}=1\,200\,[\mathrm{min}^{-1}]$$

出力 P［kW］は，

$$P=\omega_s T$$

$$=2\pi f T=2\pi\frac{N_s}{60}T$$

$$=2\pi\times 20\times 60$$

$$\fallingdotseq 7\,540\,[\mathrm{W}]\rightarrow 7.5\,[\mathrm{kW}]$$

問4　答（5）

問題の同期発電機の周波数 f［Hz］は，極数 $p=24$，回転速度 $N=400$［min^{-1}］より，

$$N=\frac{120f}{p}$$

を式変形して，

$$f=\frac{pN}{120}=\frac{24\times 400}{120}=80\,[\mathrm{Hz}]$$

1相当たりの誘導起電力 E は，次式となる。

$$E=\sqrt{2}\,\pi kf\phi w\fallingdotseq 4.44kf\phi w$$

巻線係数 $k=1$，$f=80$［Hz］，有効磁束 $\phi=0.5363$［Wb］，コイル巻数 $w=100$ より，

$$E=4.44\times 1\times 80\times 0.5363\times 100$$

$$\fallingdotseq 19\,049.3\,[\mathrm{V}]$$

したがって，無負荷端子電圧 V［V］は，

$$V=\sqrt{3}\,E$$

$$=\sqrt{3}\times 19\,049.3$$

$$\fallingdotseq 32\,994.4\rightarrow 33\,000\,[\mathrm{V}]$$

問5　答（2）

（1）発電機の三相出力

三相同期発電機の3相分の出力 P_G［W］は，次式で求められる。

$$P_G=3\times\frac{E_o E_i}{X_s}\sin\delta$$

$$=3\times\frac{\dfrac{V_o}{\sqrt{3}}\times\dfrac{V_i}{\sqrt{3}}}{X_s}\sin\delta$$

$$=\frac{V_o V_i}{X_s}\sin\delta\,[\mathrm{W}]$$

V_o［V］：端子電圧の線間電圧　E_o［V］：端子電圧の相電圧

V_i［V］：誘導起電力の線間電圧　E_i［V］：誘導起電力の相電圧

X_s［Ω］：1相当たりの同期リアクタンス　δ［°］：内部相差角

数値を代入して，

$$P_G=\frac{V_o V_i}{X_s}\sin\delta$$

$$=\frac{6\,600\times\sqrt{3}\times 7\,600}{50}\sin 60^\circ$$

$$\fallingdotseq 1\,505\times 10^3\,[\mathrm{W}]\rightarrow 1\,505\,[\mathrm{kW}]$$

（2）原動機の出力トルク

原動機の出力 P_T［kW］は，

$$P_T=\frac{P_G}{\eta_G}=\frac{1\,505}{0.98}\fallingdotseq 1\,536\,[\mathrm{kW}]$$

同期速度 N_s［min^{-1}］は，

$$N_s=\frac{120f}{p}=\frac{120\times 60}{4}=1\,800\,[\mathrm{min}^{-1}]$$

原動機の出力トルク T［kN・m］は，

$$T=\frac{P_T}{2\pi\dfrac{N_s}{60}}=\frac{1\,536}{2\pi\dfrac{1\,800}{60}}\fallingdotseq 8.15\,[\mathrm{kN\cdot m}]$$

問6　答（2）

短絡試験は，変圧器の二次側を短絡させ，一次側に低い電圧を印加し徐々に上昇させて，二次側に定格電流が流れるまで昇圧させる。二次側に定格電流が流れたときの一次側電力が負荷損（銅損）であり，この負荷

損がインピーダンスワット W_s[W]である。

なお，二次側に定格電流が流れたときの一次側電圧のことをインピーダンス電圧 V_s[V]という。

問7 答（4）

（1）百分率リアクタンス

分担電力の計算を行う前に，各変圧器の自己容量基準の百分率リアクタンスを，同じ基準容量の値に換算する。

ここでは，変圧器Aの2 MV·Aを基準容量とする。

①変圧器A

与えられた数値の7.0%

②変圧器B

$$6.8\times\frac{2}{3}\fallingdotseq 4.53\,[\%]$$

③変圧器C

$$7.3\times\frac{2}{4}=3.65\,[\%]$$

（2）分担電力

二次側負荷を徐々に増加させた場合，変圧器の自己容量を基準にした百分率リアクタンスが最も小さい変圧器が，最初に100%負荷に達する。したがって，変圧器Bが最初に100%負荷に達する。

また，百分率リアクタンスと分担電力の積は等しくなるので，各変圧器の分担電力を S_A[MV·A]，S_B[MV·A]，S_C[MV·A]とすると，次式が成り立つ。

$$7\times S_A=4.53\times S_B=3.65\times S_C$$

一方，変圧器Bは100%負荷なので，S_B[MV·A]は変圧器Bの定格容量になる。

したがって，

$$7\times S_A=3.65\times S_C$$
$$=4.53\times S_B$$
$$=4.53\times 3=13.59$$

各変圧器の分担電力は，

①変圧器A

$$7\times S_A=13.59$$

$$S_A=\frac{13.59}{7}\fallingdotseq 1.94\,[\mathrm{MV\cdot A}]$$

②変圧器B

3 MV·A

③変圧器C

$$3.65\times S_C=13.59$$

$$S_C=\frac{13.59}{3.65}\fallingdotseq 3.72\,[\mathrm{MV\cdot A}]$$

したがって，分担電力の合計は，

$$S_A+S_B+S_C=1.94+3+3.72$$
$$=8.66\,[\mathrm{MV\cdot A}]$$

問8 答（3）

交流電圧（実効値）を V[V]，半波整流された直流電圧（平均値）を E_d[V]，抵抗を R[Ω]，抵抗に流れる電流を I[A]とすると，

$$E_d=\frac{\sqrt{2}\,V}{\pi}\left(\frac{1+\cos\alpha}{2}\right)$$

$$I=\frac{E_d}{R}$$

抵抗に流れる電流 I が最大になるには，E_d が最大となればよいので，上式から制御角 α は，$\cos\alpha=1$ つまり $\alpha=0$ となればよい。

$$E_d=\frac{\sqrt{2}\,V}{\pi}\left(\frac{1+\cos 0}{2}\right)$$
$$=\frac{\sqrt{2}\,V}{\pi}\left(\frac{1+1}{2}\right)$$

$$=\frac{\sqrt{2}\,V}{\pi}\fallingdotseq\frac{\sqrt{2}\times 200}{3.14}\fallingdotseq 90.08\,[\mathrm{V}]$$

抵抗に流れる電流の最大値 I_{m} は,

$$I_{\mathrm{m}}=\frac{90.08}{20}=4.504\fallingdotseq 4.50\,[\mathrm{A}]$$

問9 答 (5)

汎用インバータ装置の主回路は,順変換回路,直流中間回路(平滑回路),逆変換回路から構成される。逆変換回路では,電圧と周波数を調整するために,パルス幅変調(PWM)方式が多用される。

クレーンなどの巻上装置にインバータ装置を使用する場合,V/f 制御方式では回転速度のフィードバックがないため,ベクトル制御方式が用いられる。ベクトル制御方式は,電動機の三相交流電流を励磁電流成分とトルク電流成分に分解し,それぞれの大きさを個別に制御して直流他励電動機と同水準の精密な速度制御を行う方式である。

問10 答 (4)

題意から,点光源の鉛直方向の配光は平等分布とあるので,各点に向かう光度は等しくなり,これを I [cd]とする。

最初に,C 点の照度を求める。図 10-1 において,点光源(A 点)と被照明点(C 点)とを結ぶ線分が法線である。法線照度は光度に比例し,法線距離の2乗に反比例するので,C 点の法線照度 E_{C} [lx]は,

$$E_{\mathrm{C}}=\frac{I}{(\mathrm{AC})^2}=\frac{I}{4^2+3^2}=\frac{I}{25}\,[\mathrm{lx}]$$

水平面照度 E_{CH} [lx]は,

$$E_{\mathrm{CH}}=E_{\mathrm{C}}\times\cos\theta_{\mathrm{C}}$$

$$=\frac{I}{25}\times\frac{4}{\sqrt{4^2+3^2}}=\frac{4}{125}I\,[\mathrm{lx}]$$

次に,E 点の照度を求める。法線照度 E_{E} [lx]は,

$$E_{\mathrm{E}}=\frac{I}{(\mathrm{AE})^2}=\frac{I}{6^2+1^2}=\frac{I}{37}\,[\mathrm{lx}]$$

鉛直面照度 E_{EV} [lx]は,

$$E_{\mathrm{EV}}=E_{\mathrm{E}}\times\cos\theta_{\mathrm{E}}$$

$$=\frac{I}{37}\times\frac{6}{\sqrt{6^2+1^2}}=\frac{6}{37\sqrt{37}}I\,[\mathrm{lx}]$$

したがって,C 点の水平面照度に対して,E 点の鉛直面照度は,

$$\frac{E_{\mathrm{EV}}}{E_{\mathrm{CH}}}=\frac{\dfrac{6}{37\sqrt{37}}I}{\dfrac{4}{125}I}\fallingdotseq 0.833$$

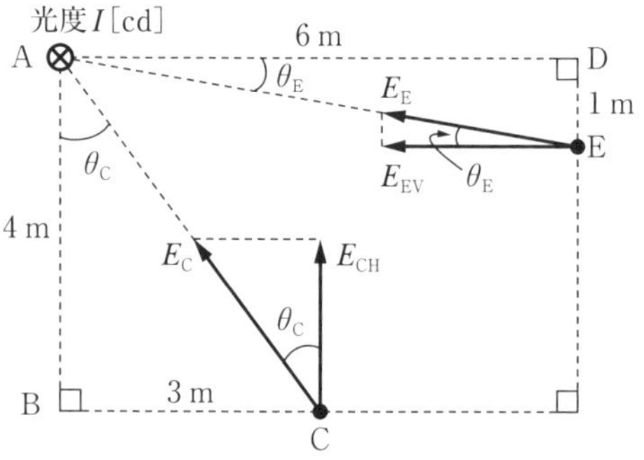

図10-1

問11 答 (4)

すべての氷 20kg を蒸発させるのに要する全熱量 Q は,

- 0℃の氷を水に融解する熱量 Q_1
- 0℃の水を 100℃の水にする熱量 Q_2
- 100℃の水を水蒸気に蒸発させる熱量 Q_3

の和となるので,

$$Q_1=335\times 20=6\,700\,[\mathrm{kJ}]$$

$$Q_2 = 4.2\times 20\times(100-0) = 8\,400\ [\mathrm{kJ}]$$

$$Q_3 = 2\,260\times 20 = 45\,200\ [\mathrm{kJ}]$$

より，全熱量 Q [kJ]は，

$$\begin{aligned} Q &= Q_1 + Q_2 + Q_3 \\ &= 6\,700 + 8\,400 + 45\,200 \\ &= 60\,300\ [\mathrm{kJ}] \end{aligned}$$

電熱器は容量 $P = 15$ [kW]，効率 $\eta = 0.6$ であるから，蒸発に要する時間 t は $Q = (P\eta)t$ より，

$$\begin{aligned} t &= \frac{Q}{P\eta} = \frac{60\,300}{15\times 0.6} = 6\,700\ [\mathrm{s}] \\ &= \frac{6\,700}{3\,600} \fallingdotseq 1.861 \to 1.86\ [\mathrm{h}] \end{aligned}$$

問12　答（4）

リチウムイオン電池の公称電圧は，約3.7Vと高い。これは，鉛蓄電池（2.0 V）の1.8倍，ニッケル・カドミウム電池（1.2 V）の3倍の電圧である。

一般に，リチウムイオン電池の正極にはリチウムの酸化物が，負極には黒鉛などが使用される。また，電解質には有機溶媒にリチウム塩を溶解させた有機電解液が用いられる。

この電池の酸化還元反応は，放電時はリチウムイオンが負極から正極側へ移動し，充電時は正極側から負極側にリチウムイオンが移動するだけで，電解液中のリチウムイオン濃度は変化しない。これを，ロッキングチェア形電池という。一方，鉛蓄電池のように，電解液（希硫酸）中の鉛イオンの濃度が変化する電池をリザーブ形電池という。

問13　答（2）

題意の図には，１つのフィードバック制御系の前向き伝達関数の中に，もう１つフィードバック制御系がある。

最初に，内側のフィードバック制御系の合成伝達係数 $G_1(s)$ を求める。

$$G_1(s) = \frac{\dfrac{4}{s+1}}{1+\dfrac{4}{s+1}s} = \frac{4}{5s+1}$$

これに，$\dfrac{2}{s}$ が直列に接続されているので，合成伝達係数 $G_2(s)$ は，

$$\begin{aligned} G_2(s) &= G_1(s)\times\frac{2}{s} \\ &= \frac{4}{5s+1}\times\frac{2}{s} \\ &= \frac{8}{5s^2+s} \end{aligned}$$

したがって，全体の合成伝達係数 $G_3(s)$ は，

$$\begin{aligned} G_3(s) &= \frac{G_2(s)}{1+G_2(s)} \\ &= \frac{\dfrac{8}{5s^2+s}}{1+\dfrac{8}{5s^2+s}} \\ &= \frac{8}{5s^2+s+8} \end{aligned}$$

問14　答（2）

題意の回路の論理演算を行うと，次のようになる。

$$\begin{aligned} X &= (A+\overline{B})\cdot A\cdot B \\ &= AAB + A\,(B\overline{B}) \\ &= AB + A\cdot 0 = AB \end{aligned}$$

ただし，$AA = A$，$B\overline{B} = 0$，$A\cdot 0 = 0$

B問題

問15　答（a）−（4），（b）−（3）

（a）三相変圧器の百分率インピーダンス $\%Z$［%］は，短絡インピーダンスを Z［Ω］，定格容量を P_n［V･A］，線間電圧を V［V］，定格電流を I_n［A］とすると，次式となる。

$$\%Z=\frac{I_n Z}{V/\sqrt{3}}\times 100$$

$$=\frac{\sqrt{3}\,VI_n Z}{V^2}\times 100$$

$$=\frac{100P_n Z}{V^2}$$

これより Z［Ω］は，

$$Z=\frac{\%Z\cdot V^2}{100P_n}$$

$$=\frac{8\times 600^2}{100\times(240\times 10^3)}$$

$$=0.120\,[\Omega]$$

（b）直流平均電圧 E_d［V］を求めるために，$\cos\alpha=\cos\dfrac{\pi}{12}$ を公式に適用すると次式となる。

$$\cos 2\alpha=\cos^2\alpha-\sin^2\alpha$$

$$=\cos^2\alpha-(1-\cos^2\alpha)$$

$$=2\cos^2\alpha-1$$

$$\cos^2\alpha=\frac{1+\cos 2\alpha}{2}$$

$$\rightarrow\cos\alpha=\sqrt{\frac{1+\cos 2\alpha}{2}}\qquad\cdots\cdots\cdots①$$

①式に $\alpha=\dfrac{\pi}{12}$，$2\alpha=2\times\dfrac{\pi}{12}=\dfrac{\pi}{6}$ を代入すると，

$$\cos\frac{\pi}{12}=\sqrt{\frac{1+\cos 2\alpha}{2}}$$

$$=\sqrt{\frac{1+\cos\frac{\pi}{6}}{2}}$$

$$=\sqrt{\frac{1+\cos 30^\circ}{2}}$$

$$=\sqrt{\frac{1+\frac{\sqrt{3}}{2}}{2}}$$

$$\fallingdotseq\sqrt{0.9330}\fallingdotseq 0.9659$$

これより，直流平均電圧 E_d［V］は，題意から $X=Z=0.12$［Ω］であるから，

$$E_d=\frac{3\sqrt{2}}{\pi}V\cos\alpha-\frac{3XI_d}{\pi}$$

$$=\frac{3\sqrt{2}}{3.14}\times 600\times 0.9659-\frac{3\times 0.12\times 942}{3.14}$$

$$\fallingdotseq 783.05-108$$

$$=675.05\fallingdotseq 675\,[\mathrm{V}]$$

問16　答（a）−（3），（b）−（2）

（a）三相誘導電動機の二次入力 P_2［W］は，二次電流を I_2，滑りを s とすると，次式となる。

$$P_2=3\times I_2^2\times\left(\frac{r_2'}{s}\right)$$

$$=3\times\frac{E^2}{\left(\frac{r_2'}{s}\right)^2+(x_1+x_2')^2}\times\left(\frac{r_2'}{s}\right)$$

最大トルク T_m 発生時の滑りを s_m，角速度を ω_m［rad/s］，同期角速度を ω_s［rad/s］とすると，二次出力 P_0［W］は，

$$P_0=\omega_m T_m$$

$$=\omega_s(1-s_m)T_m$$

$$T_m=\frac{P_0}{\omega_s(1-s_m)}=\frac{P_2(1-s_m)}{\omega_s(1-s_m)}=\frac{P_2}{\omega_s}$$

また，T_m 発生時の滑り s_m は，

$$\frac{r_2'}{s_m}=x_1+x_2'$$

$$\rightarrow s_m=\frac{r_2'}{x_1+x_2'}=\frac{0.15}{0.8+1.2}=0.075$$

これより T_m は，

$$T_m=\frac{1}{\omega_s}\times\frac{3E^2}{\left(\dfrac{r_2'}{s_m}\right)^2+(x_1+x_2')^2}\times\left(\frac{r_2'}{s_m}\right)$$

$$=\frac{1}{\omega_s}\times\frac{3E^2}{(x_1+x_2')^2+(x_1+x_2')^2}\times(x_1+x_2')$$

$$=\frac{1}{\omega_s}\times\frac{3E^2}{2(x_1+x_2')}$$

$$=\frac{E^2}{\omega_s}\times\frac{3}{2(x_1+x_2')}$$

$$=\frac{E^2}{\omega_s}\times\frac{3}{2(0.8+1.2)}$$

$$=\frac{E^2}{\omega_s}\times 0.75$$

$T_m=3\,120$ [N·m] より $\dfrac{E^2}{\omega_s}$ は，

$$\frac{E^2}{\omega_s}=\frac{T_m}{0.75}=\frac{3\,120}{0.75}=4\,160$$

（b）滑り $s=0.015$ で運転したときのトルク T は，次式となる。

$$T=\frac{1}{\omega_s}\times\frac{3E^2}{\left(\dfrac{r_2'}{s}\right)^2+(x_1+x_2')^2}\times\frac{r_2'}{s}$$

$$=\frac{E^2}{\omega_s}\times\frac{3}{\left(\dfrac{r_2'}{s}\right)^2+(x_1+x_2')^2}\times\frac{r_2'}{s}$$

$$=\frac{E^2}{\omega_s}\times\frac{3}{\left(\dfrac{0.15}{0.015}\right)^2+(0.8+1.2)^2}\times\left(\frac{0.15}{0.015}\right)$$

$$=\frac{E^2}{\omega_s}\times\frac{3}{10^2+2^2}\times 10$$

$$=\frac{E^2}{\omega_s}\times\frac{30}{104}$$

$$=4\,160\times\frac{30}{104}=1\,200\ [\mathrm{N\cdot m}]$$

問17　答（a）－（3），（b）－（3）

（a）電気炉の入力端電圧を V [V]，力率を $\cos\theta$，入力端電力を P_i [W] とすると，等価回路から電気炉に流れる電流 I [A] は，$P_i=VI\cos\theta$ より，

$$I=\frac{P_i}{V\cos\theta}=\frac{4\,250}{200\times 0.85}=25\ [\mathrm{A}]$$

発熱体の消費電力を P [W]，配線抵抗 R_L による損失を P_L [W] とすると，発熱体の抵抗 R [Ω] と配線抵抗 R_L [Ω] は，

$$R=\frac{P}{I^2}$$

$$=\frac{(P_i-P_L)}{I^2}$$

$$=\frac{(4\,250-500)}{25^2}$$

$$=\frac{3\,750}{625}=6\ [\Omega]$$

$$R_L=\frac{P_L}{I^2}=\frac{500}{25^2}=0.8\ [\Omega]$$

発熱体の抵抗 R，リアクタンス X，力率 $\cos\theta$ の間には次式が成立する。

$$\tan\theta=\frac{X}{(R+R_L)}$$

上式から，リアクタンス X [Ω] を求める。

$$\frac{\sin\theta}{\cos\theta}=\frac{X}{(R+R_L)}$$

$$\frac{\sqrt{1-\cos^2\theta}}{\cos\theta}=\frac{X}{(R+R_L)}$$

$\cos\theta=0.85$ より X は，

$$X=\frac{\sqrt{1-\cos^2\theta}}{\cos\theta}\times(R+R_L)$$

$$=\frac{\sqrt{1-0.85^2}}{0.85}\times(6+0.8)$$

$$\fallingdotseq 4.214 \rightarrow 4.21\,[\Omega]$$

（b）改造後の発熱体の抵抗をR' [Ω]とする。抵抗R'は，もとの抵抗Rの２倍なので，

$$R'=2R=2\times 6=12\,[\Omega]$$

また，発熱体の消費電力 P [W]は変化しないので，改造後の電気炉に流れる電流 I' [A]は $P=I'^2\cdot R'$ より，

$$I'=\sqrt{\frac{P}{R'}}$$

$$=\sqrt{\frac{3\,750}{12}}$$

$$=\sqrt{312.5}\fallingdotseq 17.678\,[\mathrm{A}]$$

したがって，改造後の電気効率ηは，

$$\eta=\frac{出力}{出力+損失}$$

$$=\frac{P}{P+I'^2R_{\mathrm{L}}}$$

$$=\frac{3\,750}{3\,750+312.5\times 0.8}$$

$$=0.9375$$

$$\fallingdotseq 93.8\,[\%]$$

問18　答 (a)−(1)，(b)−(3)

（a）信号増幅要素は，絶対値のみを５倍に増幅し，位相は変化しない。したがって，V_{i} [V]と V_{o} [V]の大きさが等しい場合は，RCの一次遅れ要素のみを考え，出力の大きさが入力の大きさの$\frac{1}{5}$倍になればよい。

一次遅れ要素の周波数伝達関数 $G(\mathrm{j}\omega)$は，

$$G(\mathrm{j}\omega)=\frac{\dot{V}_{\mathrm{o}}}{\dot{V}_{\mathrm{i}}}=\frac{1}{1+\mathrm{j}\omega RC}\quad\cdots\cdots\cdots①$$

①式で，分母の絶対値が５になれば，出力は入力の$\frac{1}{5}$になる。

$$|1+\mathrm{j}\omega RC|=\sqrt{1^2+(\omega RC)^2}=5$$

$$1^2+(\omega RC)^2=25$$

$$\omega=2\pi f=\frac{\sqrt{24}}{RC}$$

$$f=\frac{\sqrt{24}}{2\pi RC}$$

$$=\frac{\sqrt{24}}{2\pi\times 1\times 10^3\times 10\times 10^{-6}}$$

$$\fallingdotseq 78\,[\mathrm{Hz}]$$

（b）一次遅れ要素の周波数伝達関数を変形して，実部と虚部に分割する。

$$\frac{1}{1+\mathrm{j}\omega RC}=\frac{1-\mathrm{j}\omega RC}{(1+\mathrm{j}\omega RC)(1-\mathrm{j}\omega RC)}$$

$$=\frac{1-\mathrm{j}\omega RC}{1+(\omega RC)^2}$$

$$=\frac{1}{1+(\omega RC)^2}-\mathrm{j}\frac{\omega RC}{1+(\omega RC)^2}\quad\cdots\cdots\cdots②$$

②式で，実部と虚部が等しければ遅れ45°になるので，

$$\omega RC=1$$

$$\omega=2\pi f=\frac{1}{RC}$$

$$f=\frac{1}{2\pi RC}$$

$$=\frac{1}{2\pi\times 1\times 10^3\times 10\times 10^{-6}}$$

$$\fallingdotseq 16\,[\mathrm{Hz}]$$

法規　模擬問題(3)　難易度表

		出題分野・項目※1	難易度※2	正解	配点
A問題	問1	法・34条の2，同法施行令・4条	★★★★★	(2)	6
	問2	電気用品安全法・1，2，28条	★★★★	(4)	6
	問3	法・42条	★★★	(5)	6
	問4	電技・63，64条	★★★	(5)	6
	問5	電技・25条，解釈・68条	★★★	(5)	6
	問6	解釈・67条	★★★	(3)	6
	問7	解釈・36条	★★★	(2)	6
	問8	解釈・16条	★★★★	(1)	6
	問9	解釈・199条の2	★★★★★	(3)	6
	問10	電気施設管理・受電設備	★★★	(1)	6
B問題	問11 (a)	電気施設管理・電圧降下，進相コンデンサ	★★★	(3)	6
	(b)		★★★★	(5)	7
	問12 (a)	電技解釈・61条	★★★	(4)	6
	(b)		★★★	(3)	7
	問13 (a)	電気施設管理・変圧器	★★★	(3)	7
	(b)		★★★★	(5)	7

※1　法は「電気事業法」，電技は「電気設備技術基準」，解釈は「電気設備技術基準の解釈」を表す

※2　★3を標準的な電験三種のレベルとしている（易→普通→難：★1→★3→★5）

〈自己採点〉

	①	②	③	④	⑤
学習日	/	/	/	/	/
点　数	点	点	点	点	点

法規　解答・解説

以下の解説で，法は「電気事業法」，電技は「電気設備技術基準」，解釈は「電気設備技術基準の解釈」を表すものとする。

A問題

問1　答（2）

法第34条の2（電気の使用制限等）および同施行令第4条（電気の使用制限等）からの出題である。問題文の空白に入る文字・数字は，法第34条の2より（ア）「公共の利益」，同施行令第4条より（イ）「500」，（ウ）「広告」，（エ）「2」，（オ）「3 000」となる。

問2　答（4）

電気用品安全法からの出題である。電気用品安全法第28条（使用の制限）より，電気事業者，自家用電気工作物設置者，電気工事士等は，所定の表示が付されている電気用品でなければ，電気工作物の設置または変更の工事に使用してはならない。

問3　答（5）

法第42条（保安規程）からの出題である。本条は，事業用電気工作物設置者に対して，その事業用電気工作物の工事，維持および運用に関する保安を確保するため，保安規程の作成，届出義務を課している。

問4　答（5）

電技第63条（過電流からの低圧幹線等の保護措置）および第64条（地絡に対する保護措置）からの出題である。電気使用場所の施設における異常時の保護対策が，電技第63条から第66条までに規定されている。

問5　答（5）

電技第25条（架空電線等の高さ）および解釈第68条（低高圧架空電線の高さ）からの出題である。問題文の空白に入る文字・数字は，電技第25条より（ア）「接触」，（イ）「感電」，（ウ）「交通」，解釈第68条より（エ）「6」，（オ）「5.5」である（表5-1参照）。

表5-1　低高圧架空電線の高さ

区分		高さ
道路（車両の往来がまれであるものおよび歩行専用を除く）を横断する場合		路面上6 m
鉄道または軌道を横断する場合		レール面上5.5m
低圧架空線を横断歩道橋の上に施設する場合		横断歩道橋の路面上3 m
高圧架空線を横断歩道橋の上に施設する場合		横断歩道橋の路面上3.5m
上記以外	屋外照明用であって，絶縁電線またはケーブルを使用した対地電圧150V以下のものを交通に支障のないよう施設する場合	地表上4 m
	低圧架空電線を道路以外に施設する場合	地表上4 m
	その他の場合	地表上5 m

問6　答（3）

解釈第67条（低高圧架空電線路の架空ケーブルによる施設）からの出題である。本条は，張力をかける構造でないケーブルを対象に，ケーブル自体に過度の張力をかけることなく施設するため，メッセンジャーワイヤを使用してちょう架することを示している。

問7　答（2）

解釈第36条（地絡遮断装置の施設）からの出題である。本条で使用電圧60Vが閾《いき》値《ち》となっている理由は，特殊条件下でなければ，一応安全と見なせる電圧であることによる。

問8　答（1）

解釈第16条（機械器具等の電路の絶縁性能）第5項からの出題である。本条は，変圧器の電路など各種機械器具の電路の絶縁性能を規定している。

問9　答（3）

解釈第199条の2（電気自動車等から電気を供給するための設備などの施設）からの出題である。

a）同条より，a）は正しい。

b）同条より，「電気自動車等の出力は，10kW未満」とありb）は間違いである。

c）同条第2項より，電路に地絡を生じたときに自動的に電路を遮断する装置（漏電遮断器）の施設は必要であるが，対地電圧150V以下，乾燥した場所，および非常用予備電源として用いる場合は例外となる。しかし，本問では常用電源として使用しているためc）は間違いである。

d）同条第6項より，対地電圧150Vを超え450V以下の場合は，電気自動車等と供給設備を接続する電線に2種キャブタイヤケーブルと同等以上の性能を有するものを使用するとあるため，d）は正しい。なお，2種キャブタイヤケーブルとは絶縁体にエチレンプロピレン（EPゴム）または天然ゴム，外皮（シース）にクロロプレンゴムを使用したもので，1種は絶縁体，シースともに天然ゴムである。

e）同条第7項より，充電部を露出しない措置は電気自動車等と接続されている状態および接続されていない状態であるため，e）は間違いである。

問10　答（1）

題意の図中の（ア）は地絡継電器のことで，整定値以上の「地絡電流で動作」して，（ウ）の負荷開閉器を開（または遮断）状態にする。

（イ）は過電流継電器のことで，整定値以上の「過電流で動作」して（オ）の遮断器を開（または遮断）状態にする。

（ウ）は開閉器のことで，「負荷電流（以下）を遮断可能」である。

（エ）は断路器のことで，「無負荷電流を遮断可能」である。

（オ）は遮断器のことで，「短絡電流を遮断可能」である。なお，選択肢中の電流に関する大小は，

無負荷電流（≒0）＜負荷電流＜短絡電流

である。

また，負荷開閉器は短絡電流の遮断ができないため，地絡や短絡時に負荷電流を超

える電流が流れているとき，地絡継電器からの遮断信号を受けても開にせず(過電流ロック)，電源が切れたのち負荷開閉器を開にする。この機能はSOGともいい，負荷開閉器の重要な機能の一つである。

B問題

問11 答 (a)−(3)，(b)−(5)

（a）題意より，力率改善前の負荷無効電力 Q_1［kvar］を求める。

ただし，負荷電力 $P = 1\,700$［kW］，改善前力率 $\cos\theta_1 = 0.85$（遅れ）とする。

$$Q_1 = \frac{P}{\cos\theta_1}\cdot\sqrt{1-\cos^2\theta_1}$$
$$= \frac{1\,700}{0.85}\times\sqrt{1-0.85^2}$$
$$\fallingdotseq 1\,053.6\ [\text{kvar}]$$

次に，力率改善後の負荷無効電力 Q_2［kvar］を求める。ただし，改善後力率 $\cos\theta_2 = 0.95$（遅れ）とする。

$$Q_2 = \frac{P}{\cos\theta_2}\cdot\sqrt{1-\cos^2\theta_2}$$
$$= \frac{1\,700}{0.95}\times\sqrt{1-0.95^2}$$
$$\fallingdotseq 558.8\ [\text{kvar}]$$

必要なコンデンサ容量 Q_C［kvar］は，

$$Q_C = Q_1 - Q_2$$
$$= 1\,053.6 - 558.8$$
$$= 494.8 \rightarrow 500\ [\text{kvar}]$$

題意より，電圧降下 v［V］は以下で計算できる。ただし，配電線路抵抗 $R = rl = 0.394\times 5 = 1.97$［Ω］，リアクタンス $X = xl = 0.115\times 5 = 0.575$［Ω］とする。

$$v = \sqrt{3}\,I(R\cos\theta_2 + X\sin\theta_2)$$
$$= \sqrt{3}\cdot\frac{P\times 10^3}{\sqrt{3}\,V_r\cos\theta_2}(R\cos\theta_2 + X\sin\theta_2)$$
$$= \frac{1700\times 10^3}{6\,600\times 0.95}\left(1.97\times 0.95 + 0.575\times\sqrt{1-0.95^2}\right)$$
$$\fallingdotseq 556.1\ [\text{V}]$$

したがって，配電線送り出し電圧 V_s［V］は，近似式より以下で計算できる。

$$V_s = V_r + v$$
$$= 6\,600 + 556.1 \fallingdotseq 7\,156 \rightarrow 7\,160\ [\text{V}]$$

（b）力率改善用コンデンサ Q_C のリアクタンス X_C［Ω］を求める。ただし，星形（Y）結線とし，無効電力 $Q_C = 500$［kvar］，$V_r = 6\,600$［V］とする。

$$Q_C = 3\frac{(V_r/\sqrt{3})^2}{X_C} = \frac{V_r^2}{X_C}$$
$$\rightarrow X_C = \frac{V_r^2}{Q_C} = \frac{6\,600^2}{500\times 10^3} = 87.12\ [\Omega]$$

図11-1の1相分等価回路より，無負荷時の工場受電電圧 V_r'［V］は V_s，R，X および X_C により以下で計算できる。

$$\dot{E}_r' = \frac{-\mathrm{j}X_C}{R+\mathrm{j}X-\mathrm{j}X_C}E_s$$
$$\rightarrow \frac{V_r'}{\sqrt{3}} = \frac{X_C}{\sqrt{R^2+(X-X_C)^2}}\frac{V_s}{\sqrt{3}}$$
$$V_r' = \frac{X_C}{\sqrt{R^2+(X-X_C)^2}}V_s$$

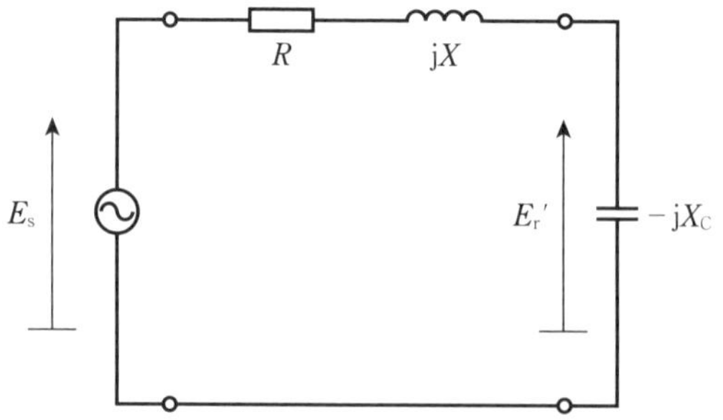

図11-1

$$= \frac{87.12}{\sqrt{1.97^2+(0.575-87.12)^2}} \times 7\,156$$

$$\fallingdotseq 7\,202 \rightarrow 7\,200\,[\mathrm{V}]$$

問12　答（a）−（4），（b）−（3）

（a）高圧架空電線の水平張力を T_1 [kN]，高さを h_1 [m]，低圧架空電線の水平張力を T_2 [kN]，高さを h_2 [m]とし，支線の水平張力を T [kN]，高さを h [m]とすると，モーメントによる力のつり合い式は，

$$T = \frac{T_1 h_1 + T_2 h_2}{h} = \frac{9.8\times10+4\times8}{8}$$

$$= 16.25\ [\mathrm{kN\cdot m}]$$

支線に生じる引張荷重 P [kN]は図12-1より，

$$P = \frac{T}{\sin\theta} = \frac{16.25}{\dfrac{6}{\sqrt{6^2+8^2}}} \fallingdotseq 27.1\,[\mathrm{kN}]$$

（b）支線の素線の最小条数 N [条]は，

$$N \geqq \frac{P\times 安全率}{1条の引張荷重\times 減少係数}$$

$$= \frac{27.1\times1.5}{\pi\times\left(\dfrac{2.3}{4}\right)^2\times1.23\times0.92}$$

$$\fallingdotseq 8.65 \rightarrow N = 9\ [条]$$

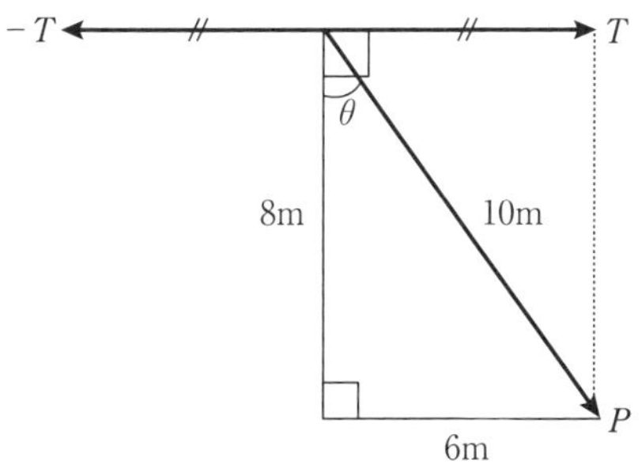

図12-1

問13　答（a）−（3），（b）−（5）

（a）題意の図および表から，損失電力量を求める。

無負荷損 W_{i1} [kW·h]は，以下で計算できる。

$$W_{i1} = 24\times470\times10^{-3}$$

$$= 11.28\ [\mathrm{kW\cdot h}]$$

負荷損 W_{c1} [kW·h]は，以下で計算できる。

負荷が 50kV·A のときの負荷損を W_{c11}，150kV·A のときの負荷損を W_{c12}，300kV·A のときの負荷損を W_{c13}，450kV·A のときの負荷損を W_{c14} とすると，

$$W_{c11} = (8-0+24-18)\times\left(\frac{50}{500}\right)^2\times3\,700\times10^{-3}$$

$$= 0.518\,[\mathrm{kW\cdot h}]$$

$$W_{c12} = (12-8+18-16)\times\left(\frac{150}{500}\right)^2\times3\,700\times10^{-3}$$

$$= 1.998\,[\mathrm{kW\cdot h}]$$

$$W_{c13} = (16-14)\times\left(\frac{300}{500}\right)^2\times3\,700\times10^{-3}$$

$$= 2.664\,[\mathrm{kW\cdot h}]$$

$$W_{c14} = (14-12)\times\left(\frac{450}{500}\right)^2\times3\,700\times10^{-3}$$

$$= 5.994\,[\mathrm{kW\cdot h}]$$

$$W_{c1} = W_{c11}+W_{c12}+W_{c13}+W_{c14}$$

$$= 0.518+1.998+2.664+5.994$$

$$= 11.174\,[\mathrm{kW\cdot h}]$$

よって，1日の損失電力量 W_{d1} [kW·h]は以下で計算できる。

$$W_{d1} = W_{i1} + W_{c1}$$

$$= 11.28 + 11.174$$

$$= 22.454 \rightarrow 22.5\ [\mathrm{kW\cdot h}]$$

（b）200kV·A と 300kV·A の変圧器を２台運転したときの損失電力量を求める。

１日のうち，200kV·A の変圧器は 24 時間，300kV·A の変圧器は 12～16 時のみ接続されている。よって，無負荷損 W_{i2}［kW·h］は以下で計算できる。

$$W_{i2} = \{24 \times 290 + (16-12) \times 350\} \times 10^{-3}$$
$$= 8.36\ [\mathrm{kW \cdot h}]$$

12～14 時において，300kV·A の変圧器が負担する負荷を S_{A1}［kV·A］，200kV·A の変圧器の場合を S_{B1}［kV·A］とすると，以下で計算できる。

$$S_{A1} = \frac{300}{200+300} \times 450$$
$$= 270\ [\mathrm{kV \cdot A}]$$

$$S_{B1} = \frac{200}{200+300} \times 450$$
$$= 180\ [\mathrm{kV \cdot A}]$$

次に 14～16 時において，300kV·A の変圧器が負担する負荷を S_{A2}［kV·A］，200kV·A の変圧器の場合を S_{B2}［kV·A］とすると，以下で計算できる。

$$S_{A2} = \frac{300}{200+300} \times 300$$
$$= 180\ [\mathrm{kV \cdot A}]$$

$$S_{B2} = \frac{200}{200+300} \times 300$$
$$= 120\ [\mathrm{kV \cdot A}]$$

負荷損 W_{c2}［kW·h］は，以下で計算できる。

負荷が 50kV·A のときの負荷損を W_{c21}，150kV·A のときの負荷損を W_{c22}，300kV·A のときの負荷損を W_{c23}，450kV·A のときの負荷損を W_{c24} とすると，

$$W_{c21} = (8-0+24-18) \times \left(\frac{50}{200}\right)^2 \times 2\,000 \times 10^{-3}$$
$$= 1.75\ [\mathrm{kW \cdot h}]$$

$$W_{c22} = (12-8+18-16) \times \left(\frac{150}{200}\right)^2 \times 2\,000 \times 10^{-3}$$
$$= 6.75\ [\mathrm{kW \cdot h}]$$

$$W_{c23} = (16-14) \times \left\{\left(\frac{S_{A2}}{300}\right)^2 \times 2\,600 + \left(\frac{S_{B2}}{200}\right)^2 \times 2\,000\right\} \times 10^{-3}$$
$$= 2 \times \left\{\left(\frac{180}{300}\right)^2 \times 2.6 + \left(\frac{120}{200}\right)^2 \times 2.0\right\}$$
$$= 3.312\ [\mathrm{kW \cdot h}]$$

$$W_{c24} = (14-12) \times \left\{\left(\frac{S_{A1}}{300}\right)^2 \times 2\,600 + \left(\frac{S_{B1}}{200}\right)^2 \times 2\,000\right\} \times 10^{-3}$$
$$= 2 \times \left\{\left(\frac{270}{300}\right)^2 \times 2.6 + \left(\frac{180}{200}\right)^2 \times 2.0\right\}$$
$$= 7.452\ [\mathrm{kW \cdot h}]$$

$$W_{c2} = W_{c21} + W_{c22} + W_{c23} + W_{c24}$$
$$= 1.75 + 6.75 + 3.312 + 7.452$$
$$= 19.264\ [\mathrm{kW \cdot h}]$$

したがって，１日の損失電力量 W_{d2}［kW·h］は以下で計算できる。

$$W_{d2} = W_{i2} + W_{c2}$$
$$= 8.36 + 19.264$$
$$= 27.624 \rightarrow 27.6\ [\mathrm{kW \cdot h}]$$

付録

覚えておきたい電気数学公式集

三　角　関　数

$x\,[\mathrm{rad}] = \dfrac{180}{\pi}x\,[°]$　　$1\,[\mathrm{rad}] \fallingdotseq 57.3\,[°]$　　$1\,[°] \fallingdotseq 0.0175\,[\mathrm{rad}]$　　$\sin^2\theta + \cos^2\theta = 1$

加法定理

$\sin(\theta \pm \phi) = \sin\theta\,\cos\phi \pm \cos\theta\,\sin\phi$　　$\cos(\theta \pm \phi) = \cos\theta\,\cos\phi \mp \sin\theta\,\sin\phi$

$\tan(\theta \pm \phi) = \dfrac{\tan\theta \pm \tan\phi}{1 \mp \tan\theta\,\tan\phi}$

正弦・余弦の和および差

$\sin\theta \pm \sin\phi = 2\sin\dfrac{\theta \pm \phi}{2}\cos\dfrac{\theta \mp \phi}{2}$

$\cos\theta + \cos\phi = 2\cos\dfrac{\theta + \phi}{2}\cos\dfrac{\theta - \phi}{2}$　　$\cos\theta - \cos\phi = -2\sin\dfrac{\theta + \phi}{2}\sin\dfrac{\theta - \phi}{2}$

正弦・余弦の積

$\sin\theta\cos\phi = \dfrac{1}{2}\{\sin(\theta + \phi) + \sin(\theta - \phi)\}$　　$\cos\theta\,\sin\phi = \dfrac{1}{2}\{\sin(\theta + \phi) - \sin(\theta - \phi)\}$

$\sin\theta\,\sin\phi = \dfrac{1}{2}\{\cos(\theta - \phi) - \cos(\theta + \phi)\}$　　$\cos\theta\cos\phi = \dfrac{1}{2}\{\cos(\theta - \phi) + \cos(\theta + \phi)\}$

２倍角の公式

$\sin 2\theta = 2\sin\theta\,\cos\theta$　　$\cos 2\theta = 2\cos^2\theta - 1 = 1 - 2\sin^2\theta$　　$\tan 2\theta = \dfrac{2\tan\theta}{1 - \tan^2\theta}$

３倍角の公式

$\sin 3\theta = -4\sin^3\theta + 3\sin\theta$　　$\cos 3\theta = 4\cos^3\theta - 3\cos\theta$　　$\tan 3\theta = \dfrac{3\tan\theta - \tan^3\theta}{1 - 3\tan^2\theta}$

半角の公式

$\sin\dfrac{\theta}{2} = \pm\sqrt{\dfrac{1 - \cos\theta}{2}}$　　$\cos\dfrac{\theta}{2} = \pm\sqrt{\dfrac{1 + \cos\theta}{2}}$　　$\tan\dfrac{\theta}{2} = \pm\sqrt{\dfrac{1 - \cos\theta}{1 + \cos\theta}}$

指　数　関　数

$\mathrm{e} = \lim_{n \to \infty}\left(1 + \dfrac{1}{n}\right)^n = 2.71828\cdots\cdots$,　$\mathrm{e}^{\mathrm{j}\theta} = \cos\theta + \mathrm{j}\,\sin\theta$

対　　　数

$\log_a xy = \log_a x + \log_a y$　　$\log_a \dfrac{x}{y} = \log_a x - \log_a y$

$\log_a x^m = m\,\log_a x$　　$\log_a \sqrt[m]{x} = \dfrac{1}{m}\log_a x$　　$\log_a b = \dfrac{\log_c b}{\log_c a}$

複　素　数

$\mathrm{j} = \sqrt{-1}$,　$\mathrm{j}^2 = -1$,　$\mathrm{j}^3 = -\mathrm{j}$,　$\mathrm{j}^4 = 1$

$\dot{A} = a + \mathrm{j}b$,　$\dot{B} = c + \mathrm{j}d$　のとき，

$|\dot{A}| = A = \sqrt{a^2 + b^2}$

$\dot{A} = a + \mathrm{j}b = A(\cos\theta + \mathrm{j}\sin\theta) = A\angle\theta = A\mathrm{e}^{\mathrm{j}\theta}$　　$\overline{\dot{A}} = a - \mathrm{j}b = A(\cos\theta - \mathrm{j}\sin\theta) = A\angle -\theta = A\mathrm{e}^{-\mathrm{j}\theta}$

$\dot{A} + \overline{\dot{A}} = 2a$　　$\dot{A} - \overline{\dot{A}} = \mathrm{j}\,2b$　　$\dot{A}\cdot\overline{\dot{A}} = a^2 + b^2$

$\dot{A} \pm \dot{B} = (a + \mathrm{j}b) \pm (c + \mathrm{j}d) = (a + c) \pm \mathrm{j}(b + d)$　　$\dot{A}\cdot\dot{B} = (a + \mathrm{j}b)(c + \mathrm{j}d) = (ac - bd) + \mathrm{j}(ad + bc)$

$\dfrac{\dot{A}}{\dot{B}} = \dfrac{a + \mathrm{j}b}{c + \mathrm{j}d} = \dfrac{(a + \mathrm{j}b)(c - \mathrm{j}d)}{(c + \mathrm{j}d)(c - \mathrm{j}d)} = \dfrac{ac + bd}{c^2 + d^2} + \mathrm{j}\dfrac{bc - ad}{c^2 + d^2}$

電験三種に関係するSI組立単位

組立量	単位の名称	記号	SI基本単位・組立単位による表し方
平面角	ラジアン	rad	m/m
立体角	ステラジアン	sr	$\mathrm{m^2/m^2}$
周波数	ヘルツ	Hz	1/s
力	ニュートン	N	$\mathrm{kg\cdot m/s^2}$
熱量，仕事，エネルギー	ジュール	J	$\mathrm{J=N\cdot m=kg\cdot m^2/s^2=W\cdot s}$
工率（仕事率），電力	ワット	W	$\mathrm{W=J/s=kg\cdot m^2/s^3}$
圧力，応力	パスカル	Pa	$\mathrm{N/m^2=kg/m\cdot s^2}$
電気量，電荷	クーロン	C	A·s
電圧，起電力	ボルト	V	$\mathrm{V=W/A=kg\cdot m^2/s^3\cdot A}$
電界の強さ	ボルト/メートル*	V/m	$\mathrm{V/m=kg\cdot m/s^3\cdot A}$
電気抵抗	オーム	Ω	$\mathrm{\Omega=V/A=kg\cdot m^2/s^3\cdot A^2}$
静電容量	ファラド	F	$\mathrm{F=C/V=A^2\cdot s^4/kg\cdot m^2}$
磁束	ウェーバ	Wb	$\mathrm{Wb=V\cdot s=kg\cdot m^2/s^2\cdot A}$
磁束密度	テスラ	T	$\mathrm{T=Wb/m^2=kg/s^2\cdot A}$
磁界の強さ	アンペア/メートル*	A/m	A/m
インダクタンス	ヘンリー	H	$\mathrm{H=Wb/A=kg\cdot m^2/s^2\cdot A^2}$
起磁力	アンペア	A	A
光束	ルーメン	lm	lm=cd·sr
照度	ルクス	lx	$\mathrm{lx=lm/m^2=cd\cdot sr/m^2}$
輝度	カンデラ/平方メートル*	$\mathrm{cd/m^2}$	$\mathrm{cd/m^2}$
コンダクタンス	ジーメンス	S	$\mathrm{S=1/\Omega=s^3\cdot A^2/kg\cdot m^2}$

＊名称自体も組み立てられている単位

〈執筆者〉
松 葉 泰 央 （電験一種）
植 田 福 広 （電験一種）
田 沼 和 夫 （電験一種）
村 山 慎 一 （電験一種）

〈協力〉
名古屋工学院専門学校

電験三種 模擬問題集

2021 年 6 月 11 日　　第 1 版第 1 刷発行

編　集　新電気編集部
発行者　村 上 和 夫
発行所　株式会社 オーム社
郵便番号　101-8460
東京都千代田区神田錦町 3-1
電話　03(3233)0641(代表)
URL https://www.ohmsha.co.jp/

組版　アーク印刷　　印刷・製本　三美印刷
ISBN978-4-274-22725-7　Printed in Japan

巻末　マークシート（1回分）

（ミシン目入り）

（受験番号記入例）

受験番号０１４１Ａ０１２３４Ｌの場合

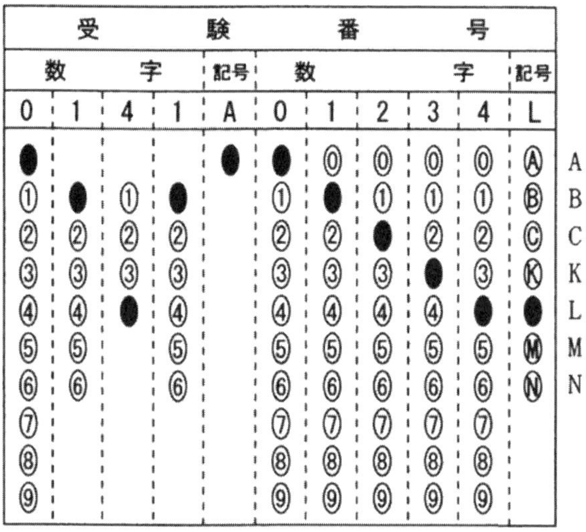

（解答記入例）

問１　日本で一番高い山として，正しいのは次のうちどれか。

（1）大雪山　（2）浅間山　（3）富士山　（4）立　山　（5）阿蘇山

正解は「(3)」ですから，マークシートには

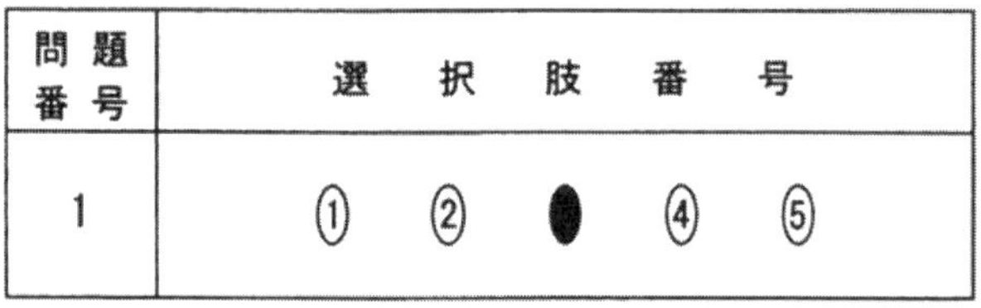

のように選択肢番号の枠内を塗りつぶしてください。

科目　理 論

第三種電気主任技術者試験　答案用紙

氏　名	
生年月日	大 昭 平　　年　　月　　日
試 験 地	

受験番号を記入してください。➡

受験番号に該当する場所にマークしてください。➡

受験番号										
数字				記号	数字					記号
				A						
⓪				●	⓪	⓪	⓪	⓪	⓪	Ⓐ A
①	①	①	①		①	①	①	①	①	Ⓑ B
②	②	②	②		②	②	②	②	②	Ⓒ C
③	③	③	③		③	③	③	③	③	Ⓚ K
④	④	④	④		④	④	④	④	④	Ⓛ L
⑤	⑤		⑤		⑤	⑤	⑤	⑤	⑤	Ⓜ M
⑥	⑥		⑥		⑥	⑥	⑥	⑥	⑥	Ⓝ N
⑦					⑦	⑦	⑦	⑦	⑦	
⑧					⑧	⑧	⑧	⑧	⑧	
⑨					⑨	⑨	⑨	⑨	⑨	

注　意　事　項

1. 受験票と照合して、氏名、生年月日、試験地、受験番号を必ず記入してください。
2. 受験番号は欄外にはみ出ないように正確に記入し、受験番号に該当する数字又は記号にマークしてください。
3. マークの記入にあたっては、ＨＢの鉛筆又はＨＢ(又はＢ)の芯を用いたシャープペンシルを使用し、右の「良い例」のようにぬりつぶしてください。(ボールペンは使用できません。)
4. 誤ってマークしたときは、跡が残らないようにプラスチック消しゴムできれいに消し、消しくずを残さないでください。
5. この答案用紙は絶対に折り曲げたり汚したりしないでください。
6. この答案用紙は退席の際、必ず提出してください。

(マーク記入例)

良い例	●
悪い例	(小さい)
	(ほそい)
	(うすい)
	(大きい)

ボールペン使用禁止

〔A問題〕

A問題(全問)解答欄					
問題番号	選択肢番号				
1	①	②	③	④	⑤
2	①	②	③	④	⑤
3	①	②	③	④	⑤
4	①	②	③	④	⑤
5	①	②	③	④	⑤
6	①	②	③	④	⑤
7	①	②	③	④	⑤
8	①	②	③	④	⑤
9	①	②	③	④	⑤
10	①	②	③	④	⑤
11	①	②	③	④	⑤
12	①	②	③	④	⑤
13	①	②	③	④	⑤
14	①	②	③	④	⑤

〔B問題〕

☆問題17及び問題18のいずれか１問を選んで解答してください。

B問題解答欄						
問題番号		選択肢番号				
15	(a)	①	②	③	④	⑤
	(b)	①	②	③	④	⑤
16	(a)	①	②	③	④	⑤
	(b)	①	②	③	④	⑤

B問題(選択)解答欄						
問題番号		選択肢番号				
17	(a)	①	②	③	④	⑤
	(b)	①	②	③	④	⑤
18	(a)	①	②	③	④	⑤
	(b)	①	②	③	④	⑤

科目　電 力

第三種電気主任技術者試験　答案用紙

氏　名	
生年月日	大 昭 平　年　月　日
試験地	

受験番号を記入してください。➡

受験番号に該当する場所にマークしてください。➡

受	験				番				号	
数			字	記号	数				字	記号
				A						
⓪				●	⓪	⓪	⓪	⓪	⓪	Ⓐ
①	①	①	①		①	①	①	①	①	Ⓑ
②	②	②	②		②	②	②	②	②	Ⓒ
③	③	③	③		③	③	③	③	③	Ⓚ
④	④	④	④		④	④	④	④	④	Ⓛ
⑤	⑤		⑤		⑤	⑤	⑤	⑤	⑤	Ⓜ
⑥	⑥		⑥		⑥	⑥	⑥	⑥	⑥	Ⓝ
⑦					⑦	⑦	⑦	⑦	⑦	
⑧					⑧	⑧	⑧	⑧	⑧	
⑨					⑨	⑨	⑨	⑨	⑨	

A B C K L M N

注　意　事　項

1. 受験票と照合して、氏名、生年月日、試験地、受験番号を必ず記入してください。
2. 受験番号は欄外にはみ出ないように正確に記入し、受験番号に該当する数字又は記号にマークしてください。
3. マークの記入にあたっては、ＨＢの鉛筆又はＨＢ（又はＢ）の芯を用いたシャープペンシルを使用し、右の「良い例」のようにぬりつぶしてください。（ボールペンは使用できません。）
4. 誤ってマークしたときは、跡が残らないようにプラスチック消しゴムできれいに消し、消しくずを残さないでください。
5. この答案用紙は絶対に折り曲げたり汚したりしないでください。
6. この答案用紙は退席の際、必ず提出してください。

（マーク記入例）

良い例	●
悪い例	
	（小さい）
	（ほそい）
	（うすい）
	（大きい）

ボールペン使用禁止

〔A問題〕

A問題（全問）解答欄					
問題番号	選	択	肢	番	号
1	①	②	③	④	⑤
2	①	②	③	④	⑤
3	①	②	③	④	⑤
4	①	②	③	④	⑤
5	①	②	③	④	⑤
6	①	②	③	④	⑤
7	①	②	③	④	⑤
8	①	②	③	④	⑤
9	①	②	③	④	⑤
10	①	②	③	④	⑤
11	①	②	③	④	⑤
12	①	②	③	④	⑤
13	①	②	③	④	⑤
14	①	②	③	④	⑤

〔B問題〕

B問題解答欄						
問題番号		選	択	肢	番	号
15	(a)	①	②	③	④	⑤
	(b)	①	②	③	④	⑤
16	(a)	①	②	③	④	⑤
	(b)	①	②	③	④	⑤
17	(a)	①	②	③	④	⑤
	(b)	①	②	③	④	⑤

科目　機械

第三種電気主任技術者試験　答案用紙

氏　　名	
生年月日	大 昭 平　　年　　月　　日
試験地	

受験番号を記入してください。➡

受験番号に該当する場所にマークしてください。➡

受験番号										
数字				記号	数字					記号
				A						
⓪				●	⓪	⓪	⓪	⓪	⓪	Ⓐ
①	①	①	①		①	①	①	①	①	Ⓑ
②	②	②	②		②	②	②	②	②	Ⓒ
③	③	③	③		③	③	③	③	③	Ⓚ
④	④	④	④		④	④	④	④	④	Ⓛ
⑤	⑤		⑤		⑤	⑤	⑤	⑤	⑤	Ⓜ
⑥	⑥		⑥		⑥	⑥	⑥	⑥	⑥	Ⓝ
⑦					⑦	⑦	⑦	⑦	⑦	
⑧					⑧	⑧	⑧	⑧	⑧	
⑨					⑨	⑨	⑨	⑨	⑨	

A B C K L M N

注　意　事　項

1. 受験票と照合して、氏名、生年月日、試験地、受験番号を必ず記入してください。
2. 受験番号は欄外にはみ出ないように正確に記入し、受験番号に該当する数字又は記号にマークしてください。
3. マークの記入にあたっては、HBの鉛筆又はHB（又はB）の芯を用いたシャープペンシルを使用し、右の「良い例」のようにぬりつぶしてください。（ボールペンは使用できません。）
4. 誤ってマークしたときは、跡が残らないようにプラスチック消しゴムできれいに消し、消しくずを残さないでください。
5. この答案用紙は絶対に折り曲げたり汚したりしないでください。
6. この答案用紙は退席の際、必ず提出してください。

（マーク記入例）

良い例	●
悪い例	（×印） （レ印） ⊙（小さい） （ほそい） （うすい） ●（大きい）

ボールペン使用禁止

〔A問題〕

A問題（全問）解答欄					
問題番号	選	択	肢	番	号
1	①	②	③	④	⑤
2	①	②	③	④	⑤
3	①	②	③	④	⑤
4	①	②	③	④	⑤
5	①	②	③	④	⑤
6	①	②	③	④	⑤
7	①	②	③	④	⑤
8	①	②	③	④	⑤
9	①	②	③	④	⑤
10	①	②	③	④	⑤
11	①	②	③	④	⑤
12	①	②	③	④	⑤
13	①	②	③	④	⑤
14	①	②	③	④	⑤

〔B問題〕

☆問題17及び問題18のいずれか1問を選んで解答してください。

B問題解答欄						
問題番号		選	択	肢	番	号
15	(a)	①	②	③	④	⑤
	(b)	①	②	③	④	⑤
16	(a)	①	②	③	④	⑤
	(b)	①	②	③	④	⑤

B問題（選択）解答欄						
問題番号		選	択	肢	番	号
17	(a)	①	②	③	④	⑤
	(b)	①	②	③	④	⑤
18	(a)	①	②	③	④	⑤
	(b)	①	②	③	④	⑤

科目　法 規

第三種電気主任技術者試験　答案用紙

氏　　名	
生年月日	大 昭 平　　年　　月　　日
試 験 地	

受験番号を記入してください。➡

受験番号に該当する場所にマークしてください。➡

受	験	番	号								
数			字	記号	数				字	記号	
				A							
0				●	0	0	0	0	0	A	A
1	1	1	1		1	1	1	1	1	B	B
2	2	2	2		2	2	2	2	2	C	C
3	3	3	3		3	3	3	3	3	K	K
4	4	4	4		4	4	4	4	4	L	L
5	5		5		5	5	5	5	5	M	M
6	6		6		6	6	6	6	6	N	N
7					7	7	7	7	7		
8					8	8	8	8	8		
9					9	9	9	9	9		

注　意　事　項

1. 受験票と照合して、氏名、生年月日、試験地、受験番号を必ず記入してください。
2. 受験番号は欄外にはみ出ないように正確に記入し、受験番号に該当する数字又は記号にマークしてください。
3. マークの記入にあたっては、ＨＢの鉛筆又はＨＢ（又はＢ）の芯を用いたシャープペンシルを使用し、右の「良い例」のようにぬりつぶしてください。（ボールペンは使用できません。）
4. 誤ってマークしたときは、跡が残らないようにプラスチック消しゴムできれいに消し、消しくずを残さないでください。
5. この答案用紙は絶対に折り曲げたり汚したりしないでください。
6. この答案用紙は退席の際、必ず提出してください。

（マーク記入例）

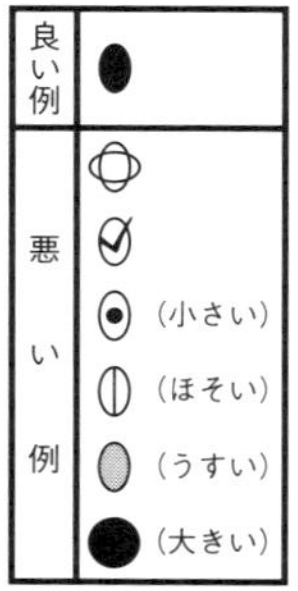

ボールペン使用禁止

〔A問題〕

A問題（全問）解答欄					
問題番号	選	択	肢	番	号
1	1	2	3	4	5
2	1	2	3	4	5
3	1	2	3	4	5
4	1	2	3	4	5
5	1	2	3	4	5
6	1	2	3	4	5
7	1	2	3	4	5
8	1	2	3	4	5
9	1	2	3	4	5
10	1	2	3	4	5

〔B問題〕

B問題解答欄						
問題番号		選	択	肢	番	号
11	(a)	1	2	3	4	5
	(b)	1	2	3	4	5
12	(a)	1	2	3	4	5
	(b)	1	2	3	4	5
13	(a)	1	2	3	4	5
	(b)	1	2	3	4	5